大数据技术与应用丛书

Spark大数据分析与应用（Python版）

黑马程序员　编著

清華大學出版社
北京

内容简介

本书以 Spark 3.x 和 Python 3.x 为主线，全面介绍了 Spark 及其生态体系中常用大数据项目的安装和使用。全书共 8 章，分别讲解了 Spark 基础知识、Spark 部署、Spark RDD、Spark SQL、Spark Streaming、Kafka、Structured Streaming 和 Spark MLlib，并在最后完整开发了一个在线教育学生学习情况分析系统，帮助读者巩固前面所学的内容。

本书附有配套视频、教学 PPT、教学设计、测试题等资源，同时，为了帮助初学者更好地学习本书中的内容，还提供了在线答疑，欢迎读者关注。

本书可以作为高等院校数据科学与大数据技术及相关专业的教材，也适合大数据开发初学者、大数据分析与挖掘的从业者阅读。

图书在版编目（CIP）数据

Spark 大数据分析与应用：Python 版 / 黑马程序员编著. -- 北京：清华大学出版社，2025. 1.
（大数据技术与应用丛书）. -- ISBN 978-7-302-68105-2

Ⅰ. TP274

中国国家版本馆 CIP 数据核字第 2025PD5862 号

责任编辑：袁勤勇　杨　枫
封面设计：杨玉兰
责任校对：郝美丽
责任印制：宋　林

出版发行：清华大学出版社
　　网　　址：https://www.tup.com.cn，https://www.wqxuetang.com
　　地　　址：北京清华大学学研大厦 A 座　　**邮　　编**：100084
　　社 总 机：010-83470000　　**邮　　购**：010-62786544
　　投稿与读者服务：010-62776969，c-service@tup.tsinghua.edu.cn
　　质量反馈：010-62772015，zhiliang@tup.tsinghua.edu.cn
　　课件下载：https://www.tup.com.cn，010-83470236
印 装 者：三河市铭诚印务有限公司
经　　销：全国新华书店
开　　本：185mm×260mm　　**印　　张**：14.5　　**字　　数**：337 千字
版　　次：2025 年 3 月第 1 版　　**印　　次**：2025 年 3 月第 1 次印刷
定　　价：48.00 元

产品编号：107702-01

前 言

党的二十大指出"实践没有止境，理论创新也没有止境"。随着互联网技术的快速发展，各种数字设备、传感器、物联网设备等在全球范围内产生了海量的数据。这些数据以几何速度爆发性增长，给传统的数据处理方式带来了前所未有的挑战。如何满足大规模数据处理的需求，成为了一个热门的研究课题，基于这种需求，人们需要新的技术来处理海量数据。

Spark 提供了快速、通用、可扩展的大数据处理分析引擎，有效地解决了海量数据的分析、处理问题，因此基于 Spark 的各种大数据技术得到了广泛应用和普及。自 Spark 项目问世以来，Spark 生态系统不断壮大，越来越多的大数据技术基于 Spark 进行开发和应用，在国内外各企业中得到了广泛应用，对于要往大数据方向发展的读者而言，学习 Spark 是一个不错的选择。

在开发 Spark 程序的过程中，选择合适的编程语言对于提高开发效率和代码质量至关重要。虽然 Spark 支持多种编程语言，包括 Java、Scala 和 Python，但是 Python 语言在 Spark 开发中的应用越来越受欢迎。其原因在于 Python 语言在大数据和机器学习领域有着广泛的应用。许多机器学习框架和库，如 Scikit-learn、TensorFlow 和 PyTorch，都提供了 Python 的 API。因此，使用 Python 语言开发 Spark 程序可以更方便地整合大数据处理和机器学习任务，使得开发者能够更轻松地构建复杂的数据处理和分析流水线。

本书基于 Spark 3.x 和 Python 3.x，循序渐进地介绍了 Spark 的相关知识以及 Spark 生态体系一些常用的组件和开源大数据项目。本书共 8 章，具体如下。

- 第 1 章主要介绍什么是 Spark，以及不同模式部署 Spark 的方式，并通过 PySpark 和 PyCharm 开发 Spark 程序。
- 第 2、3 章主要讲解如何使用 Spark 的两个组件 Spark RDD 和 Spark SQL 进行数据处理，并利用这两个组件操作不同的数据源。
- 第 4 章主要讲解如何使用 Spark Streaming 对数据进行实时处理。
- 第 5 章主要介绍 Spark 生态体系常用开源大数据项目的原理和使用，并利用 Kafka 实现消息的生产和消费。
- 第 6、7 章主要讲解如何使用 Spark 的两个组件 Structured Streaming 和 Spark MLlib，并利用这两个组件实现实时处理和通过模型推荐数据。
- 第 8 章通过一个完整的实战项目，让读者能够灵活地运用 Spark 及其生态系统的开源大数据项目，具备开发简单项目的能力。

在学习过程中，如果读者在理解知识点的过程中遇到困难，建议不要纠结于某个地方，可以先往后学习。通常来讲，通过逐渐深入的学习，前面不懂和疑惑的知识点也就能够理解了。在学习编程和部署环境的过程中，一定要多动手实践，如果在实践的过程中遇到问题，建议多思考，厘清思路，认真分析问题发生的原因，并在问题解决后及时总结。

本书配套服务

为了提升您的学习或教学体验，我们精心为本书配备了丰富的数字化资源和服务，包括在线答疑、教学大纲、教学设计、教学PPT、教学视频、测试题、源代码等。通过这些配套资源和服务，我们希望让您的学习或教学变得更加高效。请扫描下方二维码获取本书配套资源和服务。

致谢

本书的编写和整理工作由江苏传智播客教育科技股份有限公司完成。全体编写人员在编写过程中付出了辛勤的汗水，此外，还有很多人员参与了本书的试读工作并给出了宝贵的建议，在此向大家表示由衷的感谢。

意见反馈

尽管我们尽了最大的努力，但书中难免会有不妥之处，欢迎各界专家和读者朋友提出宝贵意见。您在阅读本书时，如果发现任何问题或有不认同之处，可以通过电子邮件与我们取得联系。请发送电子邮件至 itcast_book@vip.sina.com。

黑马程序员

2025年1月于北京

目录

第1章 Spark基础

学习目标：

- 了解 Spark 概述，能够说出 Spark 生态系统中不同组件的作用。
- 了解 Spark 的特点，能够说出 Spark 的 4 个显著特点。
- 了解 Spark 应用场景，能够说出 Spark 在大数据分析和处理领域的常见应用场景。
- 熟悉 Spark 与 MapReduce 的区别，能够说出 Spark 与 MapReduce 在编程方式、数据处理和数据容错方面的区别。
- 掌握 Spark 基本架构，能够说出 Master 和 Worker 的职责。
- 掌握 Spark 运行流程，能够叙述 Spark 如何处理、提交 Spark 程序。
- 熟悉 Spark 的部署模式，能够叙述 Standalone 模式、High Availability 模式和 Spark on YARN 模式的概念。
- 掌握 Spark 的部署，能够基于不同模式部署 Spark。
- 熟悉 Spark 初体验，能够将 Spark 程序提交到 YARN 集群运行。
- 掌握 PySpark 的使用，能够使用 PySpark 编写 Spark 代码。
- 掌握 PyCharm 开发 Spark 程序，能够通过不同方式运行 PyCharm 开发的 Spark 程序。

Spark 是一个快速、通用的分布式计算引擎，用于大数据的处理和分析，它可以让开发人员快速地处理大量数据，并在分布式环境中执行大规模的并行计算。Spark 不仅计算速度快，而且内置了丰富的 API，使得开发人员能够很容易地编写程序。接下来，本章将从 Spark 基础知识说起，针对 Spark 运行架构及流程、Spark 集群部署以及 Spark 相关操作进行详细讲解。

1.1 初识 Spark

1.1.1 Spark 概述

Spark 诞生于加州大学伯克利分校的 AMP 实验室，最初的目标是解决 MapReduce 处理大规模数据的性能瓶颈，后来加入 Apache 孵化器项目，经过短短几年的发展，成为 Apache 的顶级开源项目。

Spark 生态系统是基于内存计算的，能够快速处理和分析大规模数据。在 Spark 生态系统中包含了 Spark SQL、Spark Streaming、Structured Streaming、MLlib、GraphX 和

Spark Core 组件,这些组件可以非常容易地把各种处理流程整合在一起,而这样的整合,在实际数据分析过程中是很有意义的,不仅如此,还大大减轻了原先需要对各种平台分别管理的负担。下面通过图 1-1 介绍 Spark 的生态系统。

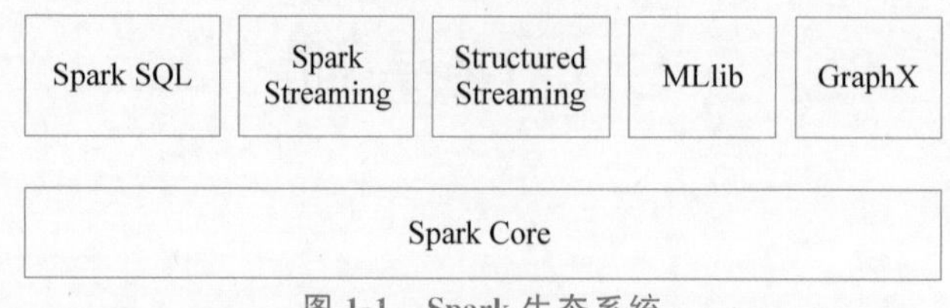

图 1-1 Spark 生态系统

图 1-1 展示了 Spark 生态系统中的组件,这些组件的具体介绍如下。

1. Spark SQL

Spark SQL 是用来操作结构化数据的组件,它允许开发人员使用 SQL 语言或 DataFrame API 来操作数据。Spark SQL 支持从各种数据源加载数据,如 Hive、HBase、JDBC 等。

2. Spark Streaming

Spark Streaming 是用于实时数据处理的组件,其核心是将实时数据流划分为微批处理来处理实时数据。Spark Streaming 提供了与 Spark Core 相似的 API,使开发人员能够使用常规的批处理操作来处理实时数据。Spark Streaming 提供了与多种数据源集成的功能,如 Kafka、Flume、HDFS 等。

3. Structured Streaming

Structured Streaming 是构建在 Spark SQL 之上的一种实时数据处理的组件,其核心是将流处理视为连续的表处理。Structured Streaming 提供了与 Spark SQL 相同的 API,使开发人员能够使用 SQL 或 DataFrame API 来处理实时数据。

4. MLlib

MLlib 是 Spark 中的机器学习库,它提供了一系列常用的机器学习算法,包括分类、回归、聚类、协同过滤等,并提供了分布式的实现,使开发人员能够构建和部署大规模的机器学习模型。

5. GraphX

GraphX 是 Spark 中的图计算库,它提供了一系列算法,使用户能够高效地进行大规模图数据的构建、转换和推理,满足了处理图数据的需求。

6. Spark Core

Spark Core 是 Spark 的核心引擎,它负责实现 Spark 的基本功能,包含分布式任务调度、内存计算、容错机制等。Spark Core 定义了弹性分布式数据集(Resilient Distributed Dataset,RDD)的概念来表示数据集,RDD 是 Spark 中所有其他组件的基础。关于 RDD 的介绍将会在第 2 章中详细讲解。

1.1.2 Spark 的特点

Spark 作为一款快速、高效的大数据处理分析引擎,具有以下几个显著的特点。

1. 速度快

Spark 使用内存计算，将数据存储在内存中，从而大大加快了处理速度。此外，Spark 的优化执行引擎(Catalyst)能够生成高效的执行计划，从而提高了查询和转换操作的速度。

2. 易用性

Spark 提供了易于使用的 API，包括 Scala、Python、Java 和 R。这使得开发人员可以使用熟悉的编程语言进行 Spark 应用程序的开发。此外，Spark 的交互式 Shell，如 Spark Shell 和 PySpark，允许用户在不编写完整应用程序的情况下进行数据分析。

3. 通用性

Spark 是一个通用的大数据处理引擎，不仅支持批处理，还支持流处理、图处理和机器学习等多种数据处理模式。此外，Spark 可以与各种数据存储系统集成，如 HDFS、Amazon S3、Cassandra、HBase 等，适用于不同的数据场景。

4. 兼容性

Spark 与现有的大数据生态系统具有很好的兼容性，可以与 Hadoop、Hive、HBase、Kafka 等各种技术无缝集成。

1.1.3 Spark 应用场景

Spark 在大数据分析和处理领域有广泛的应用场景，主要有以下几方面。

1. 实时流处理

Spark Streaming 和 Structured Streaming 提供了对流数据进行实时处理的能力，适用于多种流处理的应用场景，例如，网络日志分析，社交媒体数据处理等。

2. 机器学习

MLlib 提供了一系列机器学习算法，可以帮助开发人员快速构建和训练机器学习模型。

3. 数据挖掘

Spark 提供了高效的数据分析和处理能力，适用于多种数据挖掘的应用场景，例如，推荐系统，欺诈检测等。

4. 图形计算

GraphX 提供了高效的图数据处理能力，适用于多种图数据分析和处理的应用场景，例如，社交网络分析，搜索引擎排名等。

5. 计算密集型工作负载

Spark 作为基于内存的分布式计算引擎，适用于多种计算密集型工作负载的应用场景，例如，科学计算，金融风险分析等。

总的来说，Spark 的应用场景非常广泛，随着技术的不断发展，相信 Spark 将会在更多的应用领域发挥重要的作用。

1.1.4 Spark 与 MapReduce 的区别

Spark 和 MapReduce 是两种不同的大数据处理技术，关于 Spark 和 MapReduce 的主要区别如下。

1. 编程方式不同

MapReduce 在计算数据时，计算过程必须经历 Map 和 Reduce 两个过程，对于复杂数据处理较为困难;而 Spark 提供了多种数据集的复杂操作,编程模型更加灵活,不局限于 Map 和 Reduce 过程。

2. 数据处理方式不同

在 MapReduce 中,每次执行数据处理,都需要从磁盘中加载数据,将中间结果存储在磁盘中,导致磁盘的读写次数较多。而 Spark 在执行数据处理时,只需要将数据加载到内存中,并且可以将产生的中间结果存储在内存中,从而减少磁盘的读写次数。

3. 数据容错性不同

MapReduce 通过备份数据和重新执行任务来处理节点故障。当一个节点发生故障时,MapReduce 会重新启动该节点上失败的任务,并将其分配给其他可用节点。这种方式虽然能够保证数据的容错性,但是可能会导致较大的延迟和资源浪费。Spark 通过 RDD 来实现容错性。Spark 会自动记录 RDD 的计算过程和依赖关系,以便在节点故障时能够重新计算丢失的数据分区。这种方式能够在不重新执行整个任务的情况下实现数据的容错和恢复,从而减少了资源浪费和计算延迟。

在 Spark 与 MapReduce 的对比中,较为明显的不同是 MapReduce 对磁盘的读写次数多,无法满足当前数据急剧增长下对实时、快速计算的需求。接下来,通过图 1-2 来描述 MapReduce 与 Spark 计算数据的过程。

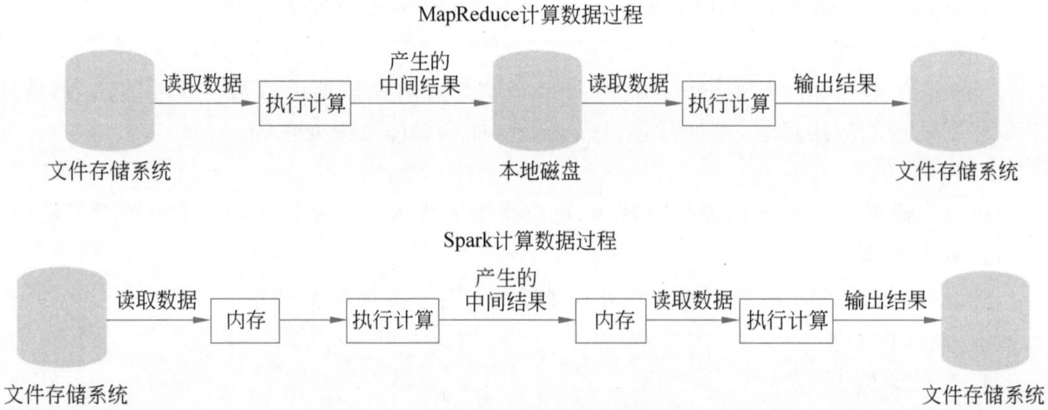

图 1-2　MapReduce 与 Spark 计算数据过程

从图 1-2 可以看出,使用 MapReduce 计算数据时,每次产生的中间结果数据和后续的读取数据都会对本地磁盘进行频繁的读写操作,而使用 Spark 进行计算时,需要先将文件存储系统中的数据读取到内存中,产生的数据不是存储到磁盘中,而是存储到内存中,这样就减少了从磁盘中频繁读取数据的次数。

1.2　Spark 基本架构及运行流程

1.2.1　基本概念

在学习 Spark 基本架构和运行流程之前,首先需要了解几个重要的概念。

- Application(应用程序):用户编写的一系列数据处理任务组成的 Spark 程序。
- Driver Program(驱动程序):驱动程序负责将 Spark 程序转换为任务并创建

SparkContext。

- Cluster Manager(集群管理器)：集群管理器负责协调Spark程序在集群中的资源分配和管理。常见的集群管理器包括Spark自带的Standalone、Mesos和YARN。
- SparkContext：SparkContext是Spark程序的入口，它负责与集群管理器通信申请执行Spark程序所需的资源。
- Executor(执行器)：执行器是在工作节点上运行的进程，负责执行任务并将结果返回给驱动程序。
- Task(任务)：任务执行器上的工作单元。
- Job(作业)：作业是Spark程序的一个完整处理流程，由多个Stage(阶段)组成，每个Stage包含一组相关的任务。作业由Spark的行动(Action)算子触发执行。
- Cache(缓存)：Spark允许将数据缓存在内存中，以便在后续操作中快速访问。
- DAG(有向无环图)：当应用程序通过一系列转换算子对RDD进行处理时，Spark会自动构建一个有向无环图，以表示这些转换算子之间的依赖关系。
- DAG Scheduler(DAG调度器)：将作业划分为多个Stage，并构建Stage之间的有向无环图，以便优化执行计划。
- Task Scheduler(任务调度器)：将每个Stage中的任务分配给Executor执行。

1.2.2　Spark基本架构

Spark的基本架构是典型的主从架构，即Spark集群通常是由一个主节点和多个从节点组成，其中主节点在Spark集群中扮演的角色为Master，从节点在Spark集群中扮演的角色为Worker。接下来，以一个Master和两个Worker为例，通过图1-3介绍Spark基本架构。

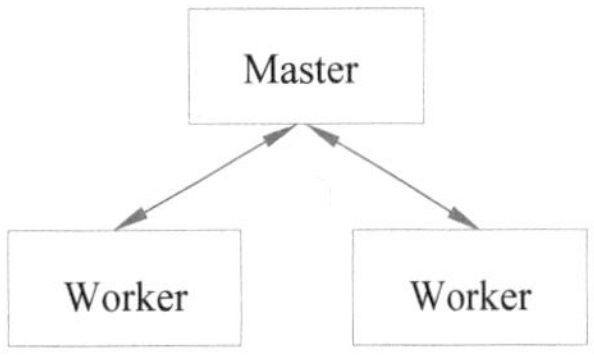

Master

Worker　Worker

图1-3　Spark基本架构

图1-3中Master和Worker的介绍如下。

1. Master

Master是Spark集群中的主节点，可以将其理解为Spark集群中的“大脑”，其主要职责是负责集群中的资源管理、任务调度和容错管理。具体内容如下。

(1) 资源管理。Master负责监控集群的资源状态，包括CPU和内存等资源的可用性。它追踪各Worker的资源使用情况，以确保任务能够有效地分配到可用资源上。

(2) 任务调度。Master根据集群资源情况和任务需求，将任务分配给集群中适当的Worker执行，以保证任务得到充分执行。

(3) 容错管理。Master监控集群中各Worker的运行状态。如果某个Worker发生故障，Master会重新分配任务到其他可用的Worker，以确保任务顺利执行，从而保障集群的稳定性。

2. Worker

Worker是Spark集群中的从节点，可以将其理解为Spark集群中的“执行者”，其主要职责是负责集群中的任务执行、资源利用和节点状态报告。具体内容如下。

(1) 任务执行。Worker接收并执行Master分配的任务。一旦任务执行完成，Worker将任务执行结果报告给Master，以便Master更新任务状态和执行进度。

(2) 资源利用。Worker 负责有效利用其自身的资源,包括 CPU、内存等,以满足任务的执行需求。

(3) 节点状态报告。Worker 定期向 Master 报告自身的健康状态,包括节点是否在线、资源利用情况、任务执行情况等。

需要说明的是,基于 Standalone 模式部署 Spark 集群时,Master 将承担 Cluster Manager 的职责。而基于 Spark on YARN 模式部署 Spark 集群时,YARN 将承担 Cluster Manager 的职责。

1.2.3 Spark 运行流程

了解 Spark 的运行流程对于理解 Spark 的体系结构和性能优化有着至关重要的作用。接下来,通过图 1-4 深入了解 Spark 运行流程。

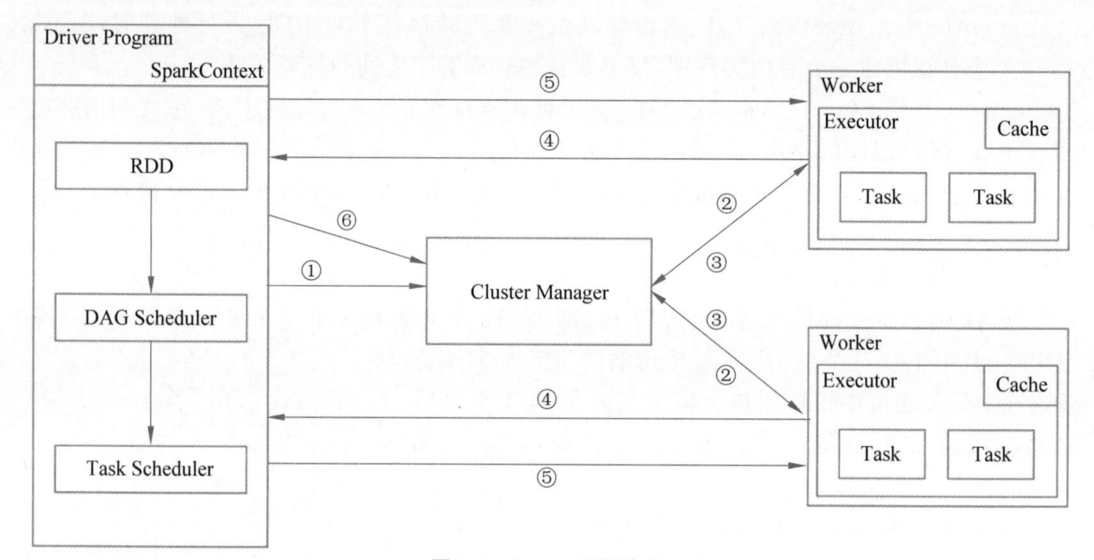

图 1-4 Spark 运行流程

从图 1-4 可以看出,Spark 运行流程大概可以分为 6 步,具体介绍如下。

① 当用户将创建的 Spark 程序提交到集群时会创建 Driver Program,Driver Program 根据 Spark 程序的配置信息初始化 SparkContext。SparkContext 通过 Cluster Manager 连接集群并申请运行资源。SparkContext 初始化完成后,会创建 DAG Scheduler 和 Task Scheduler。

② SparkContext 向 Cluster Manager 发送资源请求,Cluster Manager 会根据其自身的资源调度规则来决定如何分配资源。通常情况下,Cluster Manager 会通知 Worker 启动一个或多个 Executor 来处理这些 Task。每个 Executor 负责执行特定的 Task,并且会根据需要动态地分配和释放资源。

③ Executor 启动完成后,Worker 会向 Cluster Manager 发送资源和启动状态的反馈。这样,Cluster Manager 可以监控 Worker 中 Executor 的状态。如果发现 Executor 启动失败或异常终止,Cluster Manager 会及时通知 Worker 重新启动 Executor,以确保任务的顺利执行。

④ Executor会向Driver Program注册，并周期性地从Driver Program那里获取任务，然后执行这些任务。

⑤ Task Scheduler将Task发送给Worker中的Executor来执行Spark程序的代码。Executor在执行Task时，会将Task的运行状态信息发送给Driver Program。Task的运行状态信息通常包括Task的执行进度、成功或失败等。

⑥ 当Spark程序执行完成后，Driver Program会向Cluster Manager注销所申请的资源，Cluster Manager根据其自身的资源管理策略释放资源。

1.3 Spark的部署模式

Spark的部署模式分为Local(本地)模式和集群模式，在Local模式下，常用于本地开发程序与测试，而集群模式又分为Standalone(独立)模式、High Availability(高可用)模式和Spark on YARN模式，关于这3种集群模式的介绍如下。

1. Standalone模式

Standalone模式是Spark最基础的集群模式，通常由一个主节点和多个从节点组成。在这种模式下，Spark集群使用自带的独立调度器负责调度任务和资源管理。然而，基于Standalone模式部署的Spark集群不具备高可用性，并且不支持动态资源分配。

2. High Availability模式

High Availability(HA)模式是为了提高Spark集群可用性而构建在Standalone模式基础之上的部署模式。在这种模式下，Spark集群通常包含两个或更多个主节点，其中一个主节点处于ALIVE(活跃)状态，负责任务调度和资源管理；而其他主节点处于STANDBY(备用)状态，负责与ALIVE状态的主节点保持状态同步。当ALIVE状态的主节点发生故障宕机时，Spark集群通过ZooKeeper从STANDBY状态的主节点中选举出一个成为ALIVE状态的主节点。

3. Spark on YARN模式

Spark on YARN模式意味着将Spark程序作为YARN应用程序来运行。在这种模式下，YARN负责调度任务和资源管理。YARN是一个通用资源管理系统，可以同时运行多种类型的应用程序，如MapReduce、Flink、Tez等。因此，在实际生产环境中，通常选择基于Spark on YARN模式来部署Spark集群，以提高资源利用率并实现多个框架共享资源的能力。

1.4 部署Spark

真正的智慧源于对事物本质的深入探索。当我们追求更深层次地学习Spark时，准备Spark环境变得尤为关键。本节讲解如何基于不同模式部署Spark。

1.4.1 基于Local模式部署Spark

Local模式是指在一台服务器上运行Spark，只需在一台安装JDK的服务器中解压Spark安装包便可直接使用，通常用于本地程序的开发和测试。接下来，使用虚拟机

Hadoop1(本书使用的虚拟机可参考补充文档进行创建)演示如何基于 Local 模式部署 Spark,具体操作步骤如下。

1. 上传 Spark 安装包

在虚拟机 Hadoop1 的/export/software 目录下执行 rz 命令,将本地计算机中准备好的 Spark 安装包 spark-3.3.0-bin-hadoop3.tgz 上传到虚拟机的/export/software 目录。

2. 创建目录

由于后续会使用虚拟机 Hadoop1 部署不同模式的 Spark,为了便于区分不同部署模式 Spark 的安装目录,这里在虚拟机 Hadoop1 创建/export/servers/local 目录,用于存放 Local 模式部署 Spark 的安装目录,具体命令如下。

```
$ mkdir -p /export/servers/local
```

3. 安装 Spark

以解压方式安装 Spark,将 Spark 安装到/export/servers/local 目录。在虚拟机 Hadoop1 执行如下命令。

```
$ tar -zxvf /export/software/spark-3.3.0-bin-hadoop3.tgz \
-C /export/servers/local
```

4. 启动 Spark

通过启动 PySpark 来启动 Local 模式部署的 Spark。在虚拟机 Hadoop1 的/export/servers/local/spark-3.3.0-bin-hadoop3 目录执行如下命令。

```
$ bin/pyspark
```

上述命令执行完成后的效果如图 1-5 所示。

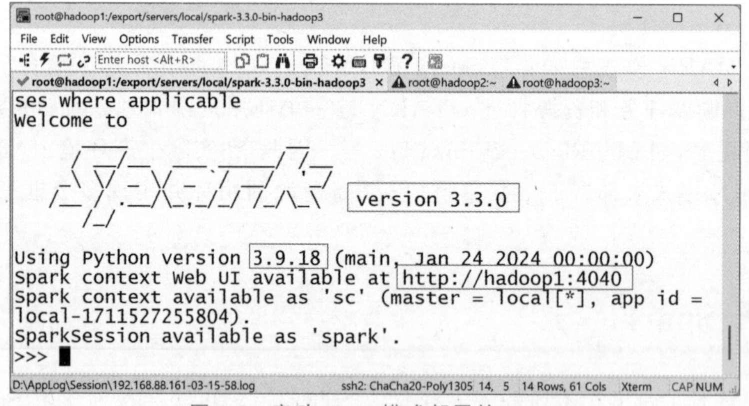

图 1-5 启动 Local 模式部署的 Spark

从图 1-5 可以看出,Local 模式部署的 Spark 启动成功,并且输出了 Spark Web UI 的地址 http://hadoop1:4040、Spark 的版本信息 3.3.0,以及 PySpark 使用 Python 的版本信息 3.9.18。读者可以在本地计算机中配置虚拟机 Hadoop1 的主机名和 IP 地址映射后,通过浏览器访问 Spark Web UI。

读者可以在图 1-5 的>>>位置输入命令来操作 Spark。如果要关闭 PySpark，可以在 PySpark 中执行 exit()命令。

需要说明的是，本书中虚拟机所使用的操作系统为 CentOS Stream 9。在启动 PySpark 时，默认会使用 CentOS Stream 9 自带的 Python。如果读者使用其他版本的 Linux 操作系统，并且其自带的 Python 版本不是 3.9.x，那么建议读者手动安装 Python 3.9.x，并相应地修改 PySpark 使用的 Python 版本。

1.4.2 基于 Standalone 模式部署 Spark

基于 Standalone 模式部署 Spark 时，需要在多台安装 JDK 的服务器中安装 Spark，并且通过修改 Spark 的配置文件来指定运行 Master 和 Worker 的服务器。接下来讲解如何使用虚拟机 Hadoop1、Hadoop2 和 Hadoop3，基于 Standalone 模式部署 Spark，具体操作步骤如下。

1. 集群规划

集群规划主要是为了明确 Master 和 Worker 所运行的虚拟机，本节基于 Standalone 模式部署 Spark 的集群规划情况如表 1-1 所示。

表 1-1 集群规划情况

虚 拟 机	Master	Worker
Hadoop1	√	
Hadoop2		√
Hadoop3		√

从表 1-1 可以看出，虚拟机 Hadoop1 作为 Spark 集群的主节点运行着 Master，虚拟机 Hadoop2 和 Hadoop3 作为 Spark 集群的从节点运行着 Worker。

2. 创建目录

由于后续会使用虚拟机 Hadoop1 部署不同模式的 Spark，为了便于区分不同部署模式 Spark 的安装目录，这里在虚拟机 Hadoop1 创建/export/servers/standalone 目录，用于存放 Standalone 模式部署 Spark 的安装目录，具体命令如下。

```
$ mkdir -p /export/servers/standalone
```

3. 安装 Spark

以解压方式安装 Spark，将 Spark 安装到/export/servers/standalone 目录。在虚拟机 Hadoop1 执行如下命令。

```
$ tar -zxvf /export/software/spark-3.3.0-bin-hadoop3.tgz \
-C /export/servers/standalone
```

4. 创建配置文件 spark-env.sh

配置文件 spark-env.sh 用于设置 Spark 运行环境的参数。Spark 默认未提供可编辑的配置文件 spark-env.sh，而是提供了一个模板文件 spark-env.sh.template 供用户参考。可以通过复制该模板文件并将其重命名为 spark-env.sh 来创建配置文件 spark-env.sh。

在虚拟机 Hadoop1 中,进入 Spark 存放配置文件的目录/export/servers/standalone/spark-3.3.0-bin-hadoop3/conf,复制该目录中的模板文件 spark-env.sh.template 并将其重命名为 spark-env.sh,具体命令如下。

```
$ cp spark-env.sh.template spark-env.sh
```

上述命令执行完成后,将会在/export/servers/standalone/spark-3.3.0-bin-hadoop3/conf 目录中生成配置文件 spark-env.sh。

5. 修改配置文件 spark-env.sh

在虚拟机 Hadoop1 的目录/export/servers/standalone/spark-3.3.0-bin-hadoop3/conf 中,通过文本编辑器 vi 编辑配置文件 spark-env.sh,在该文件的末尾添加如下内容。

```
JAVA_HOME=/export/servers/jdk1.8.0_241
SPARK_MASTER_HOST=hadoop1
SPARK_MASTER_PORT=7078
SPARK_MASTER_WEBUI_PORT=8686
SPARK_WORKER_MEMORY=1g
SPARK_WORKER_WEBUI_PORT=8082
SPARK_HISTORY_OPTS="
-Dspark.history.fs.cleaner.enabled=true
-Dspark.history.fs.logDirectory=hdfs://hadoop1:9000/spark/logs
-Dspark.history.ui.port=18081"
```

针对上述内容中的参数进行如下说明。

- 参数 JAVA_HOME 用于指定 Java 的安装目录。
- 参数 SPARK_MASTER_HOST 用于指定 Master 所运行服务器的主机名或 IP 地址。
- 参数 SPARK_MASTER_PORT 用于指定 Master 的通信端口。在未指定该参数的情况下,Master 通信地址的默认端口为 7077。
- 参数 SPARK_MASTER_WEBUI_PORT 用于指定 Master Web UI 的端口。在未指定该参数的情况下,Master Web UI 的默认端口为 8080。
- 参数 SPARK_WORKER_MEMORY 用于指定 Worker 可用的内存数。在未指定该参数的情况下,Worker 默认可以使用服务器总内存数减去 1g。
- 参数 SPARK_WORKER_WEBUI_PORT 用于指定 Worker Web UI 的端口。在未指定该参数的情况下,Worker Web UI 的默认端口为 8081。
- 参数 SPARK_HISTORY_OPTS 用于配置 Spark 的历史服务器,便于查看 Spark 集群中历史执行过的应用程序,其中属性-Dspark.history.fs.cleaner.enabled 用于指定历史服务器是否应定期清理日志;属性-Dspark.history.fs.logDirectory 用于指定历史服务器存储日志的目录;属性-Dspark.history.ui.port 用于指定历史服务器 Web UI 的端口,在未指定该属性的情况下,历史服务器 Web UI 的默认端口为 18080。

在配置文件 spark-env.sh 中添加上述内容后,保存并退出编辑。

需要说明的是，若集群环境中启动了ZooKeeper集群，则会占用8080端口，用户无法使用Master Web UI的默认端口，需要通过参数SPARK_MASTER_WEBUI_PORT修改Master Web UI的端口。

6. 创建配置文件spark-defaults.conf

spark-defaults.conf是Spark默认的配置文件。Spark默认未提供可编辑的配置文件spark-defaults.conf，而是提供了一个模板文件spark-defaults.conf.template供用户参考。可以通过复制该模板文件并将其重命名为spark-defaults.conf来创建配置文件spark-defaults.conf。

在虚拟机Hadoop1中，进入Spark存放配置文件的目录/export/servers/standalone/spark-3.3.0-bin-hadoop3/conf，复制该目录中的模板文件spark-defaults.conf.template并将其重命名为spark-defaults.conf，具体命令如下。

```
$ cp spark-defaults.conf.template spark-defaults.conf
```

上述命令执行完成后，将会在/export/servers/standalone/spark-3.3.0-bin-hadoop3/conf目录中生成配置文件spark-defaults.conf。

7. 修改配置文件spark-defaults.conf

在虚拟机Hadoop1的目录/export/servers/standalone/spark-3.3.0-bin-hadoop3/conf中，通过文本编辑器vi编辑配置文件spark-defaults.conf，在该文件的末尾添加如下内容。

```
spark.eventLog.enabled          true
spark.eventLog.dir              hdfs://hadoop1:9000/spark/logs
```

上述内容中，参数spark.eventLog.enabled指定Spark是否开启日志记录功能。参数spark.eventLog.dir用于指定Spark记录日志的目录，该目录需要与配置文件spark-env.sh中指定历史服务器存储日志的目录一致。

在配置文件spark-defaults.conf中添加上述内容后，保存并退出编辑。

8. 创建配置文件workers

配置文件workers用于指定Worker所运行的服务器。Spark默认未提供可编辑的配置文件workers，而是提供了一个模板文件workers.template供用户参考。可以通过复制该模板文件并将其重命名为workers来创建配置文件workers。

在虚拟机Hadoop1中，进入Spark存放配置文件的目录/export/servers/standalone/spark-3.3.0-bin-hadoop3/conf，复制该目录中的模板文件workers.template并将其重命名为workers，具体命令如下。

```
$ cp workers.template workers
```

9. 修改配置文件workers

在虚拟机Hadoop1的目录/export/servers/standalone/spark-3.3.0-bin-hadoop3/conf中，通过文本编辑器vi编辑配置文件workers，将该文件的默认内容修改为如下内容。

```
hadoop2
hadoop3
```

上述内容表示Worker运行在主机名为hadoop2和hadoop3的虚拟机Hadoop2和Hadoop3。配置文件workers中的内容修改为上述内容后，保存并退出编辑。

10. 创建Spark记录日志的目录

在HDFS中创建Spark记录日志的目录，在虚拟机Hadoop1执行如下命令。

```
$ hdfs dfs -mkdir -p /spark/logs
```

执行上述命令之前，需要确保Hadoop集群处于启动状态。关于部署Hadoop集群的内容，可参考本书的补充文档。

11. 分发Spark安装目录

使用scp命令将虚拟机Hadoop1中基于Standalone模式部署Spark的安装目录分发到虚拟机Hadoop2和Hadoop3的/export/servers目录，从而在虚拟机Hadoop2和Hadoop3中完成Spark的安装和配置。在虚拟机Hadoop1中执行下列命令。

```
#分发至虚拟机Hadoop2
$ scp -r /export/servers/standalone/ hadoop2:/export/servers/
#分发至虚拟机Hadoop3
$ scp -r /export/servers/standalone/ hadoop3:/export/servers/
```

12. 启动Spark集群

通过Spark提供的一键启动脚本start-all.sh启动Spark集群。在虚拟机Hadoop1的目录/export/servers/standalone/spark-3.3.0-bin-hadoop3执行如下命令。

```
$ sbin/start-all.sh
```

上述命令执行完成后，分别在虚拟机Hadoop1、Hadoop2和Hadoop3执行jps命令查看当前运行的Java进程，如图1-6所示。

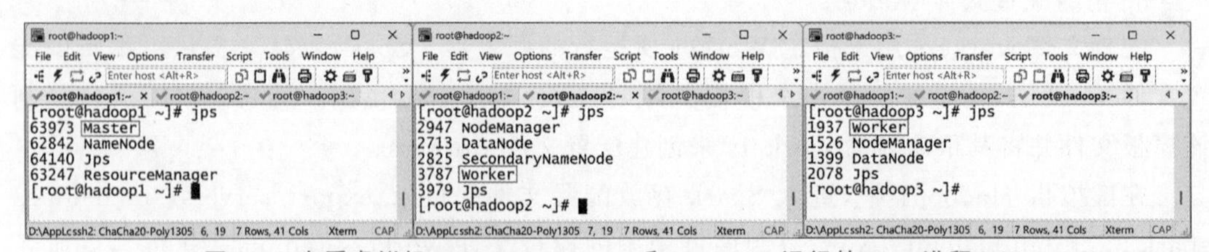

图1-6　查看虚拟机Hadoop1、Hadoop2和Hadoop3运行的Java进程(1)

在图1-6中，虚拟机Hadoop1运行着名为Master的Java进程，说明虚拟机Hadoop1为Spark集群的Master节点。虚拟机Hadoop2和Hadoop3运行着名为Worker的Java进程，说明虚拟机Hadoop2和Hadoop3为Spark集群的Worker节点。

需要说明的是，若读者需要关闭Spark集群，那么可以在虚拟机Hadoop1的目录/export/servers/standalone/spark-3.3.0-bin-hadoop3执行sbin/stop-all.sh命令。

13. 启动历史服务器

通过 Spark 提供的一键启动脚本 start-history-server.sh 启动历史服务器。在虚拟机 Hadoop1 的目录/export/servers/standalone/spark-3.3.0-bin-hadoop3 执行如下命令。

```
$ sbin/start-history-server.sh
```

上述命令执行完成后，在虚拟机 Hadoop1 执行 jps 命令查看当前运行的 Java 进程，如图 1-7 所示。

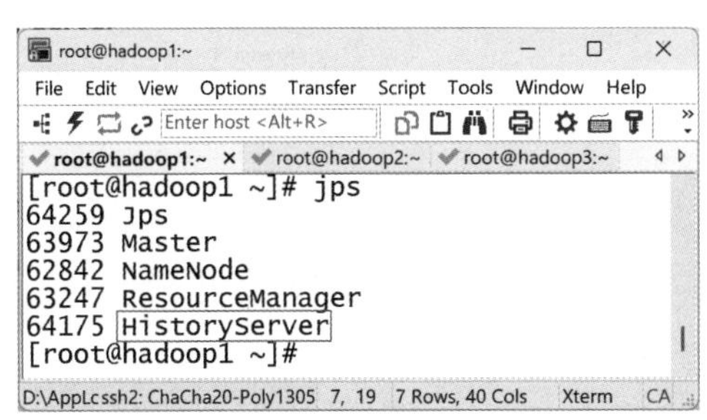

图 1-7　查看虚拟机 Hadoop1 运行的 Java 进程

在图 1-7 中，虚拟机 Hadoop1 运行着名为 HistoryServer 的 Java 进程，说明虚拟机 Hadoop1 成功启动了历史服务器。

需要说明的是，若读者需要关闭历史服务器，那么可以在虚拟机 Hadoop1 的目录/export/servers/standalone/spark-3.3.0-bin-hadoop3 执行 sbin/stop-history-server.sh 命令。

14. 查看 Spark 的 Web UI

读者可以在本地计算机的浏览器中查看 Master Web UI、Worker Web UI 和历史服务器 Web UI，具体内容如下。

（1）在浏览器中输入地址 http://192.168.88.161:8686/查看 Master Web UI，如图 1-8 所示。

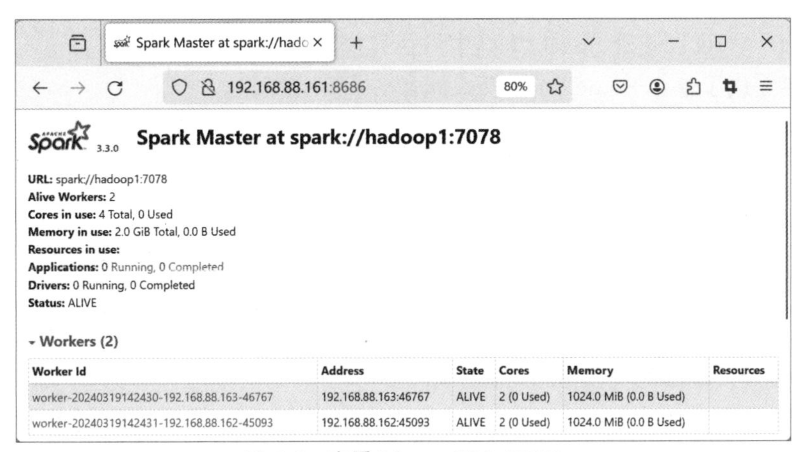

图 1-8　查看 Master Web UI(1)

从图 1-8 可以看出，Spark 集群包含两个 Worker，并且 Master 的通信地址为 spark://

hadoop1:7078。

(2) 在浏览器中分别输入地址 http://192.168.88.162:8082 和 http://192.168.88.163:8082 查看 Worker Web UI,如图 1-9 所示。

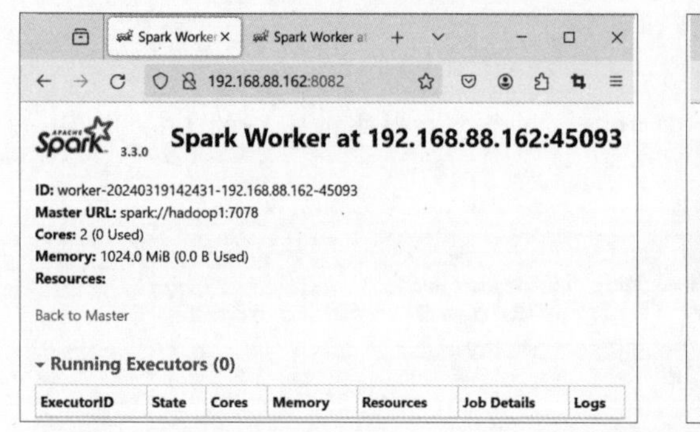

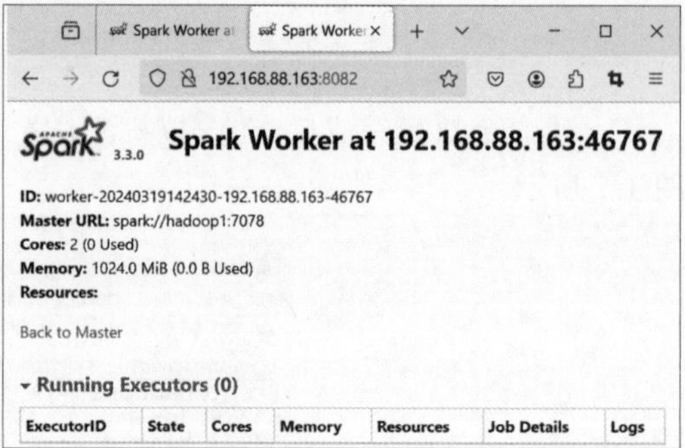

图 1-9 查看 Worker Web UI

在图 1-9 中,可以查看 Worker 中正在运行的执行器(Running Executors)。

(3) 在浏览器中输入地址 http://192.168.88.161:18081 查看历史服务器 Web UI,如图 1-10 所示。

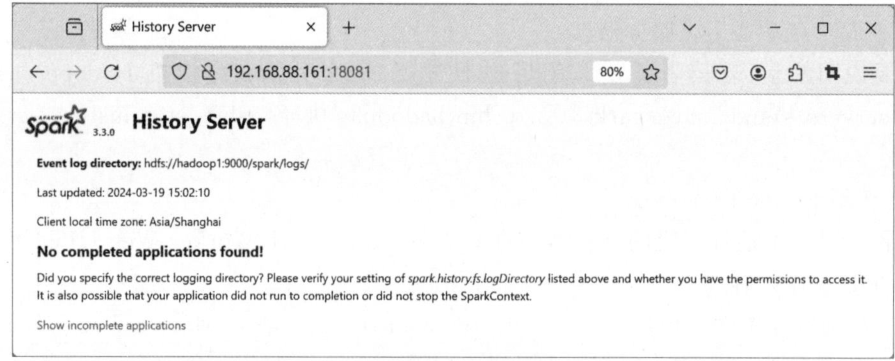

图 1-10 查看历史服务器 Web UI

在图 1-10 中,可以查看 Spark 集群中已执行应用程序的日志信息。

至此,便完成了基于 Standalone 模式部署 Spark 的操作。

1.4.3 基于 High Availability 模式部署 Spark

基于 High Availability 模式部署 Spark 时,同样需要在多台安装 JDK 的服务器中安装 Spark,并且通过修改 Spark 的配置文件来指定运行 Worker 的服务器,以及 ZooKeeper 集群的地址。接下来讲解如何使用虚拟机 Hadoop1、Hadoop2 和 Hadoop3,基于 High Availability 模式部署 Spark,具体操作步骤如下。

1. 关闭基于 Standalone 模式部署的 Spark

为了避免虚拟机 Hadoop1、Hadoop2 和 Hadoop3 中资源和端口的占用,这里关闭 1.4.2 小节启动的基于 Standalone 模式部署的 Spark 以及历史服务器。

2. 创建目录

由于后续会使用虚拟机 Hadoop1 部署不同模式的 Spark,为了便于区分不同部署模式 Spark

的安装目录，这里在虚拟机Hadoop1创建/export/servers/ha目录，用于存放High Availability模式部署Spark的安装目录，具体命令如下。

```
$ mkdir -p /export/servers/ha
```

3. 安装Spark

以解压方式安装Spark，将Spark安装到/export/servers/ha目录。在虚拟机Hadoop1执行如下命令。

```
$ tar -zxvf /export/software/spark-3.3.0-bin-hadoop3.tgz \
-C /export/servers/ha
```

4. 创建并修改配置文件spark-env.sh

在虚拟机Hadoop1的目录/export/servers/ha/spark-3.3.0-bin-hadoop3/conf中，通过复制模板文件spark-env.sh.template并将其重命名为spark-env.sh创建配置文件spark-env.sh。然后，使用文本编辑器vi编辑配置文件spark-env.sh，在该文件的末尾添加如下内容。

```
JAVA_HOME=/export/servers/jdk1.8.0_241
SPARK_MASTER_WEBUI_PORT=8787
SPARK_HISTORY_OPTS="
-Dspark.history.fs.cleaner.enabled=true
-Dspark.history.fs.logDirectory=hdfs://hadoop1:9000/spark/logs_ha
-Dspark.history.ui.port=18082"
SPARK_DAEMON_JAVA_OPTS="
-Dspark.deploy.recoveryMode=ZOOKEEPER
-Dspark.deploy.zookeeper.url=hadoop1:2181,hadoop2:2181,hadoop3:2181
-Dspark.deploy.zookeeper.dir=/export/data/spark-ha"
```

上述内容中，参数SPARK_DAEMON_JAVA_OPTS用于设置Spark守护进程的JVM参数，其中属性-Dspark.deploy.recoveryMode用于指定Spark集群故障恢复的模式，这里指定属性值为ZOOKEEPER，表示通过ZooKeeper进行故障恢复；属性-Dspark.deploy.zookeeper.url用于指定ZooKeeper集群的地址；属性-Dspark.deploy.zookeeper.dir用于指定ZooKeeper存储Spark集群状态的目录。上述内容中其他参数的介绍可参考1.4.2小节。

在配置文件spark-env.sh中添加上述内容后，保存并退出编辑。需要说明的是，基于High Availability模式部署的Spark会启动多个Master。因此，无须在配置文件spark-env.sh中通过参数SPARK_MASTER_HOST明确指定Master所运行服务器的主机名或IP地址。

5. 创建并修改配置文件spark-defaults.conf

在虚拟机Hadoop1的目录/export/servers/ha/spark-3.3.0-bin-hadoop3/conf中，通过复制模板文件spark-defaults.conf.template并将其重命名为spark-defaults.conf创建配置文件spark-defaults.conf。然后，使用文本编辑器vi编辑配置文件spark-defaults.conf，在该文件的末尾添加如下内容。

```
spark.eventLog.enabled          true
spark.eventLog.dir              hdfs://hadoop1:9000/spark/logs_ha
```

在配置文件 spark-defaults.conf 中添加上述内容后，保存并退出编辑。上述内容的介绍可参考 1.4.2 小节。

6. 创建并修改配置文件 workers

在虚拟机 Hadoop1 的目录/export/servers/ha/spark-3.3.0-bin-hadoop3/conf 中，通过复制模板文件 workers.template 并将其重命名为 workers 创建配置文件 workers。然后，使用文本编辑器 vi 编辑配置文件 workers，将该文件的默认内容修改如下。

```
hadoop2
hadoop3
```

配置文件 workers 中的内容修改为上述内容后，保存并退出编辑。上述内容的介绍可参考 1.4.2 小节。

7. 分发 Spark 安装目录

使用 scp 命令将虚拟机 Hadoop1 中基于 High Availability 模式部署 Spark 的安装目录分发到虚拟机 Hadoop2 和 Hadoop3 的/export/servers 目录，从而在虚拟机 Hadoop2 和 Hadoop3 中完成 Spark 的安装和配置。在虚拟机 Hadoop1 中执行下列命令。

```
#分发至虚拟机 Hadoop2
$ scp -r /export/servers/ha/ hadoop2:/export/servers/
#分发至虚拟机 Hadoop3
$ scp -r /export/servers/ha/ hadoop3:/export/servers/
```

8. 创建 Spark 记录日志的目录

确保 Hadoop 集群处于启动状态下，在 HDFS 中创建 Spark 记录日志的目录，在虚拟机 Hadoop1 执行如下命令。

```
$ hdfs dfs -mkdir -p /spark/logs_ha
```

9. 启动 ZooKeeper 集群

分别在虚拟机 Hadoop1、Hadoop2 和 Hadoop3 执行如下命令启动 ZooKeeper 服务。

```
$ zkServer.sh start
```

关于 ZooKeeper 集群的部署可参考本书提供的补充文档。

10. 启动 Spark 集群

通过 Spark 提供的一键启动脚本 start-all.sh 启动 Spark 集群。在虚拟机 Hadoop1 的目录/export/servers/ha/spark-3.3.0-bin-hadoop3 执行如下命令。

```
$ sbin/start-all.sh
```

上述命令执行完成后的效果如图 1-11 所示。

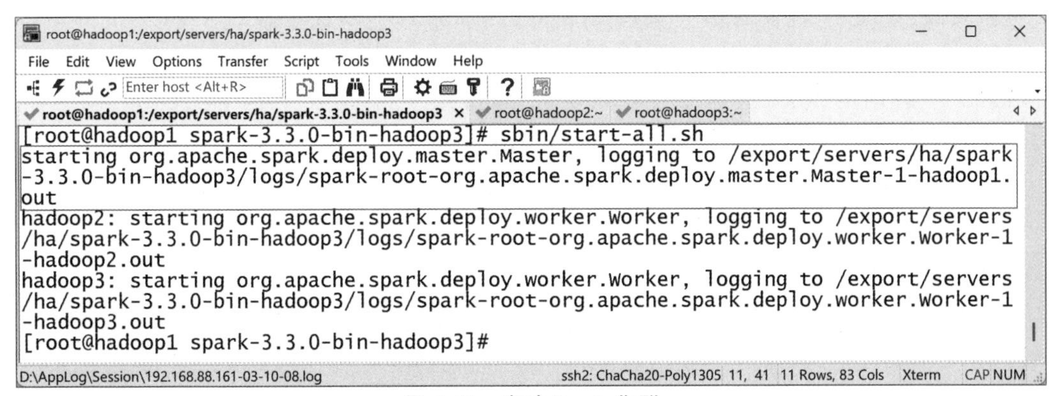

图 1-11　启动 Spark 集群

从图 1-11 可以看出，Spark 集群启动时，在虚拟机 Hadoop1 启动了 Master，该 Master 的状态为 Alive。

11. 启动 STANDBY 状态的 Master

在虚拟机 Hadoop2 或 Hadoop3 中再启动一个 Master，该 Master 的状态将为 STANDBY。这里以虚拟机 Hadoop2 为例，在虚拟机 Hadoop2 的目录/export/servers/ha/spark-3.3.0-bin-hadoop3 执行如下命令。

```
$ sbin/start-master.sh
```

12. 启动历史服务器

通过 Spark 提供的一键启动脚本 start-history-server.sh 启动历史服务器。在虚拟机 Hadoop1 的目录/export/servers/ha/spark-3.3.0-bin-hadoop3 执行如下命令。

```
$ sbin/start-history-server.sh
```

需要说明的是，若读者需要关闭历史服务器，那么可以在虚拟机 Hadoop1 的目录/export/servers/ha/spark-3.3.0-bin-hadoop3 执行 sbin/stop-history-server.sh 命令。

13. 查看 Spark 集群运行状态

分别在虚拟机 Hadoop1、Hadoop2 和 Hadoop3 执行 jps 命令查看当前运行的 Java 进程，如图 1-12 所示。

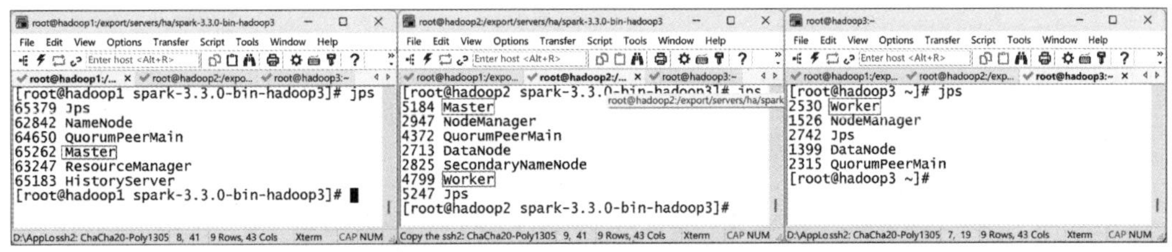

图 1-12　查看虚拟机 Hadoop1、Hadoop2 和 Hadoop3 运行的 Java 进程(2)

在图 1-12 中，虚拟机 Hadoop1 和 Hadoop2 都运行着名为 Master 的 Java 进程，说明虚拟机 Hadoop1 和 Hadoop2 都为 Spark 集群的 Master 节点。

需要说明的是,若读者需要关闭 Spark 集群,那么可以在虚拟机 Hadoop1 的目录/export/servers/ha/spark-3.3.0-bin-hadoop3 执行 sbin/stop-all.sh 命令。不过,虚拟机 Hadoop2 中启动的 Master 需要在 Hadoop2 的目录/export/servers/ha/spark-3.3.0-bin-hadoop3 执行 sbin/stop-master.sh 命令进行关闭。

14. 查看 Master 状态

在浏览器中分别输入地址 http://192.168.88.161:8787 和 http://192.168.88.162:8787 查看 Master Web UI,如图 1-13 所示。

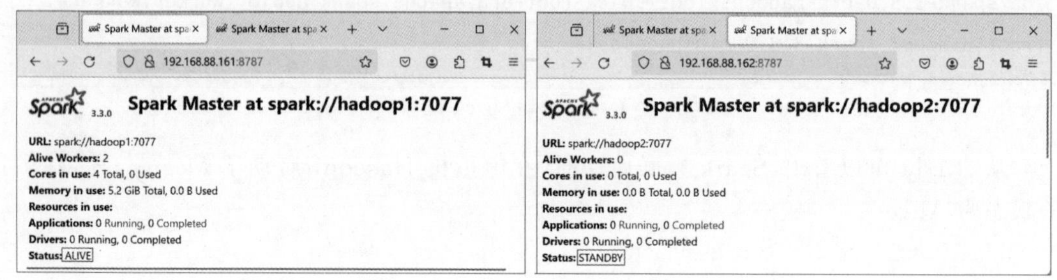

图 1-13 查看 Master Web UI(2)

从图 1-13 可以看出,虚拟机 Hadoop1 中 Master 的状态为 ALIVE,虚拟机 Hadoop2 中 Master 的状态为 STANDBY。

15. 测试故障恢复

为了演示当 ALIVE 状态的 Master 宕机时,是否可以将 STANDBY 状态的 Master 选举为 ALIVE 状态的 Master,这里在虚拟机 Hadoop1 中关闭 Master。在虚拟机 Hadoop1 的目录/export/servers/ha/spark-3.3.0-bin-hadoop3 执行如下命令。

```
$ sbin/stop-master.sh
```

上述命令执行完成后,等待 1 分钟左右,在浏览器中分别刷新地址 http://192.168.88.161:8787 和 http://192.168.88.162:8787 再次查看 Master Web UI,如图 1-14 所示。

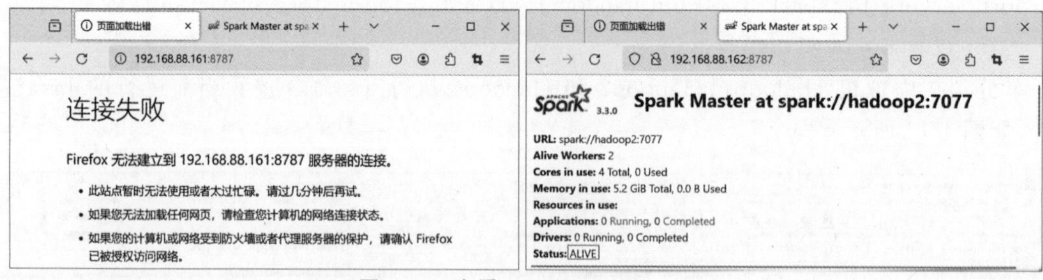

图 1-14 查看 Master Web UI(3)

从图 1-14 可以看出,虚拟机 Hadoop1 中 Master Web UI 已经无法访问,而虚拟机 Hadoop2 中 Master 的状态变为 ALIVE,说明成功实现故障恢复。

当在虚拟机 Hadoop1 的目录/export/servers/ha/spark-3.3.0-bin-hadoop3 中执行 sbin/start-master.sh 命令重新启动 Master 之后,在浏览器中刷新地址 http://192.168.88.161:8787 查看 Master Web UI,如图 1-15 所示。

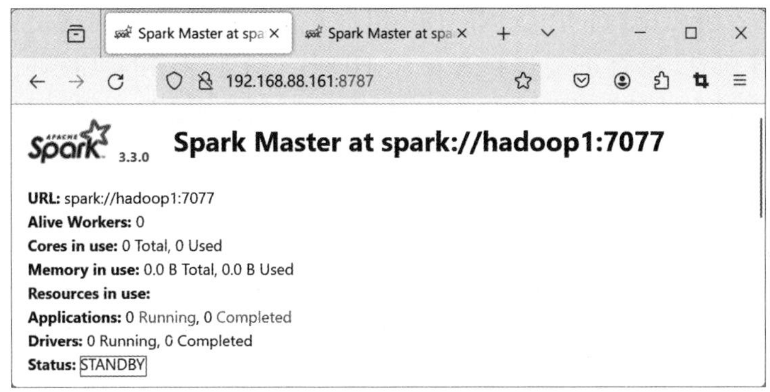

图 1-15　查看 Master Web UI(4)

从图 1-15 可以看出，虚拟机 Hadoop1 中 Master 的状态变为 STANDBY。

至此，便完成了基于 High Availability 模式部署 Spark 的操作。

1.4.4　基于 Spark on YARN 模式部署 Spark

基于 Spark on YARN 模式部署 Spark 时，只需要在一台安装 JDK 的服务器中安装 Spark，使其作为向 YARN 集群提交应用程序的客户端。接下来讲解如何使用虚拟机 Hadoop1，基于 Spark on YARN 模式部署 Spark，具体操作步骤如下。

1. 关闭 Spark 集群和历史服务器

为了避免虚拟机 Hadoop1、Hadoop2 和 Hadoop3 中资源和端口的占用，这里关闭 1.4.2 小节和 1.4.3 小节启动的基于 Standalone 模式和 High Availability 模式部署的 Spark 以及历史服务器。

2. 创建目录

由于已经使用虚拟机 Hadoop1 部署了不同模式的 Spark，为了便于区分不同部署模式 Spark 的安装目录，这里在虚拟机 Hadoop1 创建/export/servers/sparkOnYarn 目录，用于存放 Spark on YARN 模式部署 Spark 的安装目录，具体命令如下。

```
$ mkdir -p /export/servers/sparkOnYarn
```

3. 安装 Spark

以解压方式安装 Spark，将 Spark 安装到/export/servers/sparkOnYarn 目录。在虚拟机 Hadoop1 执行如下命令。

```
$ tar -zxvf /export/software/spark-3.3.0-bin-hadoop3.tgz \
-C /export/servers/sparkOnYarn
```

在虚拟机 Hadoop1 的目录/export/servers/sparkOnYarn/spark-3.3.0-bin-hadoop3/conf 中，通过复制模板文件 spark-env.sh.template 并将其重命名为 spark-env.sh 创建配置文件 spark-env.sh。然后，使用文本编辑器 vi 编辑配置文件 spark-env.sh，在该文件的末尾添加如下内容。

```
HADOOP_CONF_DIR=/export/servers/hadoop-3.3.0/etc/hadoop
YARN_CONF_DIR=/export/servers/hadoop-3.3.0/etc/hadoop
```

上述内容中,参数 HADOOP_CONF_DIR 用于通过指定 Hadoop 配置文件所在的目录来获取相应的配置信息,从而正确连接和操作 HDFS。参数 YARN_CONF_DIR 通过指定 Hadoop 配置文件所在的目录来获取相应的配置信息,从而正确连接 YARN 提交应用程序。

在配置文件 spark-env.sh 中添加上述内容后,保存并退出编辑。至此,便完成了基于 Spark on YARN 模式部署 Spark 的操作。在后续章节中,主要使用基于 Spark on YARN 模式部署的 Spark 进行相关操作。

基于 Spark on YARN 模式部署 Spark 相对简单,但在操作过程中仍然需要以细心、严谨的态度对待这一过程。这不仅有助于顺利完成基于 Spark on YARN 模式部署 Spark 的操作,还能培养严谨的思维和端正的态度,为综合发展打下坚实的基础。

1.5 Spark 初体验

本节带领读者体验如何通过 Spark 提供的命令行工具 spark-submit,将 Spark 程序提交到 YARN 集群中运行。这里使用 Spark 官方提供用于计算圆周率(π)的 Spark 程序。在虚拟机 Hadoop1 的目录/export/servers/sparkOnYarn/spark-3.3.0-bin-hadoop3 中执行如下命令。

```
$ bin/spark-submit \
--master yarn \
--deploy-mode client \
--executor-memory 2G \
--executor-cores 2 \
--num-executors 1 \
examples/src/main/python/pi.py \
10
```

上述命令中参数的介绍如下。

(1) --master 用于指定 Spark 程序运行在本地、YARN 集群或者 Spark 集群,具体介绍如下。

- 若 Spark 程序运行在本地,则参数值为 local。
- 若 Spark 程序运行在 YARN 集群,则参数值为 yarn。
- 若 Spark 程序运行在 Spark 集群,则参数值用于指定 Master 的地址,其格式为 spark://host:port,其中 host 用于指定 Master 所运行服务器的主机名或 IP 地址,port 用于指定 Master 通信端口。如果 Spark 集群为 High Availability 模式,那么参数值格式为 spark://host:port,host:port,…,用于指定多个 Master 的地址。

(2) --deploy-mode 用于指定 Spark 程序的部署模式,其可选值包括 client 和 cluster,具体介绍如下。

- client 是默认的部署模式,它表示以客户端模式部署 Spark 程序,通常适用于本地测试。在这种模式下,Driver Program 会运行在提交 Spark 程序的服务器中。因此,可以在服务器中查看 Spark 程序输出的结果
- cluster 表示以集群模式部署 Spark 程序,通常适用于生产环境。在这种模式下,Driver Program 会运行在 Spark 集群的 Worker 中,或者作为一个 ApplicationMaster 在 YARN 集群的 NodeManager 上运行,这取决于 Spark 程序运行在 Spark 集群还是

YARN集群。当参数--deploy-mode的值为cluster时，参数--master的值不能是local。

（3）--executor-memory 用于设置每个 Executor 的可用内存。默认情况下，每个Executor的可用内存为1GB。

（4）--executor-cores 用于设置每个 Executor 的可用核心数。默认情况下，每个Executor的可用核心数为1。该参数不适用于在本地运行Spark程序。

（5）--num-executors 用于设置 Executor 的数量。默认情况下，Executor 的数量为 2。该参数适用于在YARN集群中运行Spark程序。

（6）examples/src/main/python/pi.py 用于指定包含Spark程序的Python文件路径。

（7）10 用于指定Spark程序计算圆周率的迭代次数，次数越多计算结果越精确，不过消耗的资源也会越多。

上述命令执行完成后的效果如图1-16所示。

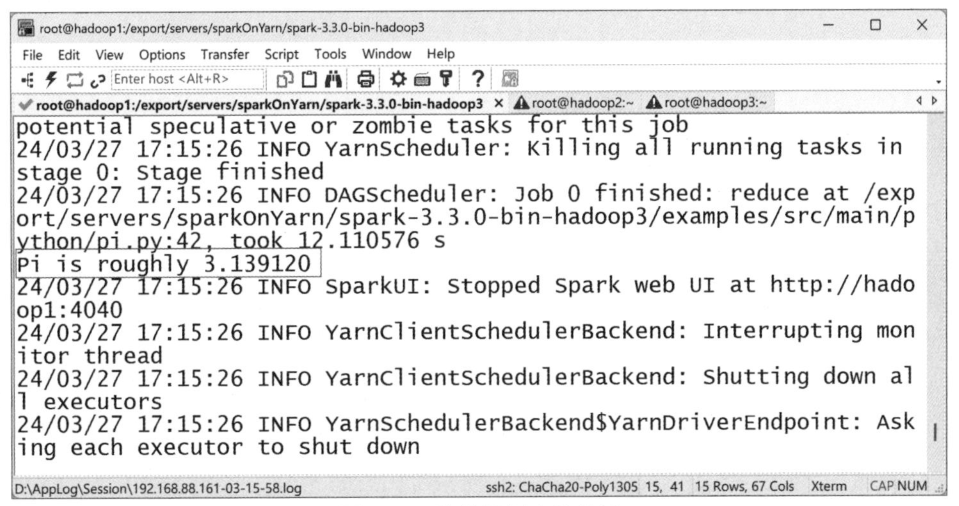

图1-16 计算圆周率的效果

从图1-16可以看出，圆周率的计算结果为3.139120。

在本地计算机的浏览器中输入http://hadoop1:8088/cluster打开YARN Web UI，可以查看Spark程序的运行情况，如图1-17所示。

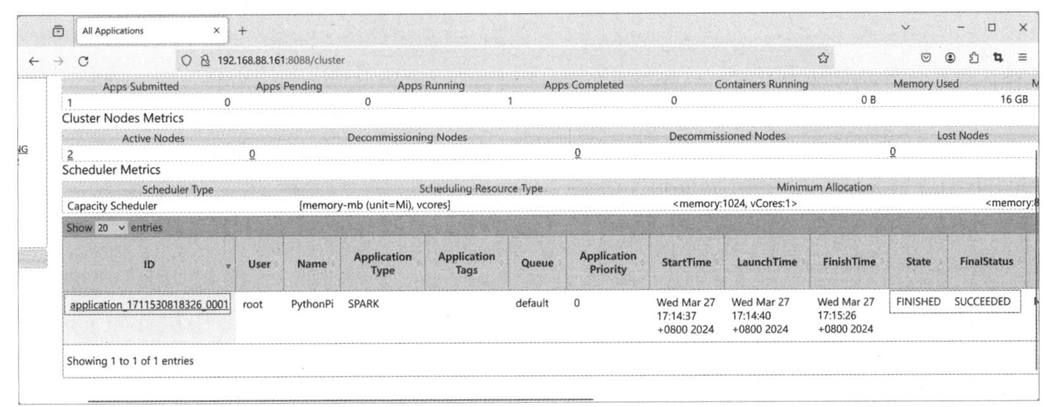

图1-17 YARN Web UI

从图 1-17 可以看出，Spark 程序在 YARN 集群运行时分配的 Application ID 为 application_1711530818326_0001，并且运行状态(State)和最终状态(FinalStatus)分别为 FINISHEN 和 SUCCEEDED，表示 Spark 程序运行完成并且运行成功。

1.6　PySpark 的使用

PySpark 是 Spark 提供的一个基于 Python 语言的交互式环境，用于快速开发和调试 Spark 程序。PySpark 为用户提供了一个轻量级的方式来与 Spark 进行交互。通过 PySpark，用户可以直接在交互式界面中输入 Spark 代码，然后立即执行并查看结果。本节针对 PySpark 的使用进行详细讲解。

默认情况下，可以进入 Spark 的安装目录中启动 PySpark。启动 PySpark 的基础语法格式如下。

```
$ bin/pyspark --master MASTER_URL
```

上述语法格式中，参数--master 用于指定 PySpark 运行模式，其常用的运行模式如表 1-2 所示。

表 1-2　PySpark 常用的运行模式

运行模式	语法格式	说明
本地	--master local	表示 Spark 程序在本地计算机上运行，并使用所有可用线程来执行任务
	--master local[N]	表示 Spark 程序在本地计算机上运行，并使用 N 个线程来执行任务，其中 N 用于指定可用线程数。当 N 的值为 * 时，与--master local 的含义相同
Spark 集群	--master spark://HOST:PORT	表示 Spark 程序在 Standalone 模式部署的 Spark 上运行，其中 HOST 用于指定 Master 所运行服务器的主机名或 IP 地址；PORT 用于指定 Master 通信端口
	--master spark://HOST: PORT, HOST:PORT,…	表示 Spark 程序在 High Availability 模式部署的 Spark 上运行，其中 HOST 用于指定多个 Master 所运行服务器的主机名或 IP 地址；PORT 用于指定多个 Master 通信端口
YARN 集群	--master yarn	表示 Spark 程序在 YARN 上运行

需要说明的是，若启动 PySpark 时不指定参数--master，则默认 Spark 程序在本地计算机上运行，并使用所有可用线程来执行任务。如果读者想要了解 PySpark 更多参数的使用方式，可以在 Spark 安装目录中执行 bin/pyspark --help 命令进行查看。

接下来基于 YARN 集群的运行模式启动 PySpark，演示 PySpark 的使用。在虚拟机 Hadoop1 的目录/export/servers/sparkOnYarn/spark-3.3.0-bin-hadoop3 中执行如下命令。

```
$ bin/pyspark --master yarn
```

上述命令执行完成的效果如图 1-18 所示。

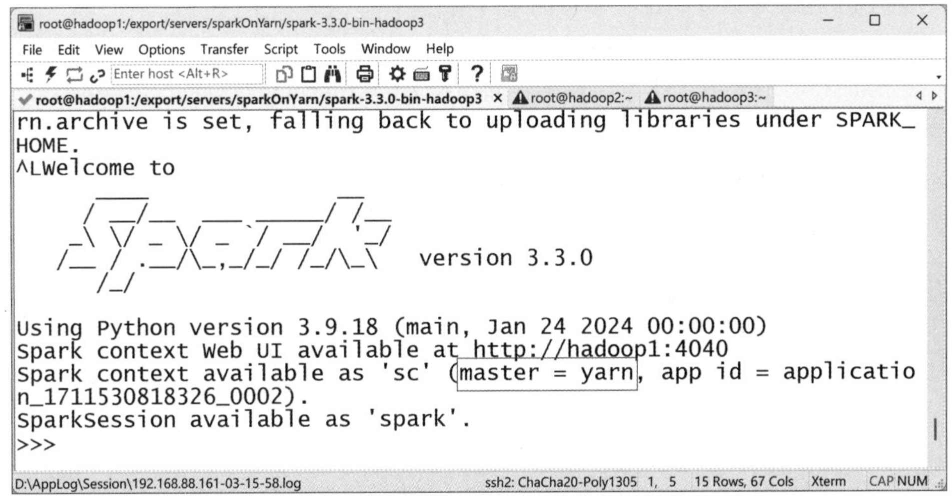

图 1-18 启动 PySpark

要在 PySpark 中打印 Hello World,可在图 1-8 所示界面中执行如下代码。

```
print("Hello World")
```

上述代码的执行效果如图 1-19 所示。

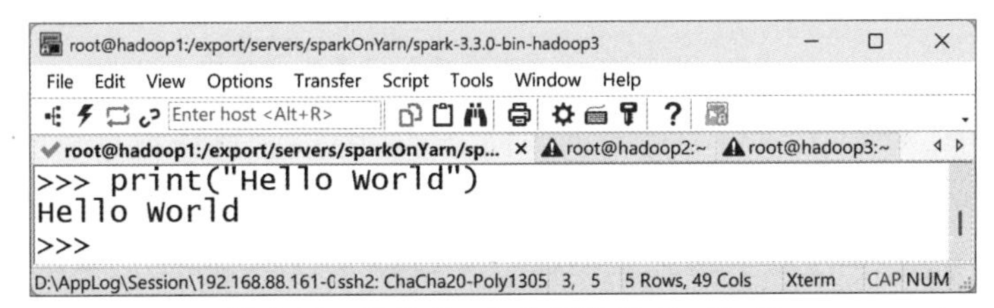

图 1-19 在 PySpark 中打印 Hello World

从图 1-19 可以看出,PySpark 中成功打印了 Hello World。

1.7 PyCharm 开发 Spark 程序

通常,PySpark 主要用于对 Spark 程序进行测试。而对于 Spark 程序的开发,则更常见的做法是在 PyCharm 等集成开发环境中完成。使用 PyCharm 开发的 Spark 程序可以直接运行,也可以将其提交到 Spark 集群或者 YARN 集群运行。本节详细讲解如何使用 Python 语言在 PyCharm 中开发 Spark 程序,并通过不同方式来运行 Spark 程序,具体内容如下。

1. 环境准备

在开发 Spark 程序之前,需要在计算机中安装 JDK、Python 和 PyCharm,以及在 PyCharm 中创建项目和安装 pyspark 模块。关于安装 JDK、Python 和 PyCharm 的操作读者可参考本书提供的补充文档。接下来,主要以 PyCharm 中执行的一系列相关操作进行讲解,具体操作步骤如下。

(1) 在 PyCharm 的 Welcome to PyCharm 界面,单击 New Project 按钮,打开 New

Project 对话框,在该对话框中配置项目的基本信息,具体内容如下。

- 在 Name 输入框中指定项目名称为 Python_Test。
- 在 Location 输入框中指定项目的存储路径为 D:\develop\PycharmProject。
- 在 Python version 下拉框中选择本地安装的 Python。建议 Python 的版本为 3.9.x。

New Project 对话框配置完成的效果如图 1-20 所示。

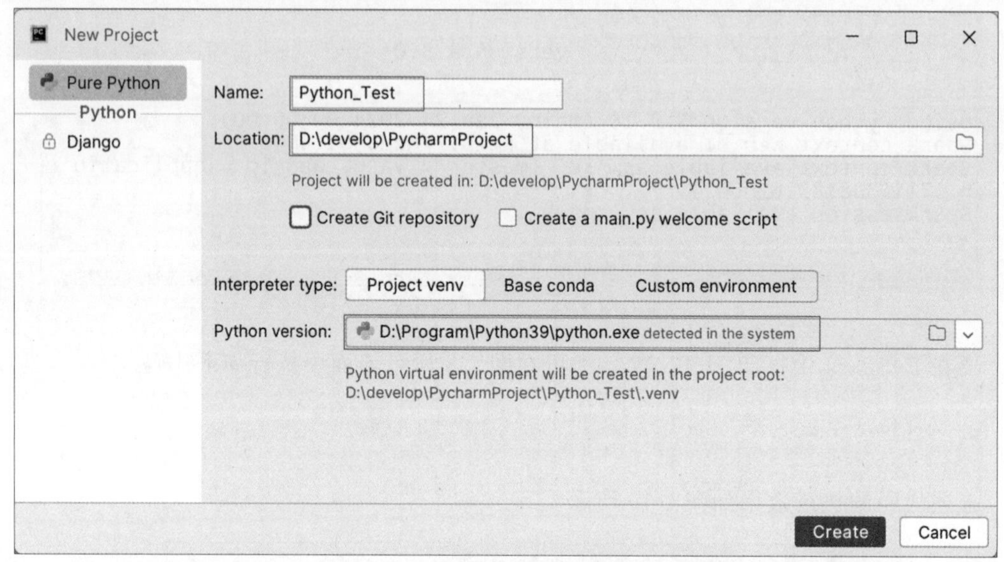

图 1-20 New Project 对话框配置完成的效果

需要说明的是,根据 PyCharm 版本的不同,New Project 对话框显示的内容会存在差异。读者在创建项目时,需要根据实际显示的内容来配置项目的基本信息。

(2) 在图 1-20 中,单击 Create 按钮创建项目 Python_Test。项目 Python_Test 创建完成的效果如图 1-21 所示。

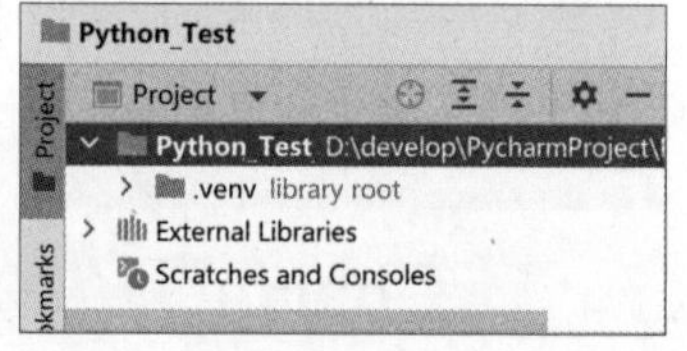

图 1-21 项目 Python_Test 创建完成的效果

(3) 在 PyCharm 中安装 pyspark 模块,允许用户基于 Python 语言开发 Spark 程序,操作步骤如下。

① 在 PyCharm 的工具栏依次单击 File→Settings...选项打开 Settings 对话框,在该对话框的左侧单击 Project: Python_Test 折叠项中的 Python Interpreter 选项,如图 1-22 所示。

② 在图 1-22 中,单击+按钮弹出 Available Packages 对话框,在该对话框的搜索栏中输入 pyspark,然后选择 pyspark 选项并勾选 Specify version 复选框以指定 pyspark 模块的版本。由于本书使用 Spark 的版本为 3.3.0,所以需要在 Specify version 复选框后方的下拉框中选择 3.3.0。Available Packages 对话框配置完成的效果如图 1-23 所示。

③ 在图 1-23 中,单击 Install Package 按钮安装 pyspark 模块。pyspark 模块安装完成的效果如图 1-24 所示。

从图 1-24 可以看出,pyspark 模块安装完成后会出现 Package 'pyspark' installed successfully 的提示信息。在图 1-24 中,单击 Close 按钮关闭 Available Packages 对话框。

(4) 配置系统环境变量,指定 PyCharm 使用的 Python 解释器,操作步骤如下。

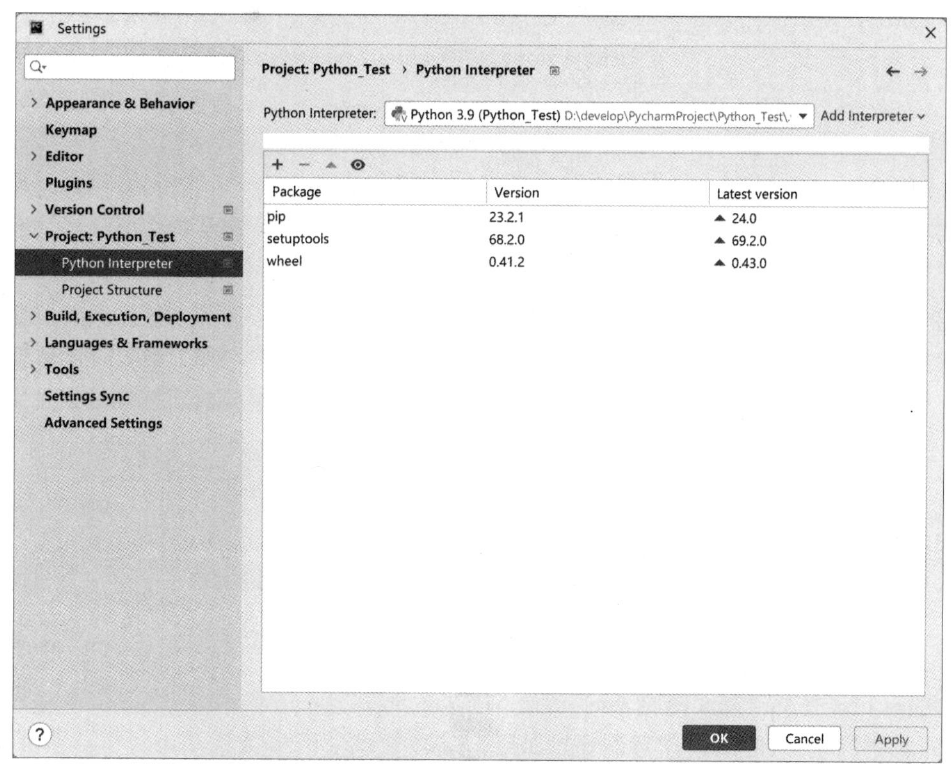

图 1-22 Settings 对话框

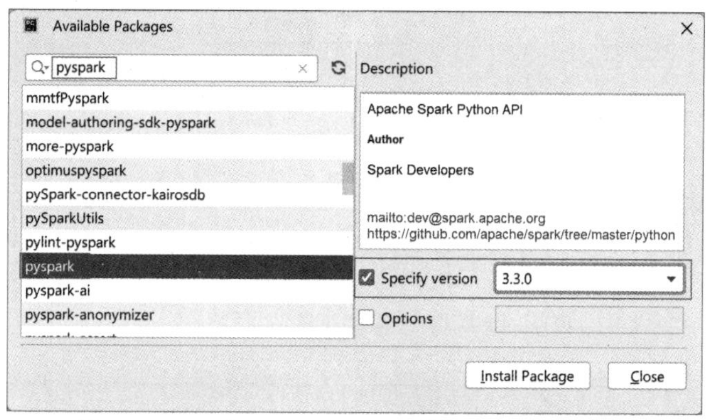

图 1-23 Available Packages 对话框配置完成的效果

① 按 WIN+R 组合键打开“运行”对话框，在该对话框的“打开”输入框中输入 sysdm.cpl，然后单击“确定”按钮会弹出“系统属性”对话框，在该对话框中单击“高级”选项卡中的“环境变量”按钮打开“环境变量”对话框，如图 1-25 所示。

② 在图 1-25 中单击“系统变量”区域的“新建”按钮，打开“编辑系统变量”对话框，分别在变量名和和变量值处填写 PYSPARK_PYTHON 和 python，如图 1-26 所示。

在图 1-26 中，单击“确定”按钮返回“环境变量”对话框，在该窗口中单击“确定”按钮完成系统环境变量的配置。

图 1-24 pyspark 模块安装完成的效果

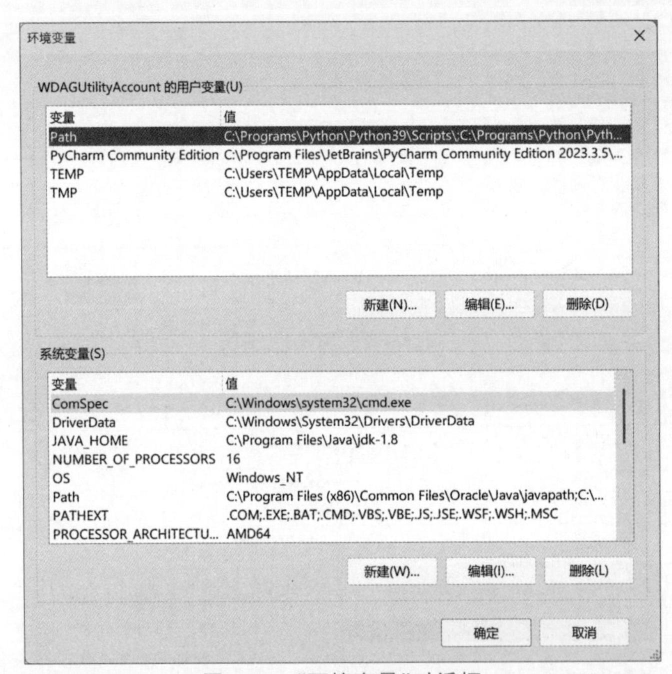

图 1-25 “环境变量”对话框

图 1-26 “编辑系统变量”对话框

2. 通过 PyCharm 运行 Spark 程序

在项目 Python_Test 中创建 PySpark 文件夹,并在该文件夹下创建名为 Spark_Test 的 Python 文件,在该文件中实现一个 Spark 程序,用于读取文件 data.txt 的数据并将其输出到控制台,具体代码如文件 1-1 所示。

文件 1-1　Spark_Test.py

```
1   from pyspark import SparkConf, SparkContext
2   conf = SparkConf().setMaster("local[2]").setAppName("Spark_Test")
3   # 创建 SparkContext 对象
4   sc = SparkContext(conf=conf)
5   # 通过 textFile()方法从指定目录读取文件 data.txt 中的数据并创建名为 data 的 RDD
6   data = sc.textFile("D://data.txt")
7   # 通过 collect 算子获取 data 的所有元素并存放在列表 result 中
8   result = data.collect()
9   # 将列表 result 的内容输出到控制台
10  print(result)
11  #释放 Spark 程序占用的资源
12  sc.stop()
```

在文件 1-1 中，第 2 行代码创建 SparkConf 对象用于配置 Spark 程序的参数，其中 setMaster()方法用于指定 Spark 程序的运行模式。若希望 Spark 程序在 PyCharm 中运行，则 setMaster()方法的参数值必须指定为 local 或 local[N]的形式，其中 local 表示 Spark 程序可以使用本地计算机的所有线程；local[N]表示 Spark 程序可以使用本地计算机指定数量的线程，N 用于指定线程数。若 N 等于 *，则等价于 local。setAppName()方法用于指定 Spark 程序的名称。

在 PyCharm 中运行文件 1-1 之前，需要在本地计算机的 D 盘根目录下创建文件 data.txt，并在文件中添加如下内容。

```
Spark on YARN
Hello Spark
Hello Python
```

文件 data.txt 创建完成后，文件 1-1 的运行结果如图 1-27 所示。

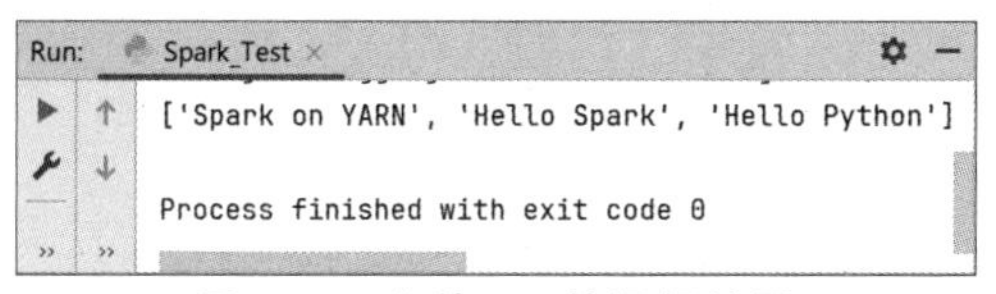

图 1-27　文件 1-1 的运行结果

从图 1-27 可以看出，文件 data.txt 的内容以列表的形式输出。

需要说明的是，在 Spark 中通过 textFile()方法读取文件中的数据创建 RDD 时，文件中的每行数据会作为 RDD 的每个元素。

3. 通过集群环境运行 Spark 程序

这里以 YARN 集群为例，演示如何使用 PyCharm 开发 Spark 程序，并将其提交到 YARN 集群运行，具体操作步骤如下。

(1) 在项目 Python_Test 的 PySpark 文件夹下创建名为 Spark_Test1 的 Python 文件，在该文件中实现一个 Spark 程序，用于读取文件 data.txt 的数据并将其输出到文件中，具体代码如文件 1-2 所示。

文件 1-2 Spark_Test1.py

```
1  import sys
2  from pyspark import SparkConf, SparkContext
3  conf = SparkConf().setAppName("Spark_Test1")
4  # 创建 SparkContext 对象
5  sc = SparkContext(conf=conf)
6  # 通过 textFile()方法从指定目录读取文件 data.txt 中的数据并创建名为 data 的 RDD
7  data = sc.textFile(sys.argv[1])
8  # 通过 saveAsTextFile()方法将 data 中的元素输出到指定目录的文件中
9  data.saveAsTextFile(sys.argv[2])
10 # 释放 Spark 程序占用的资源
11 sc.stop()
```

文件 1-2 中,使用 PyCharm 开发的 Spark 程序需要提交到集群环境运行时,无须通过 setMaster()方法指定 Spark 程序的运行模式。第 7 行代码在 textFile()方法中通过参数 sys.argv[1]代替文件的具体路径,以便将 Spark 程序提交到集群环境运行时,可以更加灵活地通过 spark-submit 的参数来指定。第 9 行代码通过 saveAsTextFile()方法将 Spark 程序的运行结果输出到指定文件中,这里同样通过参数 sys.argv[2]代替文件的具体路径。

(2) 将文件 data.txt 上传到虚拟机 Hadoop1 的/export/data 目录。

(3) 由于 Spark 程序在 YARN 集群运行时,默认会使用 HDFS 作为其输入和输出数据的存储位置,因此需要将文件 data.txt 上传到 HDFS 中。这里将文件 data.txt 上传到 HDFS 的根目录,在虚拟机 Hadoop1 执行如下命令。

```
$ hdfs dfs -put /export/data/data.txt /
```

(4) 将 Python 文件 Spark_Test1.py 上传到虚拟机 Hadoop1 的/export/data 目录。

(5) 将 Spark 程序提交到 YARN 集群运行。在虚拟机 Hadoop1 的/export/servers/sparkOnYarn/spark-3.3.0-bin-hadoop3 目录执行如下命令。

```
$ bin/spark-submit \
--master yarn \
--deploy-mode cluster \
--conf "spark.default.parallelism=1" \
/export/data/Spark_Test1.py \
/data.txt \
/result
```

上述命令中,参数--conf 用于指定 Spark 程序的配置信息,这里指定 spark.default.parallelism=1 表示 Spark 程序的并行度为 1。参数/data.txt 表示 Spark 程序中 textFile()方法读取文件的目录。参数/result 表示 Spark 程序中 saveAsTextFile()方法输出 RDD 元素的目录。

上述命令运行完成后,可以通过 YARN Web UI 查看 Spark 程序的运行状态,如果 Spark 程序的运行状态中“状态”(State)和“最终状态”(FinalStatus)显示为 FINISHED 和 SUCCEEDED 时,说明 Spark 程序运行成功。

需要说明的是，当 Spark 程序的并行度大于 1 时，方法 saveAsTextFile()可能会将 RDD 中的元素输出到指定目录的多个文件中。如果 Spark 程序的并行度大于 1，希望 saveAsTextFile()方法将 RDD 中的元素输出到指定目录的单个文件中，可以通过将 RDD 的分区数指定为 1 来实现。关于这部分内容可以参考第 2 章的讲解。

（6）查看 HDFS 目录/result 中的内容。在虚拟机 Hadoop1 执行如下命令。

```
$ hdfs dfs -ls /result
```

上述命令执行完成的效果如图 1-28 所示。

```
[root@hadoop1 ~]# hdfs dfs -ls /result
Found 2 items
-rw-r--r--   2 root supergroup          0 2024-03-28 15:09 /result/_SUCCESS
-rw-r--r--   2 root supergroup         39 2024-03-28 15:09 /result/part-00000
[root@hadoop1 ~]#
```

图 1-28　查看 HDFS 目录/result 中的内容

从图 1-28 可以看出，HDFS 目录/result 中包括文件_SUCCESS 和文件 part-00000，其中文件_SUCCESS 用于标识 Spark 程序运行成功；文件 part-00000 存储了 Spark 程序的运行结果。

（7）查看 Spark 程序的运行结果。在虚拟机 Hadoop1 执行如下命令。

```
$ hdfs dfs -cat /result/part-00000
```

上述命令执行完成的效果如图 1-29 所示。

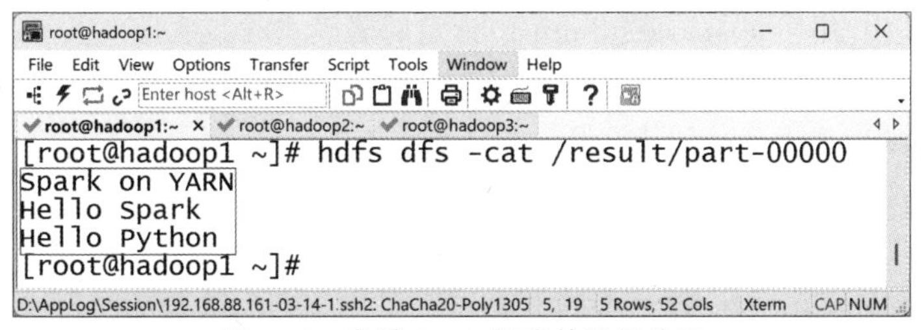

图 1-29　查看 Spark 程序的运行结果

从图 1-29 可以看出，查看 Spark 程序的运行结果与文件 data.txt 的内容一致。说明 Spark 程序成功从 HDFS 根目录中读取文件 data.txt 的数据，并将其作为运行结果输出。

1.8　本章小结

本章主要讲解了 Spark 的基础知识和相关操作。首先，讲解了 Spark 特点、基本架构、运行流程等内容。然后，讲解了 Spark 的部署，包括 Spark 的部署模式、基于 Standalone 模式部署 Spark、基于 Spark on YARN 模式部署 Spark 等。最后讲解 Spark 的相关操作，包括将 Spark 程序提交到集群运行、使用 PySpark、开发 Spark 程序等。通过本章的学习，读者能够了解 Spark 的理论基础、部署方式和操作,为后续深入学习 Spark 奠定基础。

1.9 课后习题

一、填空题

1. Spark 生态系统中,________是用来操作结构化数据的组件。
2. 驱动程序负责将 Spark 程序转换为________。
3. ________是 Spark 程序的入口。
4. Structured Streaming 是构建在________之上的一种实时数据处理的组件。
5. Spark 通过________来实现容错性。

二、判断题

1. High Availability 模式部署的 Spark 只能有一个 Master。 ( )
2. Spark on YARN 模式意味着将 Spark 集群作为 YARN 应用程序来运行。 ( )
3. Worker 负责 Spark 集群中任务的调度。 ( )
4. 执行器是在 Master 上运行的进程。 ( )
5. Master Web UI 的默认端口为 8081。 ( )

三、选择题

1. 下列选项中,不属于 Spark 生态系统中的组件的是( )。
   A. Spark SQL　B. MLlib　C. GraphX　D. PySpark
2. 下列选项中,属于 Spark 基本架构中 Master 职责的有( )(多选)。
   A. 资源管理　B. 任务调度　C. 容错管理　D. 任务执行
3. 下列选项中,属于 Master 默认通信端口的是( )。
   A. 8080　B. 8081　C. 7077　D. 8088
4. 下列选项中,用于在 spark-submit 中指定部署模式的参数是( )。
   A. --master　B. --deploy-mode　C. --submit-mode　D. --deploy
5. 下列选项中,关于 Spark 基本概念描述正确的是( )。
   A. 作业是执行器上的工作单元
   B. 任务调度器会将作业划分为多个任务
   C. 执行器负责执行任务
   D. 集群管理器负责创建 SparkContext

四、简答题

1. 简述客户端模式和集群模式下部署 Spark 程序的区别。
2. 简述 Spark 运行流程。

第 2 章 Spark RDD弹性分布式数据集

学习目标：

- 了解 RDD 简介，能够从不同方面介绍 RDD。
- 掌握 RDD 的创建，能够基于文件和数据集合创建 RDD。
- 掌握 RDD 的处理过程，能够使用转换算子和行动算子操作 RDD。
- 熟悉 RDD 的分区，能够指定 RDD 的分区数量。
- 熟悉 RDD 的依赖关系，能够区分 RDD 的窄依赖和宽依赖。
- 掌握 RDD 持久化机制，能够使用 persist()方法和 cache()方法持久化 RDD。
- 熟悉 RDD 容错机制，能够叙述 RDD 的故障恢复方式。
- 熟悉 DAG 的概念，能够叙述什么是 DAG。
- 掌握 RDD 在 Spark 中的运行流程，能够说出 RDD 被解析为 Task 执行的过程。

MapReduce 具有负载平衡、容错性高和可拓展性强的优点，但在进行迭代计算时要频繁进行磁盘读写操作，从而导致执行效率较低。相比之下，Spark 中的 RDD 可以有效解决这一问题。RDD 是 Spark 提供的重要抽象概念，可将其理解为存储在 Spark 集群中的大型数据集。不同 RDD 之间可以通过转换操作建立依赖关系，并实现管道化的数据处理，避免中间结果的磁盘读写操作，从而提高了数据处理的速度和性能。本章针对 Spark RDD 进行详细讲解。

2.1 RDD 简介

RDD 是 Spark 中的基本数据处理模型，具有可容错性和并行的数据结构。RDD 不仅可以将数据存储到磁盘中，还可以将数据存储到内存中。对于迭代计算产生的中间结果，RDD 可以将其保存到内存中。如果后续计算需要使用这些中间结果，就可以直接从内存中读取，提高数据计算的速度。

下面从 5 方面介绍 RDD，具体内容如下。

1. 分区列表

每个 RDD 会被分为多个分区，这些分区分布在集群中的不同节点上，每个分区都会被一个计算任务处理。分区数决定了并行计算任务的数量，因此分区数的合理设置对于并行计算性能至关重要。在创建 RDD 时，可以指定 RDD 分区的数量。如果没有指定分区数量，会根据不同的情况采用默认的分区策略。例如，根据数据集合创建 RDD 时，默认分区数量为分配给程序的CPU核心数;而根据HDFS上的文件创建RDD时,默认分区数量为文件的分块数。

2. 计算函数

Spark中的计算函数可以对RDD的每个分区进行迭代计算,用户可以根据具体需求自定义RDD中每个分区的数据处理逻辑。这种灵活性使得Spark能够适应各种数据处理场景。

3. 依赖关系

RDD之间存在依赖关系,即每次对RDD进行转换操作都会生成一个新的RDD。这种依赖关系在数据计算中发挥着重要作用。例如,如果某个分区的数据丢失,通过依赖关系,丢失的数据可以被重新计算和恢复,从而保证了数据计算的可靠性和容错性。

4. 分区器

当Spark读取的数据为键值对(key-value pair)类型的数据时,可以通过设置分区器来自定义数据的分区方式。Spark提供了两种类型的分区器,一种是基于哈希值的分区器HashPartitioner,另一种是基于范围的分区器RangePartitioner。在读取的数据不是键值对类型的情况下,分区值为None,这时Spark会采取默认的分区策略来处理这些非键值对数据。

5. 优先位置列表

优先位置列表通过存储每个分区中数据块的位置,帮助Spark优化数据处理性能。在进行数据计算时,Spark会尽可能地将计算任务分配到其所要处理数据块的存储位置。这种做法遵循了“移动数据不如移动计算”的理念,即在可能的情况下,将计算任务移动到数据所在的位置,而不是将数据移动到计算任务所在的位置。通过这种方式,Spark可以减少数据传输开销,从而提高整体计算效率。

2.2 RDD的创建

Spark提供了两种创建RDD的方式,分别是基于文件和基于数据集合。使用基于文件的方式创建RDD时,文件中的每行数据会被视为RDD的一个元素。使用基于数据集合的方式创建RDD时,数据集合中的每个元素会被视为RDD的一个元素。本节针对这两种创建RDD的方式进行详细讲解。

2.2.1 基于文件创建RDD

Spark提供了textFile()方法,用于从文件系统中的文件读取数据并创建RDD,包括本地文件系统、HDFS、Amazon S3等,其语法格式如下。

```
sc.textFile(path)
```

上述语法格式中,sc为SparkContext对象,path用于指定文件的路径。

接下来,分别演示从本地文件系统和HDFS中的文件读取数据并创建RDD。

1. 从本地文件系统中的文件读取数据并创建RDD

在虚拟机Hadoop1的/export/data目录执行vi rdd.txt命令创建文件rdd.txt,具体内

容如文件 2-1 所示。

文件 2-1　rdd.txt

```
hadoop spark
itcast heima
python spark
spark itcast
itcast heima
```

确保 Hadoop 集群已经成功启动后，进入虚拟机 Hadoop1 的目录/export/servers/sparkOnYarn/spark-3.3.0-bin-hadoop3/启动 PySpark，在 PySpark 中执行如下代码。

```
>>> localFile = sc.textFile("file:///export/data/rdd.txt")
```

上述代码使用 SparkContext 对象 sc 的 textFile()方法，从本地文件系统中的文件 rdd.txt 读取数据创建名为 localFile 的 RDD。

2. 从 HDFS 中加载数据创建 RDD

将文件 rdd.txt 上传到 HDFS 的根目录。在虚拟机 Hadoop1 的/export/data 目录执行如下命令。

```
$ hdfs dfs -put rdd.txt /
```

从 HDFS 中的文件 rdd.txt 读取数据并创建 RDD，在 PySpark 中执行如下代码。

```
>>> hdfsFile = sc.textFile("/rdd.txt")
```

上述代码使用 SparkContext 对象 sc 的 textFile()方法，从 HDFS 根目录中的文件 rdd.txt 读取数据创建名为 hdfsFile 的 RDD。

2.2.2　基于数据集合创建 RDD

Spark 提供了 parallelize()方法，用于从数据集合读取数据并创建 RDD，其语法格式如下。

```
sc.parallelize(seq, numSlices)
```

上述语法格式中，seq 用于指定数据集合。numSlices 为可选，用于指定创建 RDD 的分区数，该参数会在 2.4 节中讲解。

接下来，演示从数据集合读取数据并创建 RDD，在 PySpark 中执行如下代码。

```
>>> numList = [1,2,3,4]
>>> listRDD = sc.parallelize(numList)
```

上述代码中，首先创建一个列表 numList，然后使用 SparkContext 对象 sc 的 parallelize()方法，从列表 numList 中读取数据创建名为 listRDD 的 RDD。

2.3 RDD 的处理过程

RDD 的处理过程主要包括转换和行动操作。下面通过图 2-1 来描述 RDD 的处理过程。

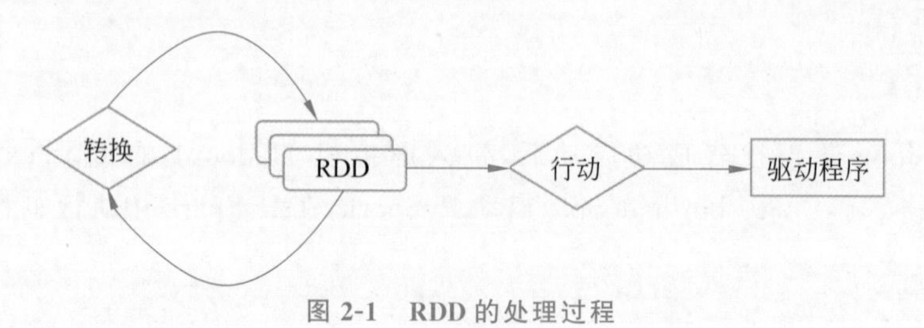

图 2-1 RDD 的处理过程

在图 2-1 中,RDD 经过一系列的转换操作,每一次转换操作都会生成一个新的 RDD,直到最后一个生成的 RDD 经过行动操作时,所有 RDD 才会触发实际计算,并将结果返回给驱动程序。如果某个 RDD 需要复用,则可以将其缓存到内存中。

Spark 针对转换操作和行动操作提供了对应的算子,即转换算子和行动算子。本节针对这两种算子进行详细讲解。

2.3.1 转换算子

转换算子用于将 RDD 转换为一个新的 RDD,但它们不会立即执行计算。相反,它们会构建一个执行计划,直到遇到行动算子时才会触发实际的计算。接下来,通过表 2-1 来列举一些常用的转换算子。

表 2-1 常用的转换算子

算子	语法格式	说明
filter	RDD.filter(func)	根据给定的函数 func 筛选 RDD 中的元素
map	RDD.map(func)	对 RDD 中的每个元素应用函数 func,将其映射为一个新元素
flatMap	RDD.flatMap(func)	与 map 算子作用相似,但是每个输入的元素都可以映射为 0 或多个输出结果
groupByKey	RDD.groupByKey()	用于对键值对类型的 RDD 中具有相同键的元素进行分组
reduceByKey	RDD.reduceByKey(func)	用于对键值对类型的 RDD 中具有相同键的元素中的值应用函数 func 进行合并

下面针对表 2-1 列举的常用的转换算子进行详细讲解。

1. filter 算子

filter 算子通过对 RDD 中的每个元素应用一个函数来筛选数据,只留下满足指定条件的元素,而过滤掉不满足条件的元素。接下来,以文件 2-1 为例,通过图 2-2 来描述如何通过 filter 算子筛选出文件 rdd.txt 中包含单词 spark 的元素。

在图 2-2 中,通过从文件 rdd.txt 读取数据创建 RDD,然后通过 filter 算子将 RDD 的每

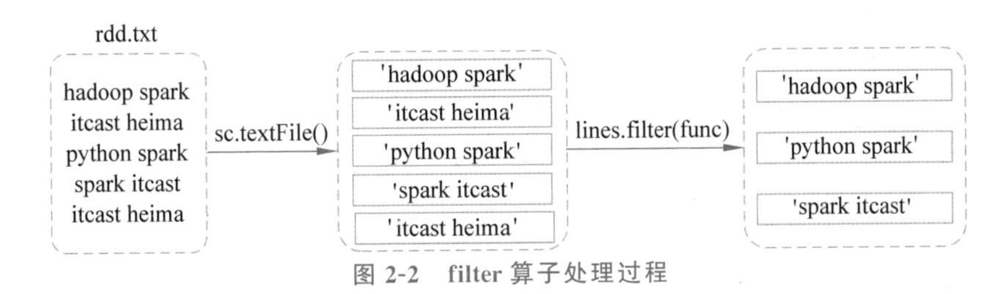

图 2-2　filter 算子处理过程

个元素应用到函数 func 来筛选出包含单词 spark 的元素，并将其保留到新的 RDD 中。

接下来，以 PyCharm 为例，演示如何使用 filter 算子，具体操作步骤如下。

(1) 在本地计算机的 D 盘根目录创建文件 rdd.txt，其内容与文件 2-1 一致。

(2) 在项目 Python_Test 中创建 Transformation 文件夹，并在该文件夹下创建名为 RDD_Test1 的 Python 文件，用于筛选出文件 rdd.txt 中包含单词 spark 的行，具体代码如文件 2-2 所示。

文件 2-2　**RDD_Test1.py**

```
1   from pyspark import SparkConf, SparkContext
2   # 指定 Spark 程序的名称为 RDD_Test1，并且可以使用本地计算机的所有线程
3   conf = SparkConf().setMaster("local[*]").setAppName("RDD_Test1")
4   sc = SparkContext(conf=conf)
5   lines = sc.textFile("D://rdd.txt")
6   result = lines.filter(lambda x: "spark" in x)
7   print(result.collect())
8   #释放 Spark 程序占用的资源
9   sc.stop()
```

在文件 2-2 中，第 5 行代码用于从本地文件系统中读取文件 rdd.txt 的数据，并创建一个名为 lines 的 RDD。

第 6 行代码通过 filter 算子筛选出 lines 中包含 spark 的元素。在 filter 算子中，指定的函数是一个匿名函数，用于依次取出 lines 中的每个元素并赋值给变量 x，然后通过运算符 in 检查元素是否包含 spark。若包含，则将该元素存放到名为 result 的 RDD 中，否则，就过滤掉该元素。

第 7 行代码通过行动算子 collect 将 result 中的所有元素作为列表返回，并使用 print() 函数将列表内容输出到控制台。

文件 2-2 的运行结果如图 2-3 所示。

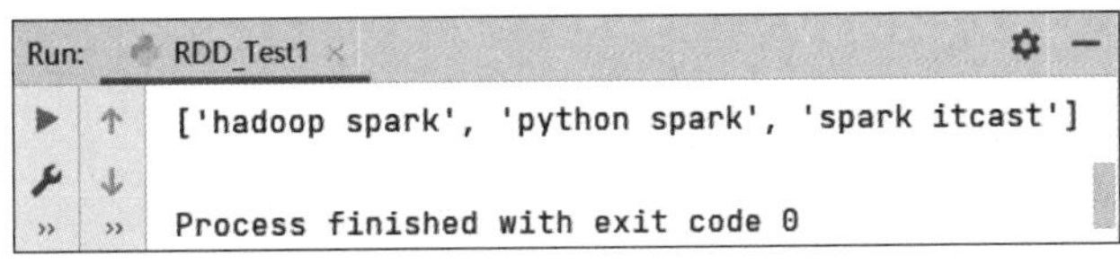

图 2-3　文件 2-2 的运行结果(1)

从图 2-3 可以看出，列表中的每个元素都包含 spark。

2. map 算子

map 算子可以将 RDD 中的每个元素通过一个函数映射为一个新元素。接下来，以文

件2-1为例,通过图2-4来描述如何通过map算子将文件rdd.txt中的每行数据拆分为单词后保存到列表中。

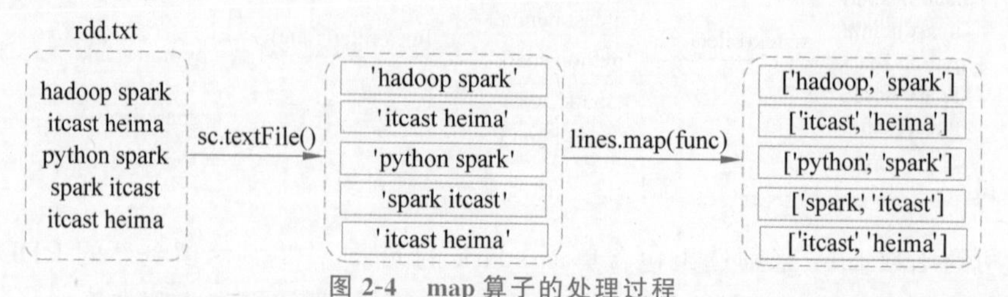

图2-4 map算子的处理过程

在图2-4中,通过从文件rdd.txt读取数据创建RDD,然后通过map算子将RDD的每个元素通过函数func拆分为单词后保存到列表中,并将每个列表作为元素保留到新的RDD中。

接下来,基于文件2-2演示如何使用map算子,将文件rdd.txt中的每行数据拆分为单词后保存到列表中,将文件2-2中第6行代码修改为如下代码。

```
result = lines.map(lambda x: x.split(" "))
```

上述代码通过map算子将lines中的每个元素映射为新的元素。在map算子中,指定的函数是一个匿名函数,用于依次取出lines中的每个元素并赋值给变量x,然后通过split()方法将每个元素按照分隔符" "拆分成单词,并将每个单词存放到列表中。这个列表将作为元素存放在名为result的RDD中。

文件2-2的运行结果如图2-5所示。

```
Run: RDD_Test1
[['hadoop', 'spark'], ['itcast', 'heima'], ['python', 'spark'], ['spark', 'itcast'], ['itcast', 'heima']]

Process finished with exit code 0
```

图2-5 文件2-2的运行结果(2)

从图2-5可以看出,lines中的每个元素都是一个列表,每个列表包含了rdd.txt中每行数据拆分后的单词。

3. flatMap算子

flatMap算子可以将RDD中的每个元素通过一个函数映射为一个或多个新元素。接下来,以文件2-1为例,通过图2-6来描述如何通过flatMap算子将文件rdd.txt中的每行数据拆分为单词。

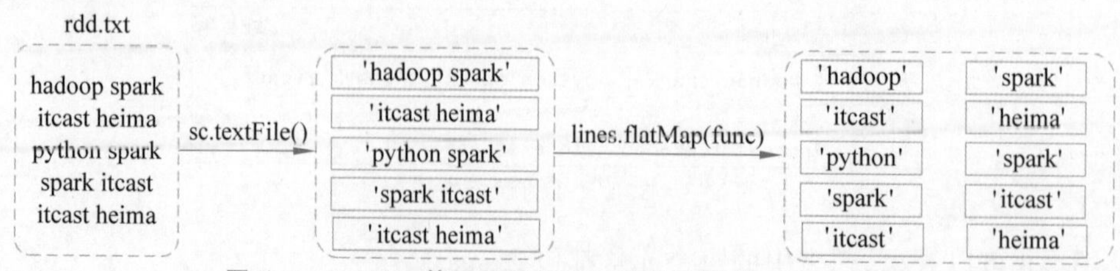

图2-6 flatMap算子将数据文件内容拆分成一个个单词

在图2-6中,通过从文件rdd.txt读取数据创建RDD,然后通过flatMap算子将RDD的每个元素通过函数 func 拆分为单词，并将每个单词作为元素保留到新的 RDD 中。

接下来，基于文件 2-2 演示如何使用 flatMap 算子，将文件 rdd.txt 中的每行数据拆分为单词，将文件 2-2 中第 6 行代码修改为如下代码。

```
result = lines.flatMap(lambda x: x.split(" "))
```

上述代码通过 flatMap 算子将 lines 中的每个元素映射为多个新的元素。在 flatMap 算子中，指定的函数是一个匿名函数，用于依次取出 lines 中的每个元素并赋值给变量 x，然后通过 split()方法将每个元素按照分隔符" "拆分成单词，并将每个单词存放到列表中。flatMap 算子会对列表进行扁平化处理，将列表中的每个元素作为输出的一个元素存放在名为 result 的 RDD 中。

文件 2-2 的运行结果如图 2-7 所示。

```
Run:  RDD_Test1
['hadoop', 'spark', 'itcast', 'heima', 'python', 'spark', 'spark', 'itcast', 'itcast', 'heima']

Process finished with exit code 0
```

图 2-7　文件 2-2 的运行结果(3)

从图 2-7 可以看出，列表中的每个元素为一个单词。

4. groupByKey 算子

groupByKey 算子可以将 RDD 中具有相同键的元素划分到同一组中，返回一个新的 RDD。新的 RDD 中每个元素都是一个键值对，其中键是原始 RDD 中的键，而值则是一个迭代器，包含了原始 RDD 中具有相同键的所有值。接下来，以文件 2-1 为例，通过图 2-8 来描述如何通过 groupByKey 算子将文件 rdd.txt 中的每行数据进行分组。

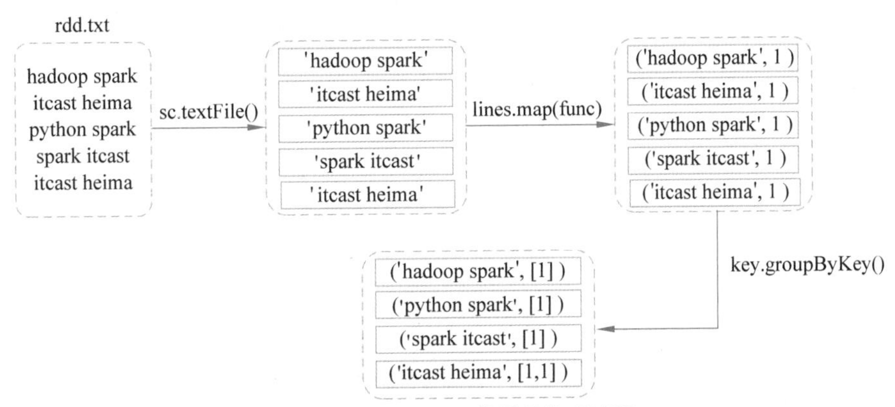

图 2-8　groupByKey 算子的处理过程

在图 2-8 中，首先，通过从文件 rdd.txt 读取数据创建 RDD。然后，通过 map 算子将 RDD 的每个元素通过函数 func 映射为键值对的形式，其中键为每行数据，值为 1 用于标识每行数据出现的次数。最后，通过 groupByKey 算子将相同键的元素划分到同一组中，返回一个新的 RDD。

接下来，基于文件 2-2 演示如何使用 groupByKey 算子，将文件 rdd.txt 中的每行数据进行分组，将文件 2-2 中第 6 行代码修改为如下代码。

```
key = lines.map(lambda x:(x,1))
result = key.groupByKey().mapValues(list)
```

上述代码首先使用 map 算子将 lines 中的每个元素通过匿名函数映射为键值对的形式,将每个键值对作为输出的一个元素存放在名为 key 的 RDD 中。然后通过 groupByKey 算子将 key 中相同键的元素划分到同一组,并通过 mapValues 算子将每个键对应的迭代器转换为列表后,生成名为 result 的 RDD。

文件 2-2 的运行结果如图 2-9 所示。

```
Run:  RDD_Test1
[('python spark', [1]), ('spark itcast', [1]), ('hadoop spark', [1]), ('itcast heima', [1, 1])]

Process finished with exit code 0
```

图 2-9 文件 2-2 的运行结果(4)

从图 2-9 可以看出,列表中的每个元素都是键值对的形式,其中键为文件 rdd.txt 中的每行数据,值为迭代器,迭代器中 1 的数量,决定了相应行数据出现的次数。

5. reduceByKey 算子

reduceByKey 算子可以将 RDD 中具有相同键的元素中的值通过指定函数进行合并,返回一个新的 RDD。新的 RDD 中每个元素都是一个键值对,每个元素的键对应的值都是经过合并的结果。接下来,以文件 2-1 为例,通过一张图来描述如何通过 reduceByKey 算子统计文件 rdd.txt 中每行数据出现的次数,具体处理过程如图 2-10 所示。

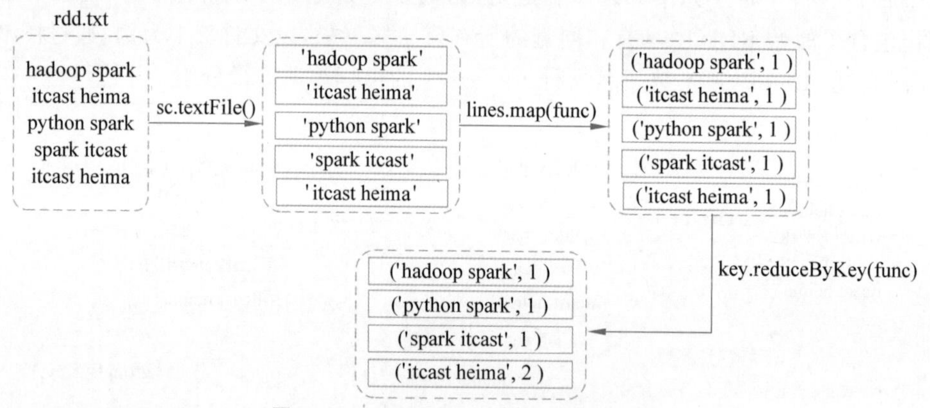

图 2-10 reduceByKey 算子的处理过程

从图 2-10 可以看出,首先,通过从文件 rdd.txt 读取数据创建 RDD。然后,通过 map 算子将 RDD 的每个元素通过函数 func 映射为键值对的形式,其中键为每行数据,值为 1 用于标识每行数据出现的次数。最后,通过 reduceByKey 算子将相同键的元素中的值进行合并,返回一个新的 RDD。

接下来,基于文件 2-2 演示如何使用 reduceByKey 算子,统计文件 rdd.txt 中每行数据出现的次数,将文件 2-2 中第 6 行代码修改为如下代码。

```
key = lines.map(lambda x:(x,1))
result = key.reduceByKey(lambda a,b:(a+b))
```

上述代码首先使用 map 算子将 lines 中的每个元素通过匿名函数映射为键值对的形式，将每个键值对作为输出的一个元素存放在名为 key 的 RDD 中。然后通过 reduceByKey 算子将 key 中具有相同键的元素中的值进行合并。在 reduceByKey 算子中，指定的函数是一个匿名函数，用于对相同键的元素中的值进行相加，返回一个名为 result 的 RDD。

文件 2-2 的运行结果如图 2-11 所示。

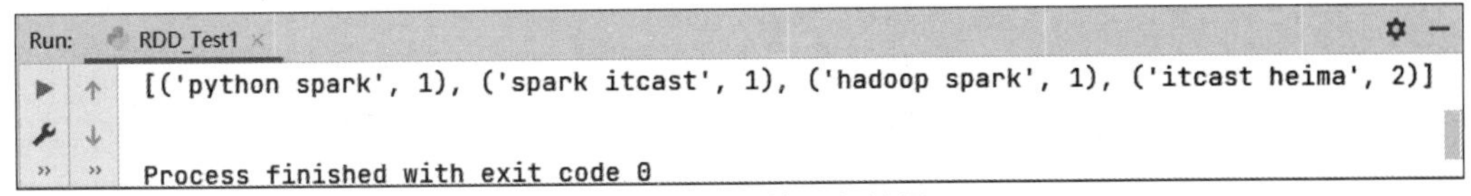

图 2-11　文件 2-2 的运行结果(5)

从图 2-11 可以看出，列表中的每个元素都是键值对的形式，其中键为文件 rdd.txt 中的每行数据，值为相应行数据出现的次数。

2.3.2　行动算子

行动算子用于触发 RDD 的实际计算，并将计算结果返回给驱动器程序或者写入外部存储系统。与转化算子不同，行动算子并不会创建新的 RDD。接下来，通过表 2-2 来列举一些常用的行动算子。

表 2-2　常用的行动算子

算子	语法格式	说　明
count	RDD.count()	获取 RDD 中元素的数量
first	RDD.first()	获取 RDD 中的第一个元素
take	RDD.take(n)	以列表的形式返回 RDD 中的前 n 个元素
reduce	RDD.reduce(func)	使用指定的函数 func 对 RDD 中的元素进行聚合操作
collect	RDD.collect()	以列表的形式返回 RDD 中的所有元素
foreach	RDD.foreach(func)	对 RDD 中的每个元素应用指定的函数 func

下面，以 PyCharm 为例，演示如何使用表 2-2 中列举的常用行动算子。

1. count 算子

在 Python_Test 项目中创建 Action 文件夹，并在该文件夹下创建名为 RDD_Test2 的 Python 文件，用于通过 count 算子统计文件 rdd.txt 的行数，具体代码如文件 2-3 所示。

文件 2-3　RDD_Test2.py

```
1  from pyspark import SparkConf, SparkContext
2  conf = SparkConf().setMaster("local[*]").setAppName("RDD_Test2")
3  sc = SparkContext(conf=conf)
4  lines = sc.textFile("D://rdd.txt")
5  result = lines.count()
6  print(result)
7  sc.stop()
```

在文件 2-3 中,第 4 行代码用于从本地文件系统中读取文件 rdd.txt 的数据,并创建一个名为 lines 的 RDD。第 5 行代码通过 count 算子获取 lines 中元素的数量,并将其保存到变量 result 中。

文件 2-3 的运行结果如图 2-12 所示。

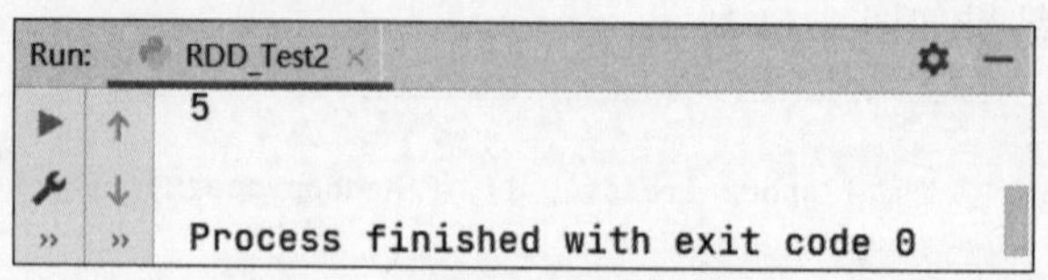

图 2-12 文件 2-3 的运行结果(1)

从图 2-12 可以看出,lines 中元素的数量为 5。由于 lines 中元素的数量与文件 rdd.txt 的行数一致,因此可以推断出文件 rdd.txt 有 5 行数据。

2. first 算子

基于文件 2-3 演示如何使用 first 算子,获取文件 rdd.txt 的第一行数据,将文件 2-3 中第 5 行代码修改为如下代码。

```
result = lines.first()
```

上述代码通过 first 算子获取 lines 的第一个元素,并将其保存到变量 result 中。

文件 2-3 的运行结果如图 2-13 所示。

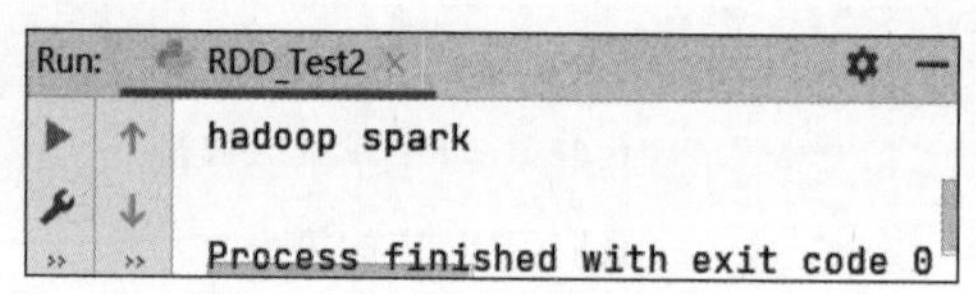

图 2-13 文件 2-3 运行结果(2)

从图 2-13 可以看出,lines 的第一个元素为 hadoop spark。由于 lines 中的元素与文件 rdd.txt 中的数据一致,所以可以推断出文件 rdd.txt 的第一行数据为 hadoop spark。

3. take 算子

基于文件 2-3 演示如何使用 take 算子,获取文件 rdd.txt 的前 3 行数据,将文件 2-3 中第 5 行代码修改为如下代码。

```
result = lines.take(3)
```

上述代码通过 take 算子获取 lines 的前 3 个元素,并将其保存到变量 result 中。

文件 2-3 的运行结果如图 2-14 所示。

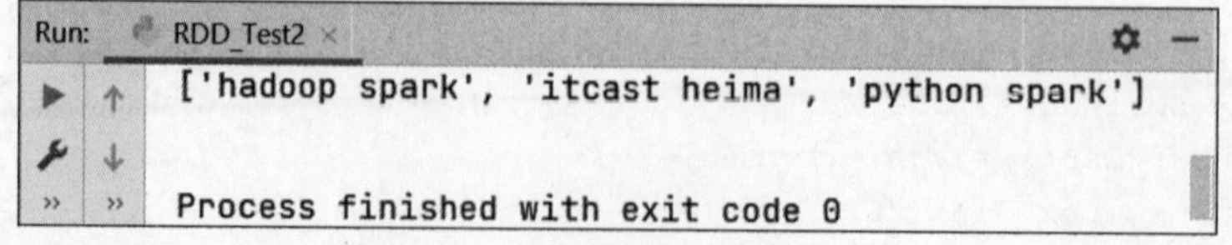

图 2-14 文件 2-3 的运行结果(3)

从图 2-14 可以看出,lines 的前 3 个元素分别为'hadoop spark'、'itcast heima'和'python spark'。由于 lines 中的元素与文件 rdd.txt 中的数据一致，所以可以推断出文件 rdd.txt 前 3 行数据分别为 hadoop spark、itcast heima 和 python spark。

4. reduce 算子

基于文件 2-3 演示如何使用 reduce 算子，将文件 rdd.txt 中的每行数据通过分隔符“;”合并到一行数据中，将文件 2-3 中第 5 行代码修改为如下代码。

```
result = lines.reduce(lambda x,y:x + ";" + y)
```

上述代码通过 reduce 算子将 lines 中的每个元素通过分隔符“;”合并到一起，并将其保存到变量 result 中。

文件 2-3 的运行结果如图 2-15 所示。

图 2-15　文件 2-3 的运行结果(4)

从图 2-15 可以看出，lines 中每个元素通过分隔符“;”合并为 hadoop spark;itcast heima;python spark;spark itcast;itcast heima。由于 lines 中的元素与文件 rdd.txt 中的数据一致，所以可以推断出文件 rdd.txt 中每行数据通过分隔符“;”合并的结果同样为 hadoop spark;itcast heima;python spark;spark itcast;itcast heima。

5. collect 算子

基于文件 2-3 演示如何使用 collect 算子，获取文件 rdd.txt 中的所有数据，将文件 2-3 中第 5 行代码修改为如下代码。

```
result = lines.collect()
```

上述代码通过 collect 算子获取 lines 的所有元素，并将其保存到变量 result 中。

文件 2-3 的运行结果如图 2-16 所示。

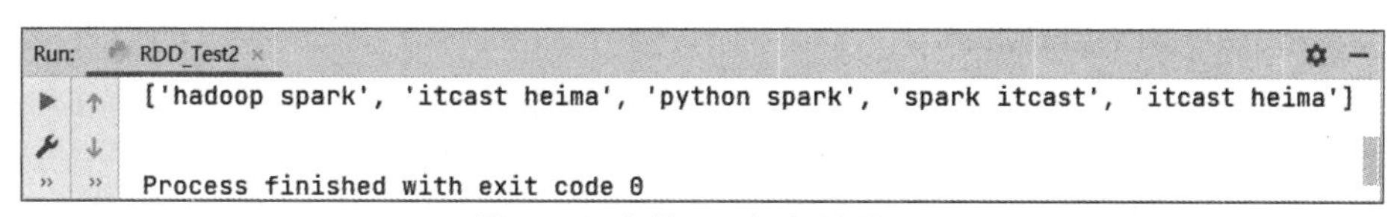

图 2-16　文件 2-3 运行结果(5)

从图 2-16 可以看出，lines 的所有元素分别为'hadoop spark'、'itcast heima'、'python spark'、'spark itcast'和'itcast heima'。由于 lines 中的元素与文件 rdd.txt 中的数据一致，所以可以推断出文件 rdd.txt 所有数据分别为 hadoop spark、itcast heima、python spark、spark itcast 和 itcast heima。

6. foreach 算子

基于文件 2-3 演示如何使用 foreach 算子，获取文件 rdd.txt 中的所有数据，将文件 2-3 中第 5、6 行代码修改为如下代码。

```
lines.foreach(lambda x:print(x))
```

上述代码通过 foreach 算子将 lines 中的每个元素应用指定的匿名函数，该匿名函数用于依次取出 lines 中的每个元素并赋值给变量 x，然后通过 print()将元素输出到控制台。

文件 2-3 的运行结果如图 2-17 所示。

从图 2-17 可以看出，lines 的所有元素分别为 hadoop spark、itcast heima、python spark、spark itcast 和 itcast heima。由于 lines 中的元素与文件 rdd.txt 中的数据一致，所以可以推断出文件 rdd.txt 所有数据分别为 hadoop spark、itcast heima、python spark、spark itcast 和 itcast heima。

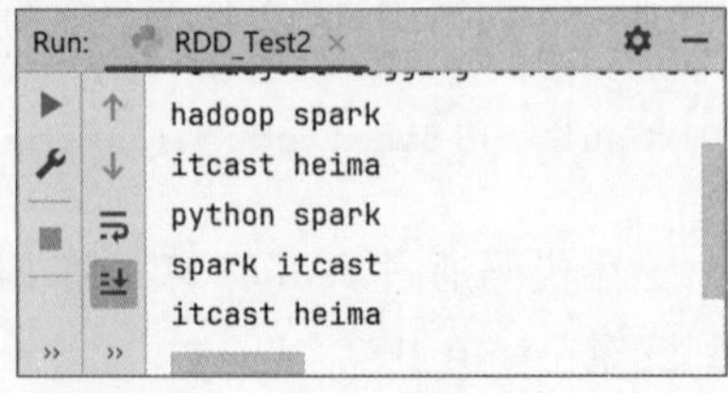

图 2-17 文件 2-3 的运行结果(6)

2.4 RDD 的分区

在分布式计算中，网络通信开销是一个关键的性能瓶颈。因此，合理控制数据分布以减少网络传输对整体性能的影响至关重要。在编写 Spark 程序时，用户可以通过 parallelize()方法、repartition()方法和 coalesce()方法手动指定 RDD 的分区数量来精确地控制数据的分布。关于这 3 个方法的介绍如下。

- parallelize()方法用于在创建 RDD 时指定分区数量。
- repartition()方法用于增加或减少 RDD 的分区数量，它会触发重分区操作，从而生成新的 RDD。
- coalesce()方法通常用于减少 RDD 的分区数量，它也会触发重分区操作，从而生成新的 RDD。

repartition()方法和 coalesce()方法都用于减少 RDD 分区的数量，但它们的行为有所不同。repartition()方法会触发一个 Shuffle 过程，即数据会通过网络传输重新洗牌，以满足新的分区需求。与此不同，coalesce()方法不会触发 Shuffle 过程，它只是将原始分区中的数据合并到新的分区中，尽量保持数据的原始分布。在处理大规模数据集时，Shuffle 过程可能会消耗大量的网络带宽和计算资源。因此，使用 coalesce()方法减少 RDD 分区的数量时，性能开销相对较小。但在某些情况下，coalesce()方法可能会导致数据分布不均匀。

接下来，在 Python_Test 项目中创建 Partition 文件夹，并在该文件夹下创建名为 Partition_Test 的 Python 文件，演示如何指定 RDD 的分区数量，具体代码如文件 2-4 所示。

文件 2-4 Partition_Test.py

```
1  from pyspark import SparkConf, SparkContext
2  conf = SparkConf().setMaster("local[*]").setAppName("Partition_Test")
3  sc = SparkContext(conf=conf)
4  data = [1, 2, 3, 4]
5  rdd1 = sc.parallelize(data, 3)
6  print("rdd1 的分区数",rdd1.getNumPartitions())
7  rdd2 = rdd1.repartition(5)
8  print("rdd2 的分区数",rdd2.getNumPartitions())
```

```
9   rdd3 = rdd2.coalesce(4)
10  print("rdd3的分区数",rdd3.getNumPartitions())
11  sc.stop()
```

在文件 2-4 中，getNumPartitions()方法用于获取 RDD 的分区数。

文件 2-4 的运行结果如图 2-18 所示。

从图 2-18 可以看出，rdd1、rdd2 和 rdd3 的分区数分别为 3、5 和 4。说明成功在创建 RDD 时指定分区数量，以及修改 RDD 的分区数量。

Run:　Partition_Test ×
rdd1的分区数 3
rdd2的分区数 5
rdd3的分区数 4

图 2-18　文件 2-4 的运行结果

2.5　RDD 的依赖关系

在 Spark 中，不同的 RDD 之间会存在依赖关系，这种依赖关系分为两种，分别是窄依赖(Narrow Dependency)和宽依赖(Wide Dependency)，具体介绍如下。

1. 窄依赖

窄依赖是指父 RDD 的每一个分区最多被一个子 RDD 的分区使用。在 Spark 中，父 RDD 指的是生成当前 RDD 的原始 RDD 或者转换操作之前的 RDD。而子 RDD 则是由当前 RDD 生成的 RDD 或者转换操作之后的 RDD。

窄依赖的表现形式通常分为两类：第一类表现为一个父 RDD 的分区对应一个子 RDD 的分区；第二类表现为多个父 RDD 的分区对应一个子 RDD 的分区。但是，一个父 RDD 的分区不会对应多个子 RDD 的分区。为了便于理解，通常把窄依赖形象地比喻为独生子女继承家产。接下来，通过图 2-19 来展示常见的窄依赖及其对应的操作。

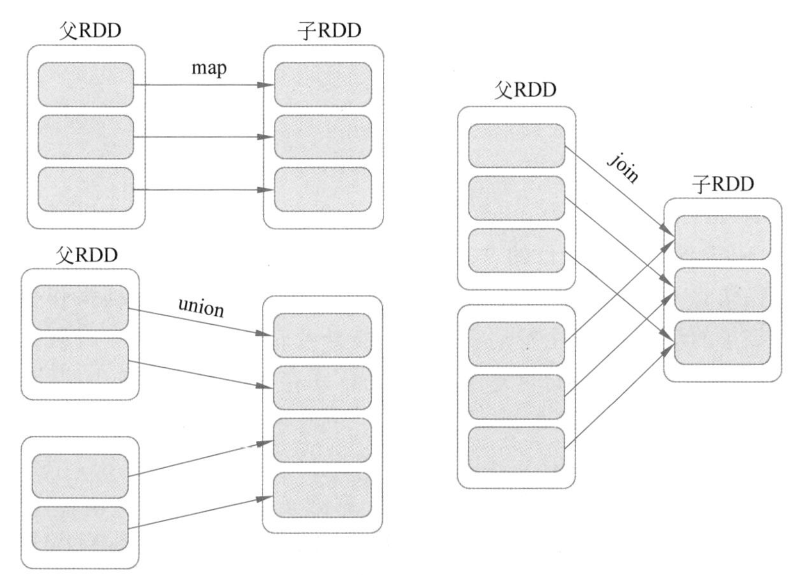

图 2-19　常见的窄依赖及其对应的操作

从图 2-19 可以看出，RDD 在进行 map 算子和 union 算子操作时，一个父 RDD 的分区对应一个子 RDD 的分区，属于窄依赖的第一类表现；而 RDD 进行 join 算子操作时，多个父

RDD 的分区对应一个子 RDD 的分区，属于窄依赖的第二类表现。

2. 宽依赖

宽依赖是指子 RDD 的每个分区都会使用父 RDD 的全部或多个分区。为了更直观理解这个概念，可以把宽依赖形象地比喻为兄弟姐妹共同继承家产。接下来，通过图 2-20 来展示常见的宽依赖及其对应的操作。

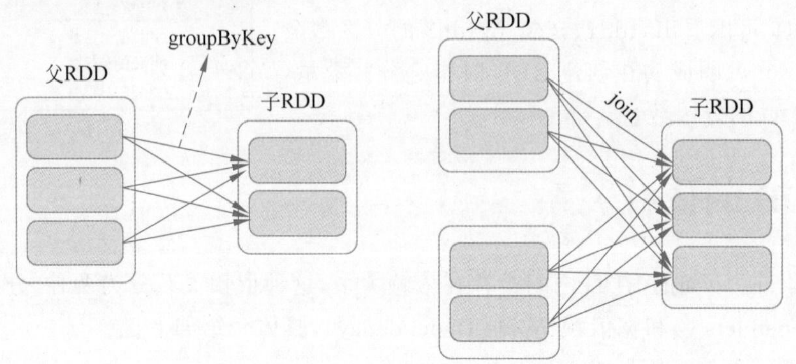

图 2-20　常见的宽依赖及其对应的操作

从图 2-20 可以看出，RDD 在进行 groupByKey 算子和 join 算子操作时为宽依赖。

需要注意的是，join 算子操作既可以属于窄依赖，也可以属于宽依赖。当 join 算子操作后，如果子 RDD 的分区数与父 RDD 相同则为窄依赖；当 join 算子操作后，如果子 RDD 的分区数与父 RDD 不同则为宽依赖。

2.6　RDD 机制

Spark 为 RDD 提供了两个重要的机制，分别是持久化机制和容错机制。本节针对持久化机制和容错机制进行详细介绍。

2.6.1　持久化机制

持久化机制，也称为缓存机制，用于将 RDD 缓存在内存或磁盘上，以备后续重用。在 Spark 中，由于 RDD 采用惰性求值的方式，意味着 RDD 的转换操作不会立即执行计算。只有在遇到行动操作时，Spark 才会根据 RDD 之间的依赖关系，触发转换操作执行计算。在存在多个行动算子的情况下，每个行动算子都可能导致转换操作的重复计算。为了避免这种资源开销，可通过持久化机制将重复使用的 RDD 缓存到内存或磁盘中，从而避免重复计算，提高计算效率。

通常情况下，一个 RDD 由多个分区组成，数据分布在多个节点中。因此，当对某个 RDD 进行持久化时，每个节点都会将其分区的计算结果缓存在内存或磁盘中。在对 RDD 或其衍生出的 RDD 执行行动操作时，无须重新计算，而是直接获取各分区的计算结果，从而极大提高后续行动操作的速度。RDD 的持久化机制是 Spark 构建迭代式算法和快速交互式查询的关键，因为它可以避免多次使用的 RDD 导致转换操作的重复计算所产生的资源开销。

在编写 Spark 程序时，用户可以通过 cache()方法和 persist()方法持久化 RDD，其中

cache()方法使用 RDD 默认的持久化级别，将 RDD 缓存到内存中。而 persist()方法可以通过传递的参数指定持久化级别，将 RDD 缓存到内存或磁盘中。接下来，通过表 2-3 介绍 Python API 支持的持久化 RDD 的存储级别。

表 2-3 Python API 支持的持久化 RDD 的存储级别

存储级别	说明
MEMORY_ONLY	RDD 默认的持久化级别。使用序列化的方式将 RDD 缓存在 JVM 堆内存中。若 RDD 无法完全缓存在内存中，则某些分区将不会被缓存。可能会导致性能下降，因为需要重新计算丢失的分区
MEMORY_AND_DISK	使用序列化的方式将 RDD 缓存在 JVM 堆内存中。若 RDD 无法完全缓存在内存中，则某些分区将存储在磁盘上，并在需要时从磁盘读取
MEMORY_AND_DISK_DESER	类似于 MEMORY_AND_DISK。但是使用反序列化的方式将 RDD 缓存在 JVM 堆内存中。相比于 MEMORY_AND_DISK 使用反序列化能加快读取速度
DISK_ONLY	仅将 RDD 缓存在磁盘中
DISK_ONLY_2、MEMORY_ONLY_2、MEMORY_AND_DISK_2	分别与 DISK_ONLY、MEMORY_ONLY 和 MEMORY_AND_DISK 类似，不同的是加上后缀_2，表示 RDD 的每个分区都会缓存 2 个副本
OFF_HEAP	使用序列化的方式将 RDD 缓存到堆外内存中

接下来，以 IntelliJ IDEA 为例，演示如何使用 persist()方法和 cache()方法持久化 RDD。在 Python_Test 项目中创建 Persistence 文件夹，并在该文件夹下创建名为 Persist_Test 的 Python 文件，具体代码如文件 2-5 所示。

文件 2-5 Persist_Test.py

```
1  from pyspark import SparkConf, SparkContext, StorageLevel
2  conf = SparkConf().setMaster("local[*]").setAppName("Persist_Test")
3  sc = SparkContext(conf=conf)
4  data1 = ["hadoop", "spark", "python"]
5  data2 = [1,2,3]
6  rdd1 = sc.parallelize(data1)
7  rdd2 = sc.parallelize(data2)
8  rdd1.cache()
9  rdd2.persist(StorageLevel.MEMORY_AND_DISK_DESER)
10 print("rdd1 的持久化信息:",rdd1.getStorageLevel())
11 print("rdd2 的持久化信息:",rdd2.getStorageLevel())
12 sc.stop()
```

在文件 2-5 中，第 8 行代码使用 cache()方法将 rdd1 缓存在 JVM 堆内存中。第 9 行代码使用 persist()方法通过序列化的方式将 rdd2 缓存在 JVM 堆内存中。若 rdd2 无法完全缓存在内存中，则某些分区将存储在磁盘上。第 10、11 行代码，使用 getStorageLevel()方法获取 rdd1 和 rdd2 的持久化信息，并将其输出到控制台。

文件 2-5 的运行结果如图 2-21 所示。

从图 2-21 可以看出，rdd1 以序列化(Serialized)的方式缓存在内存(Memory)中，其副

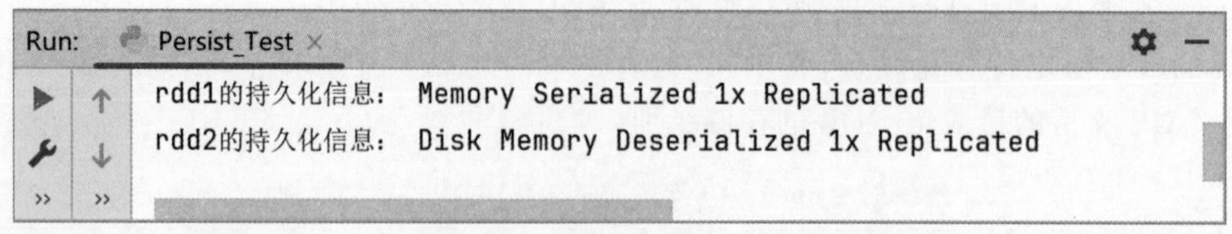

图 2-21　文件 2-5 的运行结果

本数(Replicated)为 1。rdd2 以反序列化(Deserialized)的方式缓存在内存和磁盘(Disk)中，其副本数为 1。

2.6.2　容错机制

在 Spark 集群中，当某个节点宕机导致数据丢失时，可通过 Spark 中的 RDD 容错机制恢复丢失的数据。RDD 提供了两种故障恢复的方式，分别是血统(lineage)方式和设置检查点(checkpoint)方式。下面，针对这两种方式进行介绍。

血统方式主要是根据 RDD 之间的依赖关系对丢失数据的 RDD 进行数据恢复。如果丢失数据的子 RDD 在进行窄依赖运算，则只需重新计算丢失数据的父 RDD 的对应分区，不需要依赖其他的节点，并且在计算过程中不会存在冗余计算；若丢失数据的子 RDD 在进行宽依赖运算，则需要父 RDD 的所有分区都要进行一次完整的计算，在计算过程中会存在冗余计算。为了解决宽依赖运算中出现的计算冗余问题，Spark 又提供了另一种方式进行数据容错，即设置检查点方式。

设置检查点方式本质上是将 RDD 写入磁盘进行存储。当 RDD 在进行宽依赖运算时，只需要在运算的中间阶段设置一个检查点进行容错，即通过 Spark 中的 SparkContext 对象调用 setCheckpointDir()方法，设置一个容错文件目录作为检查点，该文件目录可以是本地文件系统的目录，也可以是 HDFS 的目录，示例代码如下。

```
//在 HDFS 设置容错文件目录
sc.setCheckpointDir("hdfs://192.168.88.161:9000/checkpoint")
//在 Linux 的本地文件系统设置容错文件目录
sc.setCheckpointDir("file:///checkpoint")
//在 Windows 的本地文件系统设置容错文件目录
sc.setCheckpointDir("file:///D:/checkpoint")
```

设置检查点后，Spark 将在容错文件目录中存储 RDD 的检查点数据。这确保了在发生任务失败或节点宕机等情况下，可以从检查点数据中快速恢复，而不需要重新计算整个 RDD。

Spark 中的 RDD 容错机制可以保证数据的可持续性。同样，如何保证可持续性学习是一件非常重要的事情，因为可持续性学习可以培养终身学习意识和能力，使我们能够不断更新知识和技能，适应不断变化的环境和需求。

2.7　Spark 的任务调度

2.7.1　DAG 的概念

Spark 中的 RDD 通过一系列的转换算子会形成一个 DAG(Directed Acyclic Graph，有

向无环图)。DAG是一种非常重要的图论数据结构,所谓的图论数据结构是指描述某些事物之间的某种特定关系,用点代表事物,用连接两点的线表示相应两个事物间具有这种关系。如果一个有向图无法从任意顶点出发经过若干条边回到该顶点,则这个图就是有向无环图,有向无环图如图2-22所示。

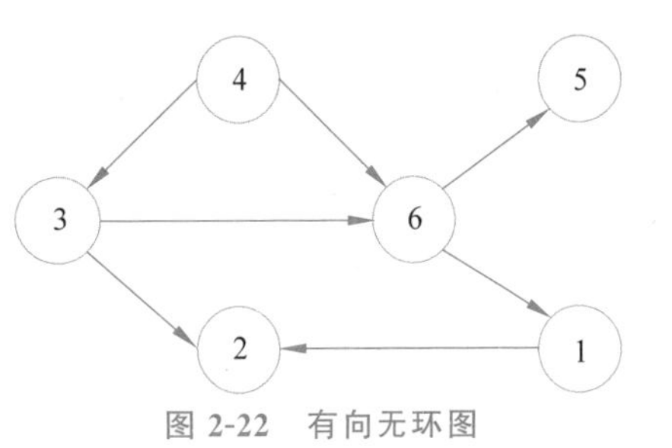

图2-22 有向无环图

从图2-22可以看出,4→6→1→2是一条路径,4→6→5也是一条路径,并且图中不存在从顶点经过若干条边后能回到该顶点的路径。在Spark中,有向无环图的连贯关系被用来表达RDD之间的依赖关系。其中,顶点表示RDD及产生该RDD的转换操作,有方向的线表示RDD之间的相互转化。

根据RDD之间依赖关系的不同可以将DAG划分成不同的Stage。对于窄依赖来说,RDD中分区的操作是在一个线程里完成的,因此窄依赖会被Spark划分到同一个Stage中;而对于宽依赖来说,会存在Shuffle过程,因此只能在父RDD处理完成后,下一个Stage才能开始接下来的计算,因此宽依赖是划分Stage的依据,当RDD进行转换操作遇到宽依赖的转换算子时,就划为一个Stage。Stage的划分如图2-23所示。

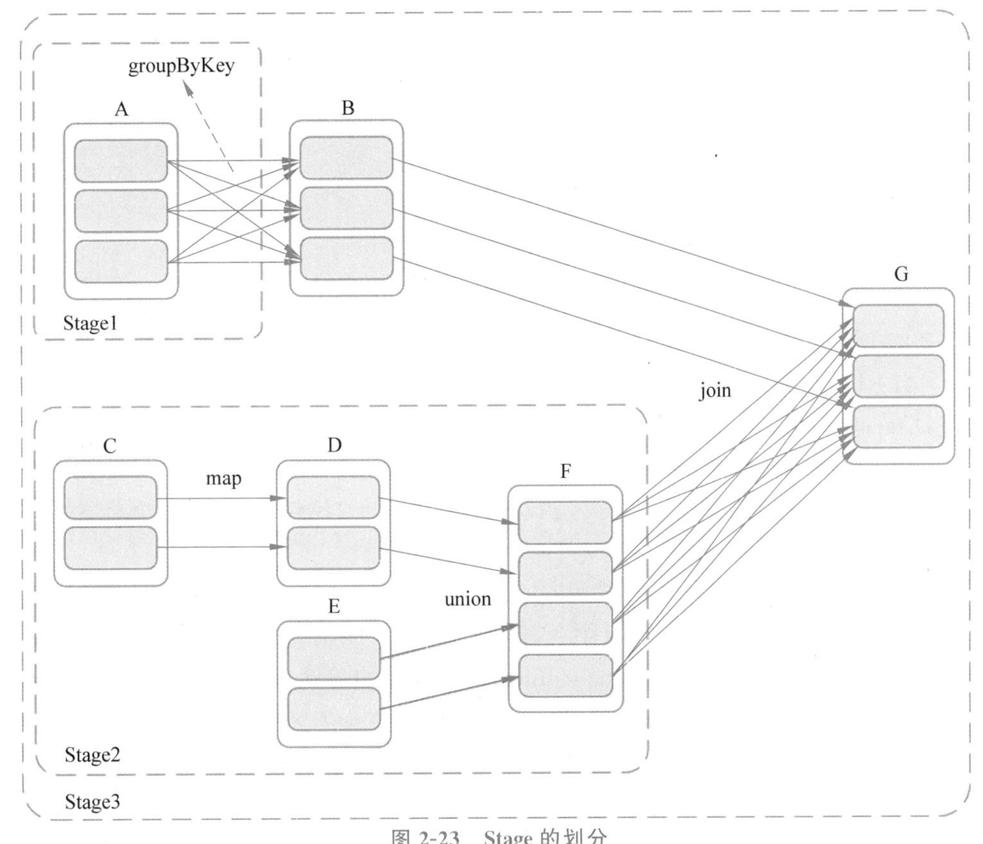

图2-23 Stage的划分

在图2-23中,将A、C和E 3个RDD作为初始RDD,当A通过groupByKey算子进行转换操作生成名为B的RDD时,由于groupByKey算子属于宽依赖,所以把A划分为一个

Stage,即 Stage1;当 C 通过 map 算子进行转换操作名为 D 的 RDD,D 与 E 通过 union 算子进行转换操作生成名为 F 的 RDD 时,由于 map 和 union 算子都属于窄依赖,所以不进行 Stage 的划分,而是将 C、D、E 和 F 划分到同一个 Stage 中,即 Stage2;当 F 与 B 通过 join 算子进行转换操作生成名为 G 的 RDD 时,由于分区数量发生变化,所以属于宽依赖,因此会划分为一个 Stage,即 Stage3。

2.7.2 RDD 在 Spark 中的运行流程

RDD 在 Spark 中的运行最终会被解析为 Task 分配到 Worker,这一过程主要由 Spark 任务调度中的 4 个部分协作完成,分别是 RDD Objects(RDD 对象)、DAG Scheduler(DAG 调度器)、Task Scheduler(Task 调度器)和 Worker。具体来说,RDD Objects 就是代码中创建的一组 RDD,这些 RDD 在逻辑上组成了一个 DAG;DAG Scheduler 负责将 DAG 划分为不同的 Stage;Task Scheduler 负责分配 Task 并监控 Task 的执行状态和进度;Worker 负责接收和执行 Task。为了大家更好理解,接下来,通过图 2-24 来描述 RDD 在 Spark 中的运行流程。

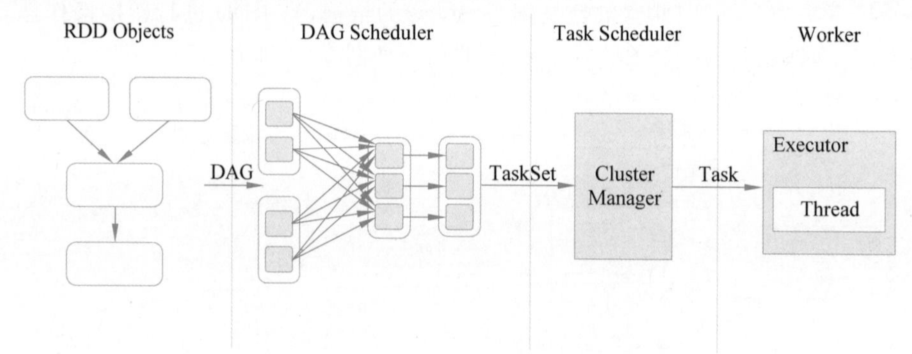

图 2-24 RDD 在 Spark 中的运行流程

图 2-24 所示的 RDD 在 Spark 中的运行流程,具体介绍如下。

(1) 当 RDD Objects 创建完成后,SparkContext 会根据 RDD Objects 的转换操作构建出一个 DAG,然后将 DAG 提交给 DAG Scheduler。

(2) DAG Scheduler 将 DAG 划分成不同的 Stage,每个 Stage 都是一个 TaskSet(任务集合),每个 TaskSet 会由一组可以并行执行的任务组成。DAG Scheduler 会将 Stage 传输给 Task Scheduler。

(3) Task Scheduler 通过与内部的 Cluster Manager 交互,将 Stage 中的 Task 根据其所需资源动态分配到合适的 Worker 中。若期间有某个 Task 传输失败,则 Task Scheduler 会重新尝试传输 Task,并向 DAG Scheduler 汇报当前的传输状态。若某个 Task 执行失败,则 Task Scheduler 会根据失败情况进行相应的处理。

需要注意的是,一个 Task Scheduler 只能对同一个 SparkContext 构建的 DAG 提供服务。

(4) Worker 接收到 Task 后,把 Task 运行在 Executor 中,每个 Task 相当于 Executor 中的一个 Thread(线程)。

2.8 本章小结

本章主要讲解了 RDD 相关知识及其操作。首先，讲解了 RDD 简介。其次，讲解了 RDD 的创建，包括基于文件和数据集合创建 RDD。再次，讲解了 RDD 的处理过程，包括转换算子和行动算子。接着，讲解了 RDD 的分区和依赖关系。然后，讲解了 RDD 机制，包括持久化机制和容错机制。最后，讲解了 Spark 的任务调度，包括 DAG 的概念和 RDD 在 Spark 中的运行流程。通过本章学习，读者应掌握 RDD 的基础知识和使用技巧，这有助于读者更好地利用 Spark 框架解决实际应用中的数据分析问题。

2.9 课后习题

一、填空题

1. RDD 是 Spark 中一个基本的数据处理模型，它具有________和并行的数据结构。

2. Spark 提供了________方法用于从文件系统中的文件读取数据并创建 RDD。

3. RDD 的依赖关系有宽依赖和________。

4. 通过设置检查点方式实现 RDD 的故障恢复本质上是将 RDD 写入________进行存储。

5. 在 Spark 中 RDD 采用________求值的方式。

二、判断题

1. RDD 可以被分为多个分区。（　　）

2. 转换算子需要通过行动算子触发计算。（　　）

3. 宽依赖是指每个父 RDD 的分区最多被子 RDD 的一个分区使用。（　　）

4. 若有向图可以从任意顶点出发经过若干条边回到该点，则称为有向无环图。（　　）

5. 窄依赖是划分 Stage 的依据。（　　）

三、选择题

1. 下列选项中，属于 Spark 分区器的是（　　）。

   A. BinaryPartitioner　　B. HashPartitioner
   C. SortPartitioner　　D. LinearPartitioner

2. 下列方法中，用于指定 RDD 分区数量的是（　　）。

   A. repartition()　　B. setPartiton()
   C. rangePartition()　　D. hashPartition()

3. 下列选项中，不属于转换算子的是（　　）。

   A. filter　　B. reduceByKey
   C. groupByKey　　D. reduce

4. 下列选项中，既能使 RDD 产生宽依赖也能使 RDD 产生窄依赖的算子是（　　）。

   A. map　　B. join
   C. union　　D. groupByKey

5. 下列选项中，属于 RDD 持久化级别的有（　　）（多选）。

A. MEMORY_ONLY　　B. MEMORY_AND_DISK

C. DISK_ONLY　　D. OFF_HEAP

四、简答题

1. 简述 RDD 提供的两种故障恢复方式。

2. 简述 RDD 在 Spark 中的运行流程。

第 3 章 Spark SQL结构化数据处理模块

学习目标：

- 了解 Spark SQL 的简介，能够说出 Spark SQL 的特点。
- 熟悉 Spark SQL 架构，能够说明 Catalyst 内部组件的运行流程。
- 熟悉 DataFrame 的基本概念，能够说明 DataFrame 与 RDD 在结构上的区别。
- 掌握 DataFrame 的创建，能够通过读取文件创建 DataFrame。
- 掌握 DataFrame 的常用操作，能够使用 DSL 风格和 SQL 风格操作 DataFrame。
- 掌握 DataFrame 的函数操作，能够使用标量函数和聚合函数操作 DataFrame。
- 掌握 RDD 与 DataFrame 的转换，能够通过反射机制和编程方式将 RDD 转换成 DataFrame。
- 掌握 Spark SQL 操作数据源，能够使用 Spark SQL 操作 MySQL 和 Hive。

针对那些不熟悉 Spark 常用 API，但希望利用 Spark 强大数据分析能力的用户，Spark 提供了一种结构化数据处理模块 Spark SQL，Spark SQL 模块使用户可以利用 SQL 语句处理结构化数据。本章针对 Spark SQL 的基本原理和使用方式进行详细讲解。

3.1 Spark SQL 基础知识

Spark SQL 是 Spark 用来处理结构化数据的一个模块，它提供了一个名为 DataFrame 的数据模型，即带有元数据信息的 RDD。基于 Python 语言使用 Spark SQL 时，用户可以通过 SQL 和 DataFrame API 两种方式实现对结构化数据的处理。无论用户选择哪种方式，它们都是基于同样的执行引擎，可以方便地在不同的方式之间进行切换。接下来，本节对 Spark SQL 的基础知识进行介绍。

3.1.1 Spark SQL 简介

Spark SQL 的前身是 Shark，Shark 最初是由加州大学伯克利分校的实验室开发的 Spark 生态系统的组件之一，它运行在 Spark 系统上，并且重新利用了 Hive 的工作机制，并继承了 Hive 的各个组件。Shark 主要的改变是将 SQL 语句的转换方式从 MapReduce 作业替换成了 Spark 作业，从而提高了计算效率。

然而，由于 Shark 过于依赖 Hive，所以在版本迭代时很难添加新的优化策略，从而限制了 Spark 的发展，因此，在后续的迭代更新中，Shark 的维护停止了，转向 Spark SQL 的开发。

Spark SQL 具有 3 个特点,具体内容如下。

(1) 支持多种数据源。Spark SQL 可以从各种数据源中读取数据,包括 JSON、Hive、MySQL 等,使用户可以轻松处理不同数据源的数据。

(2) 支持标准连接。Spark SQL 提供了行业标准的 JDBC 和 ODBC 连接方式,使用户可以通过外部连接方式执行 SQL 查询,不再局限于在 Spark 程序内使用 SQL 语句进行查询。

(3) 支持无缝集成。Spark SQL 提供了 Python、Scala 和 Java 等编程语言的 API,使 Spark SQL 能够与 Spark 程序无缝集成,可以将结构化数据作为 Spark 中的 RDD 进行查询。这种紧密的集成方式使用户可以方便地在 Spark 框架中进行结构化数据的查询与分析。

总体来说,Spark SQL 支持多种数据源的查询和加载,并且兼容 Hive,可以使用 JDBC 和 ODBC 的连接方式来执行 SQL 语句,它为 Spark 框架在结构化数据分析方面提供重要的技术支持。

3.1.2 Spark SQL 架构

Spark SQL 的一个重要特点就是能够统一处理数据表和 RDD,使用户可以轻松地使用 SQL 语句进行外部查询,同时进行更加复杂的数据分析。接下来,通过图 3-1 来了解 Spark SQL 底层架构。

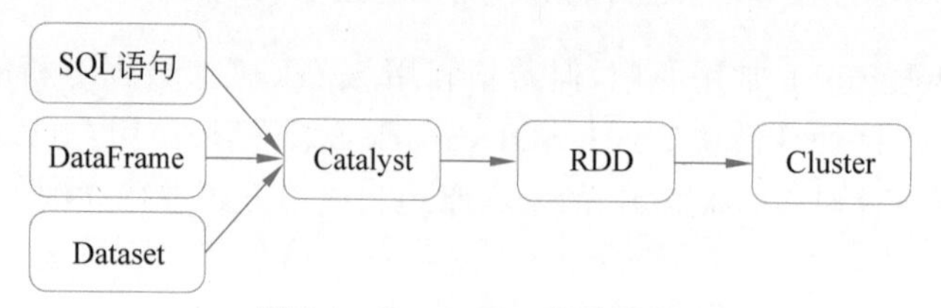

图 3-1 Spark SQL 底层架构

从图 3-1 可以看出,用户提交 SQL 语句、DataFrame 和 Dataset 后,会经过一个优化器(Catalyst),将 SQL 语句、DataFrame 和 Dataset 的执行逻辑转换为 RDD,然后提交给 Spark 集群(Cluster)处理。Spark SQL 的计算效率主要由 Catalyst 决定,也就是说 Spark SQL 执行逻辑的生成和优化工作全部交给 Spark SQL 的 Catalyst 管理。

Catalyst 是一个可扩展的查询优化框架,它基于 Scala 函数式编程,使用 Spark SQL 时,Catalyst 能够为后续的版本迭代更新轻松地添加新的优化技术和功能,特别是针对大数据生产环境中遇到的问题,如针对半结构化数据和高级数据分析。另外,Spark 作为开源项目,用户可以针对项目需求自行扩展 Catalyst 的功能。

Catalyst 内部主要包括 Parser(分析)组件、Analyzer(解析)组件、Optimizer(优化)组件、Planner(计划)组件和 Query Execution(执行)组件。接下来,通过图 3-2 来介绍 Catalyst 内部各组件的关系。

图 3-2 展示的是 Catalyst 的内部组件的关系,这些组件的运行流程如下。

(1) 当用户提交 SQL 语句、DataFrame 或 Dataset 时,它们会经过 Parser 组件进行分析。Parser 组件分析相关的执行语句,判断其是否符合规范,一旦分析完成,会创建

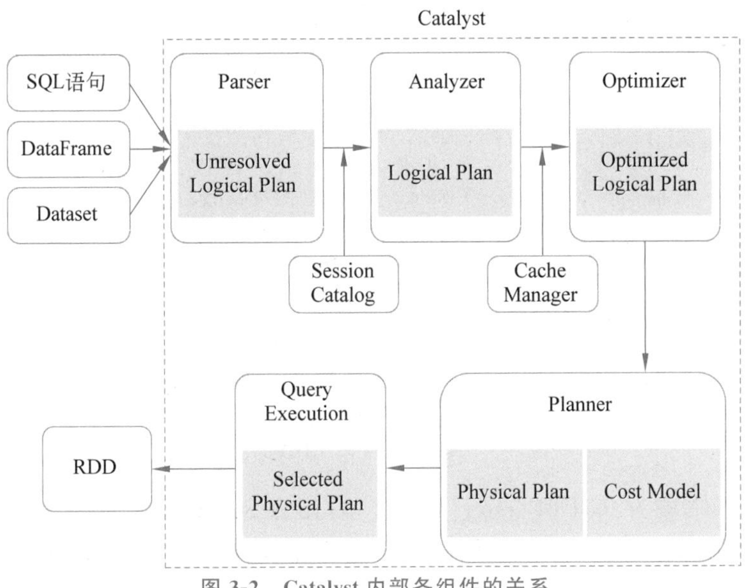

图 3-2 Catalyst 内部各组件的关系

SparkSession，并将包括表名、列名和数据类型等元数据保存在会话目录(Session Catalog)中发送给 Analyzer 组件，此时的执行语句为未解析的逻辑计划(Unresolved Logical Plan)。其中会话目录用于管理与元数据相关的信息。

(2) Analyzer 组件根据会话目录中的信息，将未解析的逻辑计划解析为逻辑计划(Logical Plan)。同时，Analyzer 组件还会验证执行语句中的表名、列名和数据类型是否存在于元数据中。如果所有的验证都通过，那么逻辑计划将被保存在缓存管理器(Cache Manager)中，并发送给 Optimizer 组件。

(3) Optimizer 组件接收到逻辑计划后进行优化处理，得到优化后的逻辑计划(Optimized Logical Plan)。例如，在计算表达式 x+(1+2)时，Optimizer 组件会将其优化为 x+3，如果没有经过优化，每个结果都需要执行一次 1+2 的操作，然后再与 x 相加，通过优化，就无须重复执行 1+2 的操作。优化后的逻辑计划会发送给 Planner 组件。

(4) Planner 组件将优化后的逻辑计划转换为多个物理计划(Physical Plan)，通过成本模型(Cost Model)进行资源消耗估算，在多个物理计划中得到选择后的物理计划(Selected Physical Plan)并将其发送给 Query Execution 组件。

(5) Query Execution 组件根据选择后的物理计划生成具体的执行逻辑，并将其转化为 RDD。

3.2 DataFrame 基础知识

3.2.1 DataFrame 简介

在 Spark 中，DataFrame 是一种以 RDD 为基础的分布式数据集，因此 DataFrame 可以执行绝大多数 RDD 的功能。在实际开发中，可以方便地进行 RDD 和 DataFrame 之间的转换。

DataFrame的结构类似于传统数据库的二维表格,并且可以由多种数据源创建,如结构化文件、外部数据库、Hive表等。下面,通过图3-3来了解DataFrame与RDD在结构上的区别。

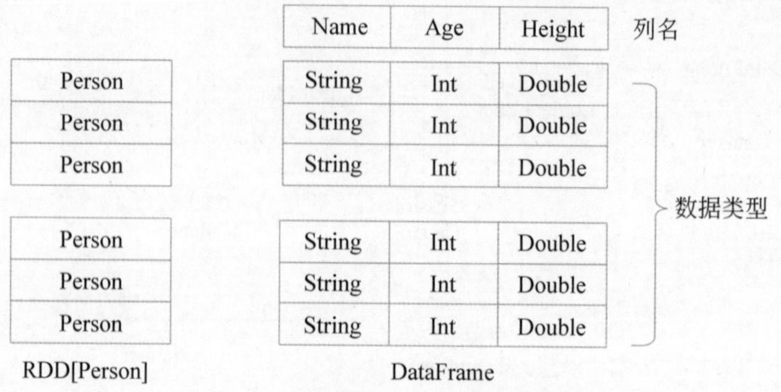

图3-3　DataFrame与RDD的区别

在图3-3中,左侧为RDD[Person]数据集,右侧为DataFrame数据集。DataFrame可以看作分布式Row对象的集合,每个Row表示一行数据。与RDD不同的是,DataFrame还包含了元数据信息,即每列的名称和数据类型,如Name、Age和Height为列名,String、Int和Double为数据类型。这使得Spark SQL可以获取更多的数据结构信息,并对数据源和DataFrame上的操作进行精细化的优化,最终提高计算效率,同时,DataFrame与Hive类似,DataFrame也支持嵌套数据类型,如Struct、Array和Map。

RDD[Person]虽然以Person为类型参数,但是Spark SQL无法获取RDD[Person]内部的结构,导致在转换数据形式时效率相对较低。

总的来说,DataFrame提高了Spark SQL的执行效率、减少数据读取时间以及优化执行计划。引入DataFrame后,处理数据就更加简单了,可以直接用SQL或DataFrame API处理数据,极大提升了用户的易用性。通过DataFrame API或SQL处理数据时,Catalyst会自动优化查询计划,即使用户编写的程序或SQL语句在逻辑上不是最优的,Spark仍能够高效地执行这些查询。

3.2.2　DataFrame的创建

在Spark 2.0之后,Spark引入了SparkSession接口更方便地创建DataFrame。创建DataFrame时需要创建SparkSession对象,该对象的创建分为两种方式,一种是通过代码SparkSession.builder.master().appName().getOrCreate()来创建。另一种是PySpark中会默认创建一个名为spark的SparkSession对象。一旦SparkSession对象创建完成后,就可以通过其提供的read属性获取一个DataFrameReader对象,并利用该对象调用一系列方法从各种类型的文件中读取数据创建DataFrame。

接下来,基于YARN集群的运行模式启动PySpark。在虚拟机Hadoop1的目录/export/servers/sparkOnYarn/spark-3.3.0-bin-hadoop3中执行如下命令。

```
$ bin/pyspark --master yarn
```

上述命令执行完成后的效果如图3-4所示。

从图3-4可以看出,PySpark默认创建了一个名为spark的SparkSession对象。

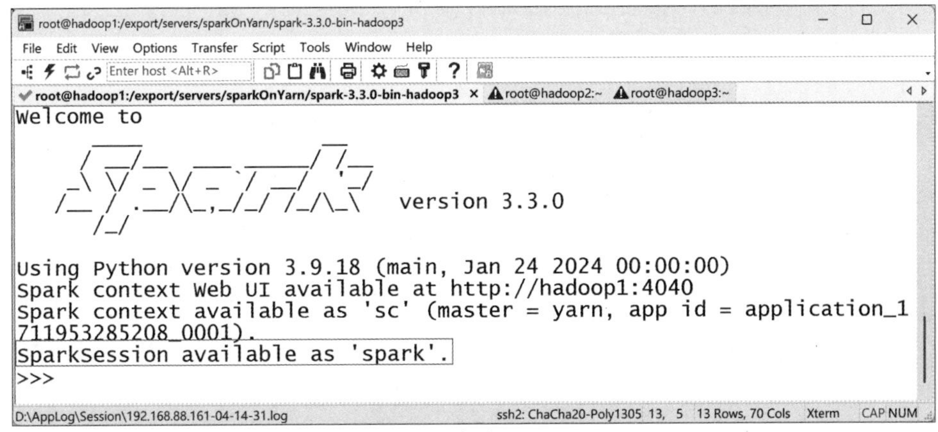

图 3-4　启动 PySpark

常见的读取数据创建 DataFrame 的方法如表 3-1 所示。

表 3-1　常见的读取数据创建 DataFrame 的方法

方　法	语 法 格 式	说　明
text()	SparkSession.read.text(path)	从指定目录 path 读取文本文件，创建 DataFrame
csv()	SparkSession.read.csv(path)	从指定目录 path 读取 CSV 文件，创建 DataFrame
json()	SparkSession.read.json(path)	从指定目录 path 读取 JSON 文件，创建 DataFrame
parquet()	SparkSession.read.parquet(path)	从指定目录 path 读取 parquet 文件，创建 DataFrame
toDF()	RDD.toDF([col,col,…])	用于将一个 RDD 转换为 DataFrame，并且可以指定列名 col。默认情况下，列名的格式为_1、_2 等
createDataFrame()	SparkSession.createDataFrame(data, schema)	通过读取自定义数据 data 创建 DataFrame

在表 3-1 中，参数 data 用于指定 DataFrame 的数据，其值的类型可以是数组、List 集合或者 RDD。参数 schema 为可选用于指定 DataFrame 的元信息，包括列名、数据类型等。如果没有指定参数 schema，那么使用默认的列名，其格式为_1、_2 等。而数据类型则通过数据自行推断。

接下来，通过读取 JSON 文件演示如何创建 DataFrame，具体步骤如下。

1. 数据准备

克隆一个虚拟机 Hadoop1 的会话，在虚拟机 Hadoop1 的/export/data 目录下执行 vi person.json 命令创建 JSON 文件 person.json，具体内容如文件 3-1 所示。

文件 3-1　person.json

```
{"age":20, "id":1, "name":"zhangsan"}
{"age":18, "id":2, "name":"lisi"}
{"age":21, "id":3, "name":"wangwu"}
{"age":23, "id":4, "name":"zhaoliu"}
{"age":25, "id":5, "name":"tianqi"}
{"age":19, "id":6, "name":"xiaoba"}
```

数据文件创建完成后,在/export/data 目录执行 hdfs dfs -put person.json /命令将 JSON 文件 person.json 上传到 HDFS 的根目录。

2. 读取文件创建 DataFrame

通过读取 JSON 文件 person.json 创建 DataFrame,具体代码如下。

```
>>> personDF = spark.read.json("/person.json")
```

上述代码中,使用 json()方法读取 HDFS 根目录的 JSON 文件 person.json 创建名为 personDF 的 DataFrame。

DataFrame 创建完成后,可以通过 printSchema()方法输出 personDF 的元数据信息,具体代码如下。

```
>>> personDF.printSchema()
```

上述代码运行完成后的效果如图 3-5 所示。

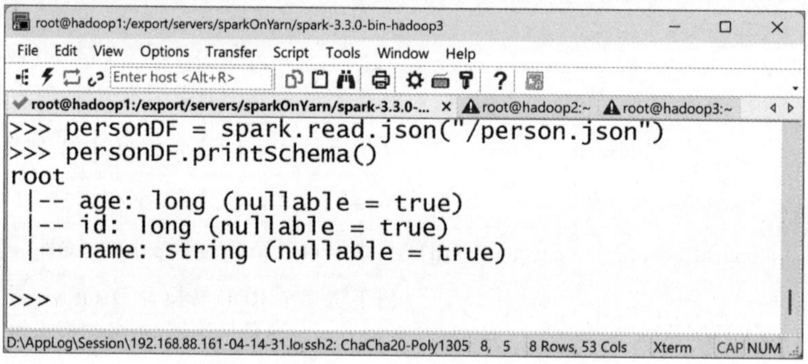

```
>>> personDF = spark.read.json("/person.json")
>>> personDF.printSchema()
root
 |-- age: long (nullable = true)
 |-- id: long (nullable = true)
 |-- name: string (nullable = true)

>>>
```

图 3-5　输出 personDF 的元数据信息

从图 3-5 可以看出,JSON 文件 person.json 中的键会作为 DataFrame 的列名,而列的数据类型会根据键对应的值自行推断。此外,默认情况下,DataFrame 中每个列的值可以为空,即 nullable = true。例如,根据 JSON 文件 person.json 中键 name 的值推断出列 name 的数据类型为 string。

使用 show()方法查看当前 DataFrame 的内容,具体代码如下。

```
>>> personDF.show()
```

上述代码运行完成后的效果如图 3-6 所示。

从图 3-6 可以看出,DataFrame 的内容为二维表格的形式,其中列与 JSON 文件 person.json 中的键有关,而列的数据为 JSON 文件 person.json 中键对应的值。

3.2.3　DataFrame 的常用操作

多样性是人类社会发展的基石,是文明进步的源泉。在一个多样化的社会中,每个人都能找到属于自己的位置,贡献独特的智慧和力量。尊重和包容多样性,不仅是对每个人基本权利的尊重,也是实现社会公平正义的必要条件。DataFrame 提供了两种语法风格,分别是

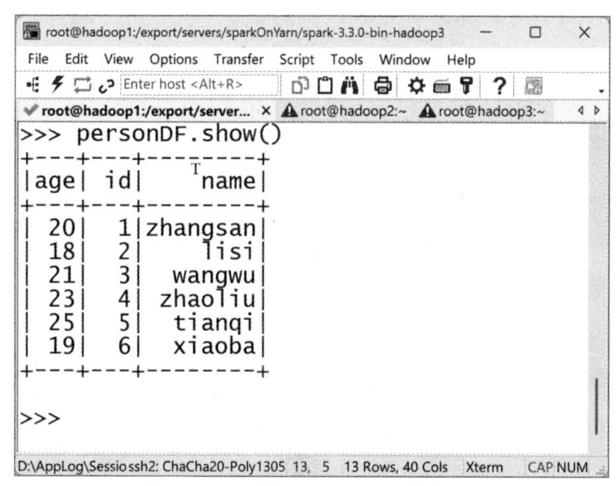

图 3-6 查看 DataFrame 的内容

DSL(Dynamic Script Language,领域特定语言)风格和 SQL 风格,前者通过 DataFrame API 的方式操作 DataFrame,后者通过 SQL 语句的方式操作 DataFrame。接下来,针对 DSL 风格和 SQL 风格分别讲解 DataFrame 的具体操作方式。

1. DSL 风格

DataFrame 提供了一种 DSL 风格去管理结构化数据的方式,可以在 Scala、Java、Python 和 R 语言中使用 DSL。下面,以 Python 语言使用 DSL 为例,讲解 DataFrame 的常用操作。

(1) printSchema()方法:查看 DataFrame 的元数据信息。

(2) show()方法:查看 DataFrame 中的内容。

(3) select()方法:选择 DataFrame 中指定列。

下面基于 3.2.2 节创建的 DataFrame 选择并查看其 name 列的数据,具体代码如下。

```
>>> personDF.select(personDF["name"]).show()
```

上述代码运行完成后的效果如图 3-7 所示。

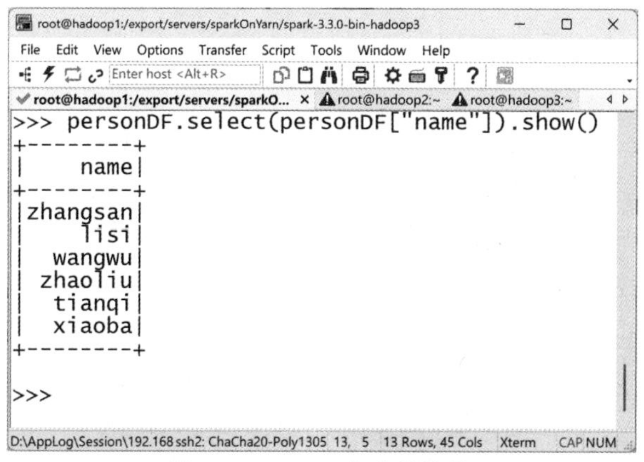

图 3-7 select()方法的使用

从图 3-7 可以看出,DataFrame 中 name 列的数据包括 zhangsan、lisi、wangwu、zhaoliu、tianqi、xiaoba。

(4) filter()方法：实现条件查询,筛选出想要的结果。

下面演示如何筛选 DataFrame 中 age 列大于或等于 20 的数据,具体代码如下。

```
>>> personDF.filter(personDF["age"] >= 20).show()
```

上述代码运行完成后的效果如图 3-8 所示。

```
>>> personDF.filter(personDF["age"] >= 20).show()
[Stage 3:>

+---+---+--------+
|age| id|    name|
+---+---+--------+
| 20|  1|zhangsan|
| 21|  3|  wangwu|
| 23|  4| zhaoliu|
| 25|  5|  tianqi|
+---+---+--------+

>>>
```

图 3-8　filter()方法的使用

从图 3-8 可以看出,DataFrame 中包含 4 条 age 列大于或等于 20 的数据。

(5) groupBy()方法：根据 DataFrame 的指定列进行分组,分组完成后可通过 count()方法对每个组内的元素进行计数操作。

下面演示如何将 DataFrame 中 age 列进行分组并统计每个组内元素的个数,具体代码如下。

```
>>> personDF.groupBy("age").count().show()
```

上述代码运行完成后的效果如图 3-9 所示。

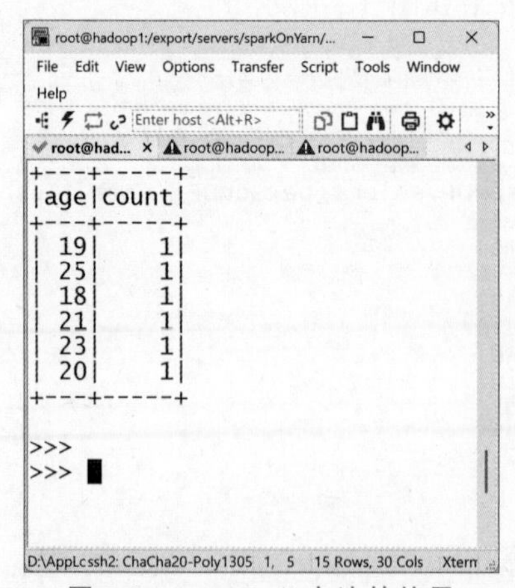

图 3-9　groupBy()方法的使用

从图 3-9 可以看出，根据 DataFrame 中 age 列分为 6 组，每组内元素的个数都为 1。

(6) sort()方法：根据指定列进行排序操作，默认是升序排序，若指定为降序排序，需要使用 desc()方法指定排序规则为降序排序。

下面演示如何将 DataFrame 中的 age 列进行降序排序，具体代码如下。

```
>>> personDF.sort(personDF["age"].desc()).show()
```

上述代码运行完成后的效果如图 3-10 所示。

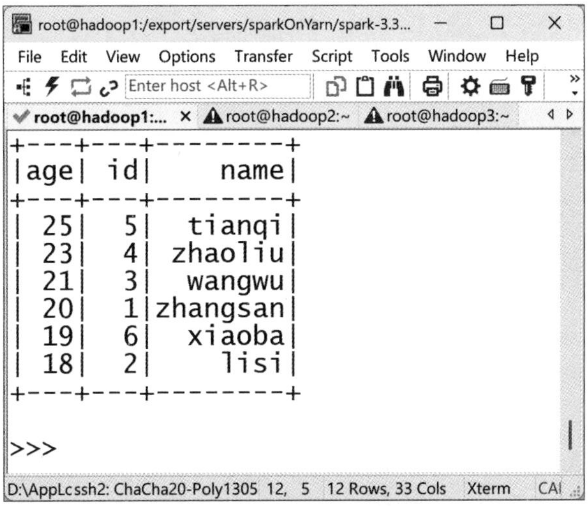

```
root@hadoop1:/export/servers/sparkOnYarn/spark-3.3...
File Edit View Options Transfer Script Tools Window Help
Enter host <Alt+R>
root@hadoop1:... × root@hadoop2:~ root@hadoop3:~
+---+---+--------+
|age| id|    name|
+---+---+--------+
| 25|  5|  tianqi|
| 23|  4| zhaoliu|
| 21|  3|  wangwu|
| 20|  1|zhangsan|
| 19|  6|  xiaoba|
| 18|  2|    lisi|
+---+---+--------+

>>>
D:\AppLcssh2: ChaCha20-Poly1305 12, 5 12 Rows, 33 Cols Xterm CAI
```

图 3-10 sort()方法的使用

从图 3-10 可以看出，DataFrame 中的数据根据 age 列进行降序排序。

2. SQL 风格

DataFrame 的强大之处就是可以将它看作一个关系型数据表，然后可以在 Spark 中直接使用 spark.sql()的方式执行 SQL 查询，结果将作为一个 DataFrame 返回。使用 SQL 风格操作的前提是需要使用 createOrReplaceTempView()方法将 DataFrame 创建成一个临时视图。接下来，创建一个 DataFrame 的临时视图 t_person，具体代码如下。

```
>>> personDF.createOrReplaceTempView("t_person")
```

上述代码中，通过 createOrReplaceTempView()方法创建 personDF 的临时视图 t_person。使用 createOrReplaceTempView()方法创建的临时视图的生命周期依赖于 SparkSession，即 SparkSession 存在则临时视图存在。当用户想要手动删除临时视图时，可以通过执行 spark.catalog.dropTempView("t_person")代码实现，其中 t_person 用于指定临时视图的名称。

下面，演示使用 SQL 风格方式操作 DataFrame。

(1) 查询临时视图 t_person 中 age 列的值最大的两行数据，具体代码如下。

```
>>> spark.sql("select * from t_person order by age desc limit 2").show()
```

上述代码中，通过 SQL 语句对临时视图 t_person 中 age 列进行降序排序，并获取排序结果的前两条数据。

上述代码运行完成后的效果如图 3-11 所示。

从图 3-11 可以看出,成功筛选出临时视图 t_person 中 age 列的值最大的两行数据。

(2) 查询临时视图 t_person 中 age 列的值大于 20 的数据,具体代码如下。

```
>>> spark.sql("select * from t_person where age>20").show()
```

上述代码运行完成后的效果如图 3-12 所示。

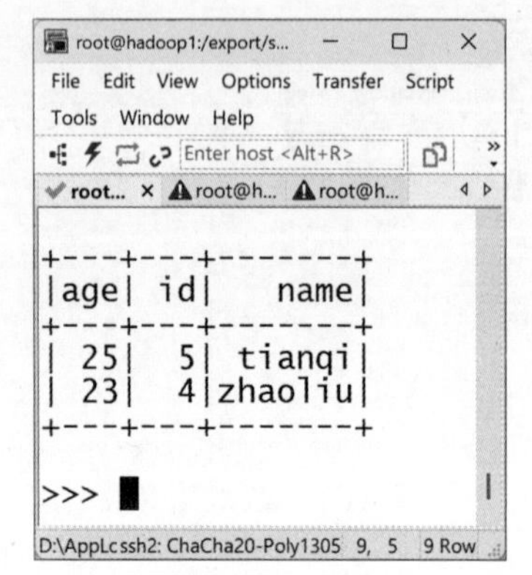

图 3-11 临时视图 t_person 中 age 列的值最大的两行数据

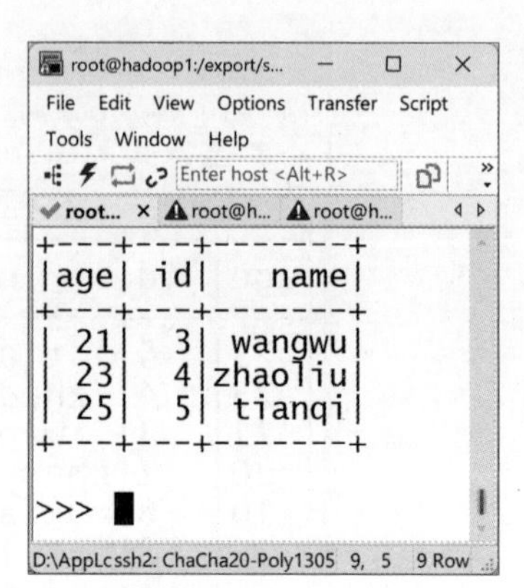

图 3-12 临时视图 t_person 中 age 列的值大于 20 的数据

从图 3-12 可以看出,成功筛选出 age 列的值大于 20 的数据。

DataFrame 操作方式简单,并且功能强大,熟悉 SQL 语法的用户都能够快速地掌握 DataFrame 的操作,本节只讲解了部分常用的操作方式,读者可通过查阅 Spark 官网详细学习 DataFrame 的操作方式。

3.2.4 DataFrame 的函数操作

Spark SQL 提供了一系列函数对 DataFrame 进行操作,能够实现对数据进行多样化的处理和分析,这些函数操作主要包括标量函数(Scalar Functions)操作和聚合函数(Aggregate Functions)操作,它们同样支持 DSL 风格和 SQL 风格操作 DataFrame,鉴于使用 SQL 风格操作 DataFrame 较为简单,本节使用 DSL 风格重点介绍这两种类型函数的操作。

1. 标量函数操作

标量函数操作是对于输入的每一行数据,函数会产生单个值作为输出。标量函数分为内置标量函数(Built-in Scalar Functions)操作和自定义标量函数(User-Defined Scalar Functions)操作,关于内置标量函数操作和自定义标量函数操作的介绍如下。

(1) 内置标量函数。

Spark SQL 提供了大量的内置标量函数供用户直接使用。下面介绍 Spark SQL 常用的内置标量函数,如表 3-2 所示。

表 3-2　Spark SQL 常用的内置标量函数

函　数	语法格式	说　明
array_max	array_max(col)	用于对 DataFrame 中数组类型的列 col 进行操作，获取每个数组的最大值
array_min	array_min(col)	用于对 DataFrame 中数组类型的列 col 进行操作，获取每个数组的最小值
map_keys	map_keys(col)	用于对 DataFrame 中键值对类型的列 col 进行操作，获取每个键值对的键
map_values	map_values (col)	用于对 DataFrame 中键值对类型的列 col 进行操作，获取每个键值对的值
element_at	element_at(col,key)	用于对 DataFrame 中键值对类型的列 col 进行操作，根据指定的键 key 返回对应的值，如果键不存在，则返回 null
date_add	date_add(startDate, num_days)	用于在指定日期 startDate 上增加天数 num_days。startDate 可以是日期类型的列也可以是字符串类型的日期
datediff	datediff(endDate, startDate)	用于计算两个日期 startDate 和 endDate，之间的天数差异。startDate 和 endDate 可以是日期类型的列也可以是字符串类型的日期
substring	substring(str, pos, len)	用于对 DataFrame 中字符串类型的列进行操作，从字符串中截取部分字符串。其中参数 str 为初始字符串或列；参数 pos 为提取部分字符串的索引位置，从 1 开始；参数 len 指定截取部分字符串的长度。如初始字符串为 world，索引位置为 1，截取长度为 2，则截取后的字符串为 wo。如果索引位置超过初始字符串的长度，则截取后的字符串为空，如果截取长度超过索引位置之后字符串的长度，则将索引位置之后字符串全部截取

在表 3-2 中，内置标量函数对数组和键值对类型数据的操作在 Python 中指代的是列表和字典。以 PyCharm 为例，演示表 3-2 中常用内置标量函数的使用，具体内容如下。

① array_max 函数。在项目 Python_Test 中创建 Function 文件夹，并在该文件夹中创建名为 FunTest 的 Python 文件，通过 array_max 函数获取 DataFrame 中数组类型列的最大值，具体代码如文件 3-2 所示。

文件 3-2　FunTest.py

```
1   from pyspark.sql import SparkSession
2   from pyspark.sql.functions import *
3   spark = SparkSession.builder.master("local[*]") \
4       .appName("FunTest") \
5       .getOrCreate()
6   data = spark.createDataFrame(
7       [(
8           [80, 88, 68],
9           {"xiaohong":"B","xiaoming":"A","xiaoliang":"C"},
10          "2023-10-15",
```

```
11            "2023-10-16"
12        )],
13        ["数学分数","学生评级","考试时间","成绩公布时间"]
14    )
15    result = data.select("数学分数",array_max("数学分数"))
16    # 参数 truncate = false 用于指定显示 DataFrame 中完整的行内容
17    result.show(truncate=False)
18    # 释放资源
19    spark.stop()
```

在文件 3-2 中,第 6～14 行代码通过 createDataFrame()方法创建一个名为 data 的 DataFrame。createDataFrame()方法的第一个参数通过列表指定 data 中的数据,列表的每个元素将作为 data 的每行数据。当列表中元素的类型为元组时,元组中的每个元素将依次作为 data 中每个列的数据;第二个元素通过列表指定 data 中每个列的列名,列的数据类型将通过其存储的数据自行推断。

第 15 行代码通过 select()方法选择 data 中的"数学分数"列,并通过 array_max 函数获取"数学分数"列的最大值。

文件 3-2 的运行结果如图 3-13 所示。

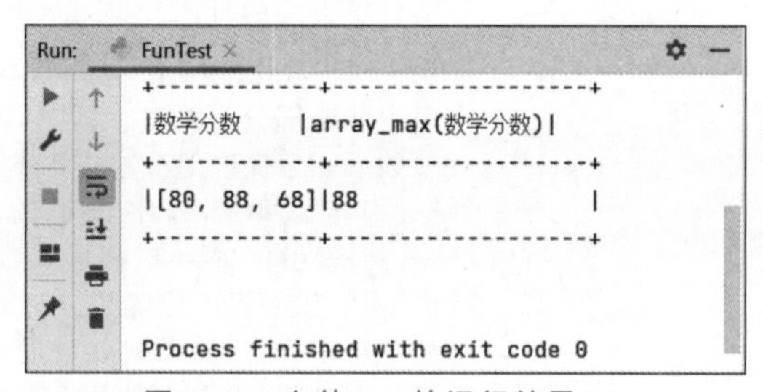

图 3-13　文件 3-2 的运行结果(1)

从图 3-13 可以看出,"数学分数"列的最大值为 88。

② array_min 函数。通过 array_min 函数获取 DataFrame 中数组类型列的最小值。这里将文件 3-2 中第 15 行代码修改为如下代码。

```
result = data.select("数学分数",array_min("数学分数"))
```

上述代码通过 select()方法选择 data 中的"数学分数"列,并通过 array_min 函数获取"数学分数"列的最小值。

文件 3-2 的运行结果如图 3-14 所示。

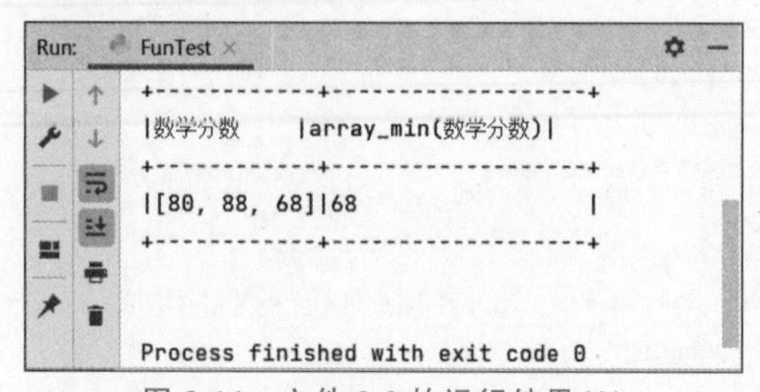

图 3-14　文件 3-2 的运行结果(2)

从图 3-14 可以看出,“数学分数”列的最小值为 68。

③ map_keys 函数。通过 map_keys 函数获取 DataFrame 中键值对类型列的键。这里将文件 3-2 中第 15 行代码修改为如下代码。

```
result = data.select("学生评级",map_keys("学生评级"))
```

上述代码通过 select()方法选择 data 中的“学生评级”列,并通过 map_keys 函数获取“学生评级”列中的键。

文件 3-2 的运行结果如图 3-15 所示。

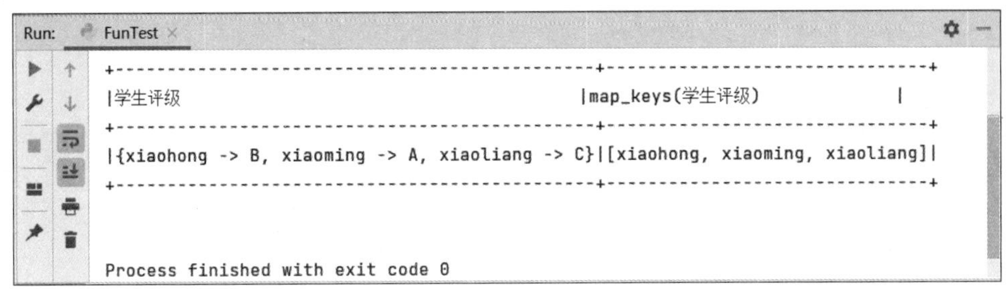

图 3-15　文件 3-2 的运行结果(3)

从图 3-15 可以看出,“数学评级 ”列中的键包括 xiaohong、xiaoming 和 xiaoliang。

④ map_values 函数。通过 map_values 函数获取 DataFrame 中键值对类型列的值。这里将文件 3-2 中第 15 行代码修改为如下代码。

```
result = data.select("学生评级",map_values("学生评级"))
```

上述代码通过 select()方法选择 data 中的“学生评级”列,并通过 map_values 函数获取“学生评级”列中的值。

文件 3-2 的运行结果如图 3-16 所示。

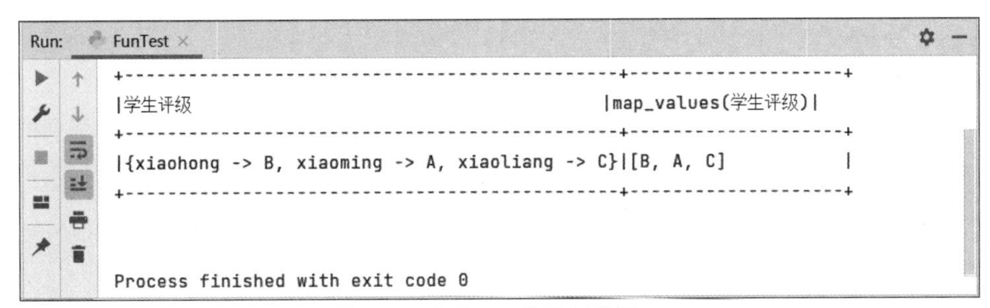

图 3-16　文件 3-2 的运行结果(4)

从图 3-16 可以看出,“数学评级”列中的值包括 B、A 和 C。

⑤ element_at 函数。通过 element_at 函数获取 DataFrame 中键值对类型列指定键对应的值。这里将文件 3-2 中第 15 行代码修改为如下代码。

```
result = data.select("学生评级",element_at("学生评级","xiaoming"))
```

上述代码通过 select()方法选择 data 中的“学生评级”列,并通过 element_at 函数获取

“学生评级”列中键为 xiaoming 的值。

文件 3-2 的运行结果如图 3-17 所示。

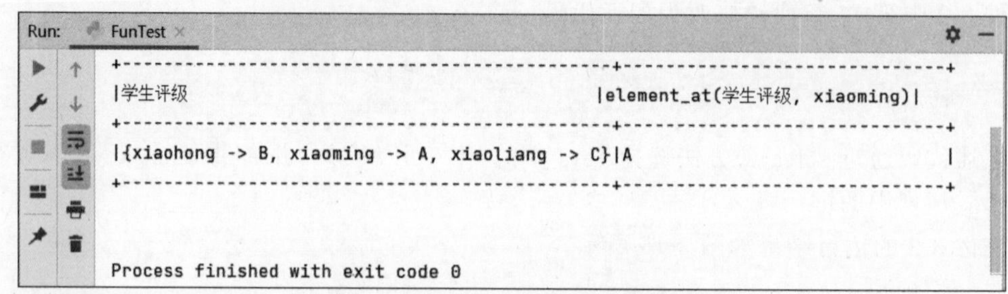

图 3-17　文件 3-2 的运行结果(5)

从图 3-17 可以看出,“学生评级”列中键为 xiaoming 的值为 A。

⑥ date_add 函数。通过 date_add 函数实现对 DataFrame 中字符串日期类型列增加指定的天数。这里将文件 3-2 中第 15 行代码修改为如下代码。

```
result = data.select("考试时间",date_add("考试时间",3))
```

上述代码通过 select()方法选择 data 中的“考试时间”列,并通过 date_add 函数将“考试时间”列中的日期增加 3 天。

文件 3-2 的运行结果如图 3-18 所示。

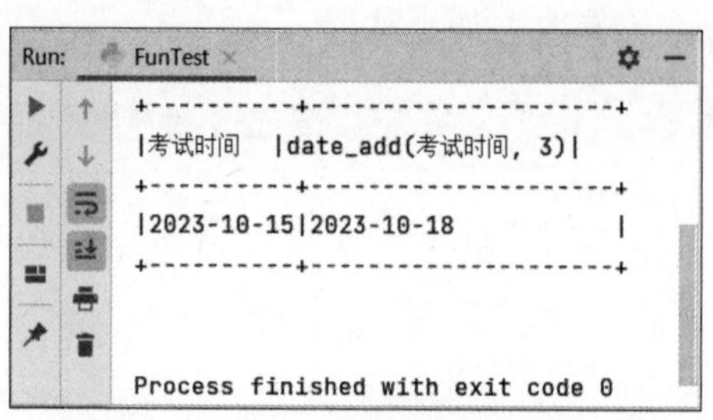

图 3-18　文件 3-2 的运行结果(6)

从图 3-18 可以看出,“考试时间”列中的日期增加 3 天的结果为 2023-10-18。

⑦ datediff 函数。通过 datediff 函数实现计算 DataFrame 中字符串日期类型列的时间间隔。这里将文件 3-2 中第 15 行代码修改为如下代码。

```
result = data.select("考试时间","成绩公布时间",datediff("成绩公布时间","考试时
间"))
```

上述代码通过 select()方法选择 data 中的“考试时间”和“成绩公布时间”列,并通过 datediff 函数计算“考试时间”和“成绩公布时间”列的时间间隔。

文件 3-2 的运行结果如图 3-19 所示。

从图 3-19 可以看出,“考试时间”和“成绩公布时间”列的时间间隔为 1。

⑧ substring 函数。通过 substring 函数实现对 DataFrame 中字符串类型的列截取部分字符串。这里将文件 3-2 中第 15 行代码修改为如下代码。

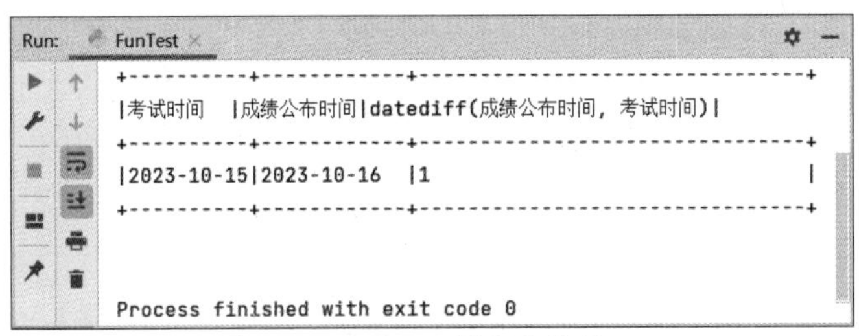
图3-19　文件3-2的运行结果(7)

```
result = data.select("考试时间",substring("考试时间",0,4))
```

上述代码通过select()方法选择data中的“考试时间”列，并通过substring函数从“考试时间”列中截取索引位置为0，截取长度为4的字符串。

文件3-2的运行结果如图3-20所示。

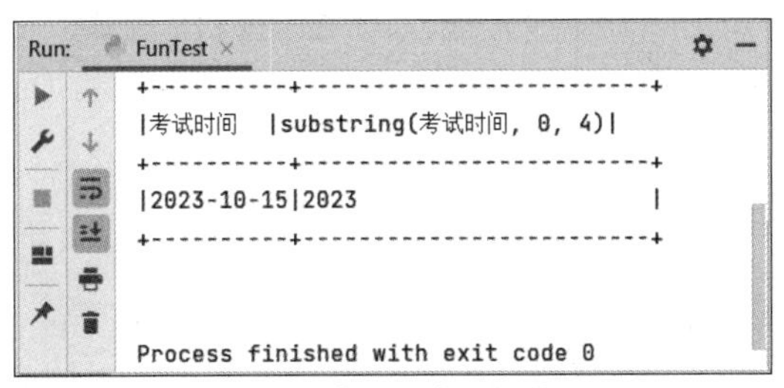
图3-20　文件3-2的运行结果(8)

从图3-20可以看出，“考试时间”列中截取索引位置为0，截取长度为4的字符串为2023。

(2) 自定义标量函数。

自定义标量函数是指内置标量函数不足以处理指定需求时，用户可以自行定义的函数，它可以在程序中添加自定义的功能实现对DataFrame进行操作。

在Spark SQL中实现自定义标量函数分为定义函数和注册函数两部分操作，其中定义函数用于指定处理逻辑；注册函数用于将定义的函数注册到SparkSession中，使其成为Spark SQL中的标量函数，定义函数的语法格式如下。

```
def fun_name([参数列表]):
  函数体
  [return value]
```

上述语法格式的解释如下。

① def：定义函数的关键字。

② fun_name：用于指定函数的名称。

③ [参数列表]：负责接收传入函数中的参数，可以包含一个或多个参数，也可以为空。

④ 函数体：指定函数的处理逻辑。

⑤ [return value]：指定函数的返回值value。如果函数没有返回值，可以省略。

注册函数针对使用DSL风格和SQL风格操作DataFrame具有不同的语法格式，具体如下。

```
# 使用 DSL 风格操作 DataFrame 时的注册函数
udf_fun = udf(fun_name, returnType)
# 使用 SQL 风格操作 DataFrame 时的注册函数
spark.udf.register(name, fun_name, returnType)
```

上述语法格式中,使用DSL风格操作DataFrame时的注册函数中,udf()方法用于将定义的函数注册为自定义标量函数,该函数接收两个参数,fun_name参数为定义的函数名,returnType参数为自定义标量函数返回值的数据类型。

使用SQL风格操作DataFrame时的注册函数中,通过调用SparkSession对象的udf()方法获取一个UDFRegistration对象,该对象的register()方法用于将定义的函数注册为自定义标量函数,该方法接收3个参数,name参数为自定义标量函数的函数名,fun_name参数为定义的函数名,returnType参数为自定义标量函数返回值的数据类型。

接下来,以PyCharm为例,演示自定义标量函数的使用。在项目Python_Test的Function文件夹中创建名为UDFTest的Python文件,实现将DataFrame中每个单词的第3个字母变为大写,具体代码如文件3-3所示。

文件3-3 UDFTest.py

```
1  from pyspark.sql import SparkSession
2  from pyspark.sql.functions import udf
3  from pyspark.sql.types import StringType
4  spark = SparkSession.builder.master("local[*]") \
5      .appName("UDFTest") \
6      .getOrCreate()
7  data = [
8      (1, "hello"),
9      (2, "world"),
10     (3, "spark")
11 ]
12 schema = ["id", "value"]
13 df = spark.createDataFrame(data, schema)
14 def Up(word):
15     if len(word) >= 3:
16         return word[:2] + word[2].upper() + word[3:]
17     else:
18         return word
19 udf_up = udf(Up, StringType())
20 result = df.select("id", udf_up("value"))
21 result.show()
22 spark.stop()
```

在文件3-3中,第14~18行代码通过定义一个名为Up的函数用于将DataFrame中每个单词的第3个字母变为大写,接收参数word表示DataFrame中的每个单词。实现逻辑为通过if-else语句判断的单词长度是否大于或等于3,如果满足条件则通过索引切片操作将单词的第3个字母通过upper()方法转换为大写,并将其余字母拼接在一起。如果不满足条件则返回原始单词。

第 19 行代码通过 udf()方法将名为 Up 的函数注册为自定义标量函数 udf_up，指定自定义标量函数返回值的数据类型为字符串类型。

第 20 行代码通过 select()方法选择 df 中的 id 列，并通过标量函数 udf_up 将 value 列中每个单词的第 3 个字母变为大写。

文件 3-3 的运行结果如图 3-21 所示。

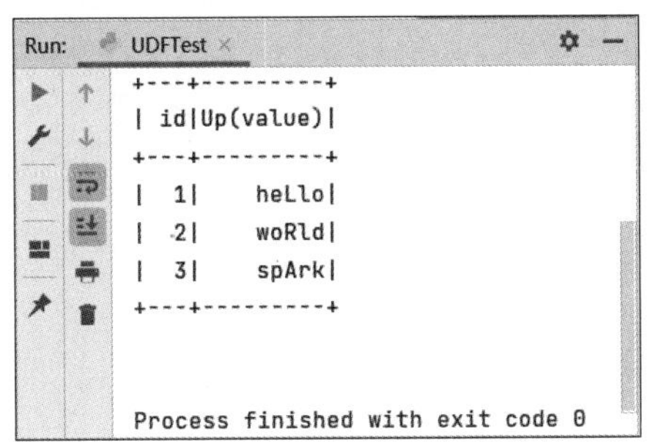

图 3-21　文件 3-3 的运行结果

从图 3-21 可以看出，value 列中每个单词的第 3 个字母已变为大写。

2. 聚合函数操作

聚合函数操作是对于一组数据进行计算并返回单个值的函数。聚合函数分为内置聚合函数(Built-in Aggregation Functions)操作和自定义聚合函数(User Defined Aggregate Functions)操作。关于内置聚合函数操作和自定义聚合函数操作的介绍如下。

(1) 内置聚合函数。

Spark SQL 提供了大量的内置聚合函数供用户直接使用。下面介绍 Spark SQL 常用的内置聚合函数，如表 3-3 所示。

表 3-3　Spark SQL 常用的内置聚合函数

函　数	语法格式	相关说明
count	count(col)	用于计算指定列 col 中非空值的数量
sum	sum(col)	计算指定列 col 中所有数值的总和
avg	avg(col)	计算指定列 col 中所有数值的平均值
max	max(col)	计算指定列 col 中所有数值的最大值
min	min(col)	计算指定列 col 中所有数值的最小值
var_samp	var_samp(col)	计算指定列 col 中样本的方差
stddev	stddev(col)	计算指定列 col 中样本的标准差

表 3-3 列举了 Spark SQL 常用的内置聚合函数。在使用这些内置聚合函数时可以配合 agg 函数进行嵌套使用，这是因为 agg 函数允许用户同时使用多个聚合函数对 DataFrame 中指定列进行不同的操作，实现一次性完成多种聚合需求。

接下来，以 PyCharm 为例，演示表 3-3 中常用内置聚合函数的使用。在项目 Python_Test 的 Function 文件夹中创建名为 AggTest 的 Python 文件，实现使用不同的内置聚合函数对 DataFrame 中指定列进行操作,具体代码如文件 3-4 所示。

文件 3-4 AggTest.py

```
1  from pyspark.sql import SparkSession
2  from pyspark.sql.functions import *
3  spark = SparkSession.builder.master("local[ * ]") \
4      .appName("AggTest") \
5      .getOrCreate()
6  data = [(3,), (6,), (3,), (4,)]
7  df = spark.createDataFrame(data, ["value"])
8  result = df.agg(
9      count("value"),
10     sum("value"),
11     avg("value"),
12     max("value"),
13     min("value"),
14     var_samp("value"),
15     stddev("value")
16 )
17 result.show(truncate=False)
18 spark.stop()
```

在文件 3-4 中,第 8～16 行代码使用不同的内置聚合函数对 value 列的值进行计算。文件 3-4 的运行结果如图 3-22 所示。

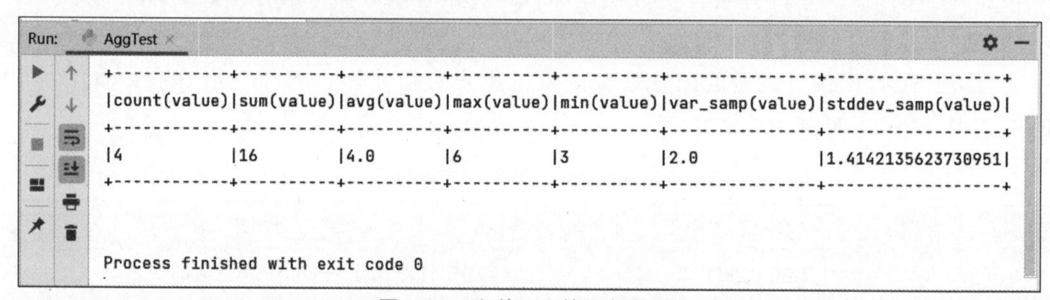

图 3-22 文件 3-4 的运行结果

从图 3-22 可以看出,value 列中非空值的数量为 4、所有数值的总和为 16、所有数值的平均值为 4.0、所有数值的最大值为 6、所有数值的最小值为 3、样本的方差为 2.0、样本的标准差为 1.4142135623730951。

(2) 自定义聚合函数。

自定义聚合函数操作是指内置聚合函数不足以处理指定需求时,用户可以自行定义的函数,它可以在程序中添加自定义的功能实现对 DataFrame 进行操作。

自定义聚合函数同样分为定义函数和注册函数两部分操作,其语法格式与自定义标量函数的语法格式相同,这里不再赘述。

接下来,以 PyCharm 为例,演示自定义聚合函数的使用。在项目 Python_Test 的 Function 文件夹中创建名为 UDAFTest 的 Python 文件,实现从指定列的字符串中提取数值并计算它们相加的结果,具体代码如文件 3-5 所示。

文件 3-5 UDAFTest.py

```
1   from pyspark.sql import SparkSession
2   from pyspark.sql.functions import udf
3   from pyspark.sql.types import IntegerType
4   spark = SparkSession.builder.master("local[*]") \
5       .appName("UDAFTest") \
6       .getOrCreate()
7   data = [("a1b3d2",)]
8   df = spark.createDataFrame(data, ["value"])
9   def str_num(data):
10      num = [int(x) for x in data if x.isdigit()]
11      if not num:
12          return 0
13      else:
14          return sum(num)
15  udaf_num = udf(str_num, IntegerType())
16  result = df.select(udaf_num("value"))
17  result.show(truncate=False)
18  spark.stop()
```

在文件 3-5 中，第 9～14 行代码定义一个名为 str_num 的函数用于从 DataFrame 中指定列的字符串中提取数值并计算它们相加的结果，接收参数 data 表示 DataFrame 中的字符串。实现逻辑为从字符串中提取数值，如果存在数值则返回数值的和，否则返回 0。其中 isdigit()方法用于判断字符串中是否存在数值，若存在则保留，然后交由 int()方法将其转换为整数类型。

第 15 行代码通过 udf()方法将名为 str_num 的函数注册为自定义聚合函数 udaf_num，指定自定义聚合函数返回值的数据类型为整数类型。

第 16 行代码在 select()方法中通过自定义聚合函数 udaf_num 从 value 列的字符串中提取数值并计算它们相加的结果。

文件 3-5 的运行结果如图 3-23 所示。

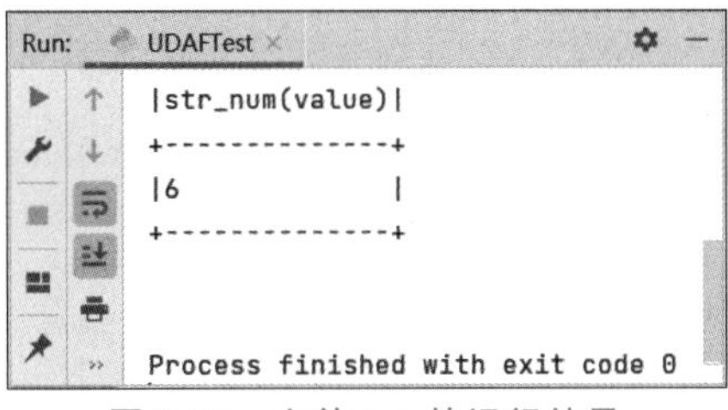

图 3-23 文件 3-5 的运行结果

从图 3-23 可以看出，value 列的字符串中数值相加的结果为 6。

多学一招：通过@udf()装饰器实现自定义标量函数或聚合函数

从 Spark 1.3.0 版本开始，Spark SQL 引入了@udf()装饰器来实现自定义标量函数或聚合函数，通过该装饰器实现自定义标量函数或聚合函数时，无须手动对定义的函数进行注册便可直接使用。这种方式简化了用户实现自定义标量函数或聚合函数的过程，提高了代码的可读性和可维护性,不过通过@udf()装饰器实现自定义标量函数或聚合函数时,只能通过 DSL 风格操作 DataFrame,语法格式如下。

```
@udf(returnType)
def fun_name([参数列表]):
  函数体
  [return value]
```

上述语法格式中,returnType 参数表示自定义标量函数或聚合函数返回值的数据类型。

3.3 RDD 转换为 DataFrame

当 RDD 无法满足用户更高级别、更高效的数据分析时,可以将 RDD 转换为 DataFrame。Spark 提供了两种方法实现将 RDD 转换为 DataFrame,第一种方法是利用反射机制来推断包含特定类型对象的 Schema 元数据信息,这种方式适用于对已知数据结构的 RDD 转换;第二种方法通过编程方式定义一个 Schema,并将其应用在已知的 RDD 中。接下来,本节针对这两种转换方法进行讲解。

3.3.1 反射机制推断 Schema

当有一个数据文件时,人类可以轻松理解其中的字段,如编号、姓名和年龄的含义,但计算机无法像人一样直观地理解这些字段。在这种情况下,可以通过反射机制来自动推断包含特定类型对象的 Schema 元数据信息。这个 Schema 元数据信息可以帮助计算机更好地理解和处理数据文件中的字段。

通过反射机制推断 Schema 主要包含两个步骤,具体如下。

① 创建一个 ROW 类型的 RDD。

② 通过 toDF()方法根据 Row 对象中的列名来推断 Schema 元数据信息。

上述步骤对应的语法格式如下。

```
schema = data.map(lambda y: Row(fieldName=y[0], fieldName=y[1],
  fieldName=y[2], ...))
df = schema.toDF()
```

上述语法格式中,通过 map 算子中定义的匿名函数,将名为 data 的 RDD 中每个元素与 Row 对象进行映射操作,生成名为 schema 的 RDD。在 Row 对象中,fieldName 用于指定列名。映射操作完成后,通过 toDF()方法根据映射的列名来推断 Schema 元数据信息,将 schema 转换成名为 df 的 DataFrame。

接下来,以 PyCharm 为例,实现通过反射机制推断 Schema,具体操作步骤如下。

(1) 在本地计算机中准备文本数据文件,这里在本地计算机 D 盘根目录下创建文件 person.txt,数据内容如文件 3-6 所示。

文件 3-6　person.txt

```
1 zhangsan 20
2 lisi 18
3 wangwu 21
4 zhaoliu 23
5 tianqi 25
6 xiaoba 19
```

从上述内容可以看出，文件 person.txt 中的每行数据包含 3 部分内容，它们的含义分别是编号、姓名和年龄。

在项目 Python_Test 中创建 Schema 文件夹，在该文件夹下创建名为 Schema_Test1 的 Python 文件，在该文件中使用反射机制来推断 Schema，将 RDD 转换为 DataFrame，并查看 DataFrame 的内容，具体代码如文件 3-7 所示。

文件 3-7　Schema_Test1.py

```
1   from pyspark.sql import SparkSession
2   from pyspark import Row
3   spark = SparkSession.builder.master("local[*]")\
4       .appName("Schema_Test1").getOrCreate()
5   # 创建 SparkContext 对象
6   sc = spark.sparkContext
7   data = sc.textFile("D:\\person.txt").map(lambda x: x.split(" "))
8   schema = data.map(lambda y: Row(id=int(y[0]),name=y[1],age=int(y[2])))
9   df = schema.toDF()
10  df.show()
11  sc.stop()
12  spark.stop()
```

在文件 3-7 中，第 7 行代码使用 textFile()读取文件 person.txt 的数据，并通过 map 算子将文件中的每行数据通过空格分隔符拆分为列表，每个列表作为一个独立的元素放入名为 data 的 RDD 中。

第 8 行代码通过 map 算子将 data 中每个元素与 Row 对象进行映射操作，生成名为 schema 的 RDD。其中列表的第一个元素将与列 id 进行映射；列表的第二个元素将与列 name 进行映射；列表的第三个元素将与列 age 进行映射。这里指定列表中第一个和第三个元素的数据类型为 Int。

第 9 行代码通过 toDF()方法将 schema 转换成名为 df 的 DataFrame。

文件 3-7 的运行结果如图 3-24 所示。

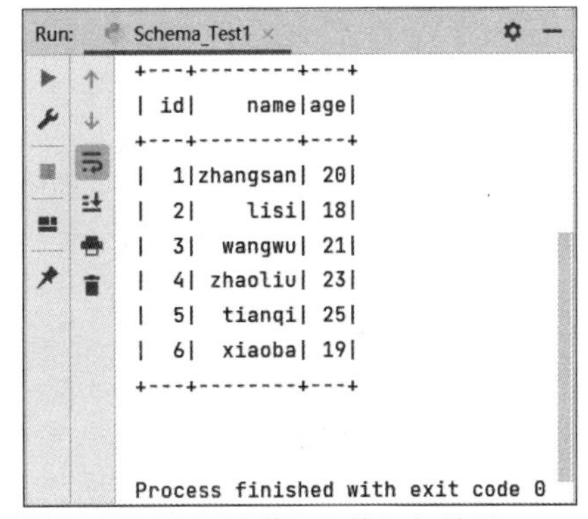

图 3-24　文件 3-7 的运行结果

从图 3-24 可以看出，文件 person.txt 中的每行数据映射到定义的数据结构中。例如，文件 person.txt 的第一行数据中的编号、姓名和年龄分别映射到列 id、name 和 age 中。

3.3.2 编程方式定义 Schema

当无法提前确定数据结构,如未知格式的数据时,就需要采用编程方式定义 Schema。通过编程方式定义 Schema 可以允许根据每个数据源的特性定义不同的 Schema,以更好地处理各种复杂的数据。

通过编程方式定义 Schema 主要包含 3 个步骤,具体如下。

① 创建一个 ROW 类型的 RDD。

② 基于 StructType 类定义 Schema。

③ 通过 SparkSession 对象的 createDataFrame()方法将 RDD 和 Schema 整合为一个 DataFrame。

上述步骤对应的语法格式如下。

```
personRDD = data.map(lambda y: Row(y[0],y[1],y[2],...))
schema = StructType([
    StructField(name, dataType, nullable),
    StructField(name, dataType, nullable),
    StructField(name, dataType, nullable)
    ...
])
personDF = spark.createDataFrame(personRDD,schema)
```

上述语法格式中,首先通过 map 算子将名为 data 的 RDD 中每个元素映射到一个 Row 对象中,生成名为 personRDD 的 RDD。然后通过 StructField 样例类定义 Schema,并通过 StructType 单例对象对其封装。其中 StructField 样例类中的参数 name 用于指定列名,参数 dataType 用于指定列的数据类型,参数 nullable 用于指定列是否允许存在空值,默认为 true,表示允许当前列存在空值;最后通过 SparkSession 对象的 createDataFrame()方法将 RDD 和 Schema 整合为一个名为 personDF 的 DataFrame。

接下来,以 PyCharm 为例,实现通过编程方式定义 Schema。在项目 Python_Test 的 Schema 文件夹下创建名为 Schema_Test2 的 Python 文件,在该文件中实现采用编程方式定义 Schema 的操作,具体代码如文件 3-8 所示。

文件 3-8 Schema_Test2.py

```
1   from pyspark.sql import SparkSession
2   from pyspark.sql.types import StructField, StringType, StructType, \
3       IntegerType, Row
4   spark = SparkSession.builder.master("local[*]")\
5       .appName("Schema_Test2").getOrCreate()
6   #创建 SparkContext 对象
7   sc = spark.sparkContext
8   data = sc.textFile("D:\\person.txt").map(lambda x: x.split(" "))
9   personRDD = data.map(lambda y: Row(int(y[0]),y[1],int(y[2])))
10  schema = StructType([
11      StructField("id", IntegerType(), true),
12      StructField("name", StringType(), true),
```

```
13      StructField("age", IntegerType(), true)
14  ])
15  personDF = spark.createDataFrame(personRDD,schema)
16  personDF.createOrReplaceTempView("t_person")
17  spark.sql("select * from t_person limit 2").show()
18  sc.stop()
19  spark.stop()
```

在文件 3-8 中,第 9 行代码通过 map 算子将 data 中的每个元素映射到 Row 对象中,生成名为 personRDD 的 RDD。由于 data 中每个元素为列表形式,所以列表的每个元素将依次映射到 Row 对象中。第 10~14 行代码通过定义 Schema 指定数据结构,该数据结构中包含两个 Int 类型的列 id 和 age,以及一个 String 类型的列 name,这些列允许存在空值。第 15 行代码通过 createDataFrame()方法将 personRDD 和定义的 Schema 进行合并转换为名为 personDF 的 DataFrame。

文件 3-8 的运行结果如图 3-25 所示。

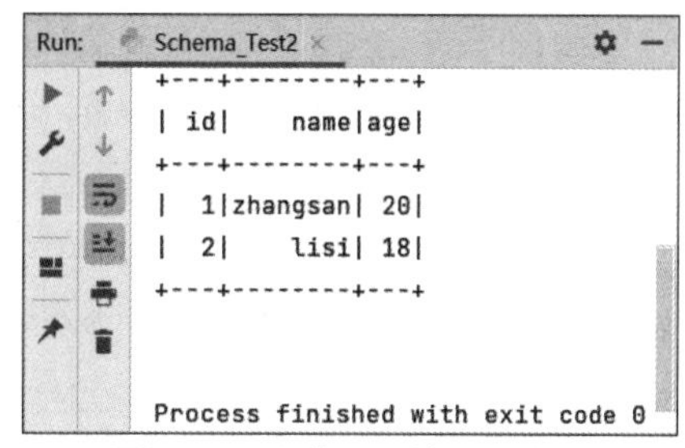

图 3-25 文件 3-8 的运行结果

从图 3-25 可以看出,临时视图 t_person 的前两行数据与文件 person.txt 中的前两行数据一致,并且每行数据映射到定义的数据结构中。例如,文件 person.txt 的第一行数据中的编号、姓名和年龄分别映射到列 id、name 和 age 中。

3.4 Spark SQL 操作数据源

由于 Spark SQL 支持行业标准的 JDBC 和 ODBC 连接方式执行 SQL 查询,因此能够与 MySQL、Hive 等外部数据源兼容。本节介绍如何通过 Spark SQL 操作 MySQL 和 Hive。

3.4.1 Spark SQL 操作 MySQL

Spark SQL 可以通过 JDBC 从 MySQL 中读取数据的方式创建 DataFrame,对 DataFrame 进行一系列操作后,还可以将 DataFrame 中的数据插入 MySQL 中,其基础语法格式如下。

```
//从 MySQL 中读取数据的方式创建 DataFrame
dataFrame = spark.read.format("jdbc") \
            .option("driver", driverClass) \
            .option("url",jdbcURL) \
            .option("dbtable", tableName) \
            .option("user", userName) \
            .option("password", passwd) \
            .load()
//将 DataFrame 中的数据插入 MySQL 中
dataFrame.write.format("jdbc") \
            .option("driver", driverClass) \
```

```
                .option("url",jdbcURL) \
                .option("dbtable", tableName) \
                .option("user", userName) \
                .option("password", passwd) \
                .model(model)
                .save()
```

上述语法格式中,driverClass 用于指定 JDBC 连接 MySQL 的驱动器;jdbcURL 用于指定通过 JDBC 登录 MySQL 的地址。tableName 用于指定 MySQL 中的数据表。userName 和 passwd 用于指定登录 MySQL 的用户和密码。model 用于指定插入数据的模式,其可选值包括 append 和 overwrite,前者表示将数据追加到目标表中;后者表示覆盖目标表中的数据。

接下来,以 PyCharm 为例,演示如何使用 Spark SQL 从 MySQL 读取数据,以及向 MySQL 插入数据,具体操作如下。

1. 数据准备

为了方便演示,这里在 MySQL 中手动创建数据库和数据表。本书使用 MySQL 8.0 版本,具体安装步骤可参考补充文档,这里不再赘述。

登录虚拟机 Hadoop1 的 MySQL,创建名为 spark 的数据库,在 spark 数据库中创建名为 person 的数据表,并向表中写入数据。在 MySQL 命令行界面执行下列命令。

```
# 启动 MySQL
$ mysql -uroot -pItcast@2022
# 创建名为 spark 的数据库
mysql> create database spark;
# 创建名为 person 的数据表
mysql> create table if not exists spark.person(
    ->     Id INT,
    ->     Name CHAR(20),
    ->     Age INT
    -> );
# 写入数据
mysql> insert into spark.person values (1,'zhangsan',18),(2,'lisi',20);
```

向数据表 person 中插入数据后,可以执行“select * from spark.person;”命令查询数据表 person 中的数据是否存在,如图 3-26 所示。

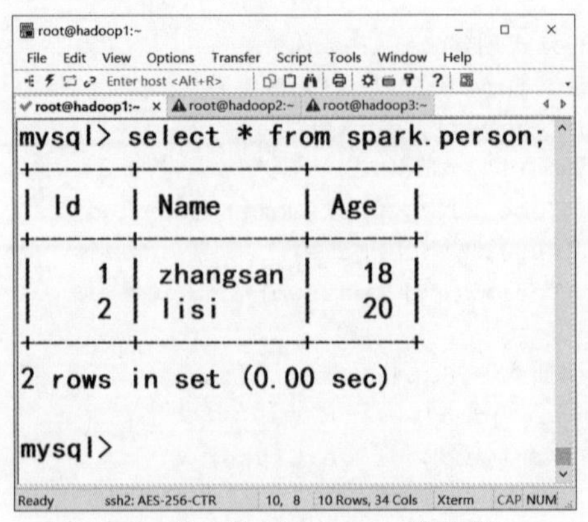

图 3-26 查询数据表 person 的数据(1)

从图 3-26 可以看出，数据表 person 中存在插入的数据。

2. 添加用户

由于后续需要在 PyCharm 中实现 Spark 程序来远程登录 MySQL 读取数据，所以需要在 MySQL 中添加一个名为 itcast 的用户，用于远程登录 MySQL。在 MySQL 命令行界面执行下列命令。

```
-- 添加一个名为 itcast 的用户，并指定密码为 Itcast@2023
mysql> CREATE USER 'itcast'@'%' IDENTIFIED BY 'Itcast@2023';
-- 授予用户 itcast 对所有数据库和表拥有权限，并允许该用户通过任何主机进行远程登录
mysql> GRANT ALL PRIVILEGES ON *.* TO 'itcast'@'%' WITH GRANT OPTION;
-- 刷新 MySQL 的权限
mysql> FLUSH PRIVILEGES;
```

3. 添加依赖

在项目 Python_Test 中创建 jar 文件夹，并将 MySQL 的驱动包 mysql-connector-j-8.1.0.jar 添加到项目 Python_Test 的 jar 文件夹中。

4. 使用 Spark SQL 从 MySQL 读取数据

在项目 Python_Test 中创建 MySQL 文件夹，在该文件夹下创建名为 DataFromMySQL 的 Python 文件，在该文件中实现从 MySQL 读取数据创建 DataFrame，具体代码如文件 3-9 所示。

文件 3-9　DataFromMySQL.py

```
1   from pyspark.sql import SparkSession
2   path = "../jar/mysql-connector-j-8.1.0.jar"
3   spark = SparkSession.builder.master("local[*]") \
4       .appName("DataFromMySQL") \
5       .config("spark.driver.extraClassPath", path) \
6       .getOrCreate()
7   df = spark.read.format("jdbc") \
8       .option("driver", "com.mysql.cj.jdbc.Driver") \
9       .option("url", "jdbc:mysql://hadoop1:3306/spark") \
10      .option("dbtable", "person") \
11      .option("user", "itcast") \
12      .option("password", "Itcast@2023") \
13      .load()
14  df.show()
15  spark.stop()
```

在文件 3-9 中，第 5 行代码指定的配置参数用于加载指定目录中的 MySQL 驱动包。第 7～13 行代码用于通过 format()方法连接 MySQL，读取数据库 spark 中数据表 person 的数据，生成名为 df 的 DataFrame。

文件 3-9 的运行结果如图 3-27 所示。

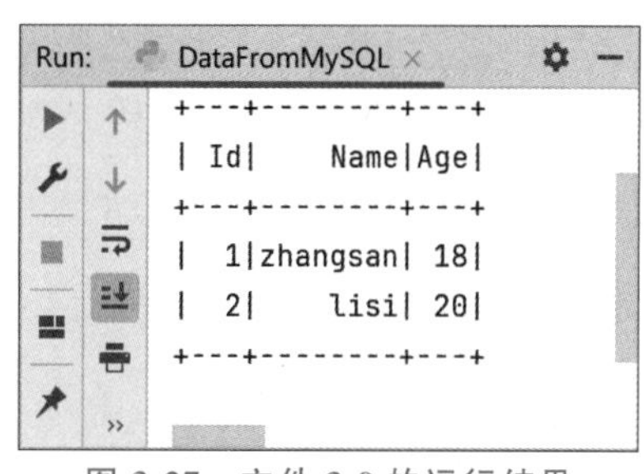

图 3-27　文件 3-9 的运行结果

从图 3-27 可以看出，Spark SQL 成功从 MySQL 的数据表 person 中读取数据。需要注意的是，若本地计算机没有配置虚拟机 Hadoop1 的主机名和 IP 地址

映射,则需要将第 9 行代码中的 hadoop1 替换为 192.168.88.161。

5. 使用 Spark SQL 向 MySQL 插入数据

在项目 Python_Test 中的 MySQL 文件夹下创建名为 SparkSqlToMySQL 的 Python 文件,在该文件中实现向 MySQL 的数据表 person 插入数据,具体代码如文件 3-10 所示。

文件 3-10　SparkSqlToMySQL.py

```
1   from pyspark.sql import SparkSession
2   path = "../jar/mysql-connector-j-8.1.0.jar"
3   spark = SparkSession.builder.master("local[ * ]") \
4       .appName("DataFromMySQL") \
5       .config("spark.driver.extraClassPath", path) \
6       .getOrCreate()
7   data = [(3,"wangwu",22), (4,"zhaoliu",26)]
8   columns = ["Id","Name", "Age"]
9   df = spark.createDataFrame(data, columns)
10  df.write.format("jdbc")  \
11      .option("driver", "com.mysql.cj.jdbc.Driver") \
12      .option("url", "jdbc:mysql://hadoop1:3306/spark") \
13      .option("dbtable", "person") \
14      .option("user", "itcast") \
15      .option("password", "Itcast@2023") \
16      .mode("append") \
17      .save()
18  spark.stop
```

在文件 3-10 中,第 10～17 行代码通过 format()方法连接 MySQL,并将 df 的数据追加到数据表 person 中。

文件 3-10 运行完成后,在虚拟机 Hadoop1 登录 MySQL 查询数据表 person 的数据,如图 3-28 所示。

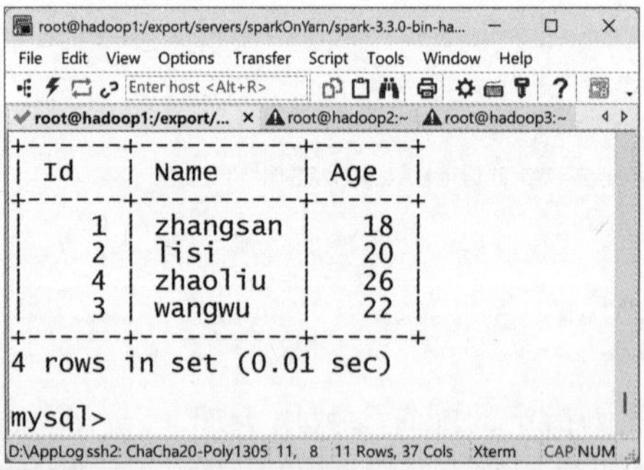

```
+------+----------+------+
| Id   | Name     | Age  |
+------+----------+------+
|    1 | zhangsan |   18 |
|    2 | lisi     |   20 |
|    4 | zhaoliu  |   26 |
|    3 | wangwu   |   22 |
+------+----------+------+
4 rows in set (0.01 sec)

mysql>
```

图 3-28　查询数据表 person 的数据(2)

从图 3-28 可以看出,Spark SQL 成功向 MySQL 的数据表 person 中插入了两条数据。

3.4.2　Spark SQL 操作 Hive

Apache Hive 是 Hadoop 上的 SQL 引擎,也是大数据系统中重要的数据仓库工具,Spark SQL 支持访问 Hive 数据仓库,然后在 Spark 中进行统计分析。Spark 提供了一个基于 SQL 语言的命令行工具 spark-sql，用户可以直接以交互式方式执行 SQL 查询，而无须编写完整的 Spark 程序。

接下来，以命令行工具 spark-sql 为例演示如何操作 Hive（安装 Hive 的操作可参考补充文档），具体操作步骤如下。

1. 同步配置文件

为了使 Spark 能够连接到 Hive，需要把 Hive 的配置文件 hive-site.xml 复制到 Spark 安装目录的 conf 目录下。由于使用 Spark on YARN 模式部署的 Spark，所以这里将 Hive 的配置文件 hive-site.xml 复制到虚拟机 Hadoop1 的/export/servers/sparkOnYarn/spark-3.3.0-bin-hadoop3/conf 目录下。

在虚拟机 Hadoop1 的 Hive 安装目录执行如下命令。

```
$ cp conf/hive-site.xml \
/export/servers/sparkOnYarn/spark-3.3.0-bin-hadoop3/conf/
```

2. 启动 MetaStore 服务

在虚拟机 Hadoop1 执行如下命令用于启动 MetaStore 服务。

```
$ hive --service metastore
```

MetaStore 服务启动完成后会占用当前操作窗口，用户无法进行其他操作。如果需要关闭 MetaStore 服务，可以执行组合键 Ctrl + C。

3. 启动 Hive

通过克隆的方式创建一个操作虚拟机 Hadoop1 的新窗口，在该窗口中执行如下命令启动 Hive。

```
$ hive
```

4. 创建数据库和数据表

为了方便演示，这里在 Hive 中手动创建数据库和数据表。

```
# 创建名为 spark_sql 的数据库
hive> create database spark_sql;
# 创建名为 person 的数据表
hive> create table if not exists spark_sql.person(
    >     Id INT,
    >     Name STRING,
    >     Age INT
    > );
```

5. 启动 spark-sql

通过克隆的方式创建一个操作虚拟机 Hadoop1 的新窗口，在该窗口中基于 YARN 集群的运行模式启动 spark-sql。

在虚拟机 Hadoop1 的目录/export/servers/sparkOnYarn/spark-3.3.0-bin-hadoop3 中执行如下命令。

```
$ bin/spark-sql --master yarn
```

上述命令执行完成的效果如图 3-29 所示。

```
[root@hadoop1 bin]# ./spark-sql --master yarn
Setting default log level to "WARN".
To adjust logging level use sc.setLogLevel(newLevel). For SparkR,
use setLogLevel(newLevel).
Spark master: yarn, Application Id: application_1691990181293_0003
spark-sql>
```

图 3-29 启动 spark-sql

在图 3-29 中,出现“spark-sql>”说明 spark-sql 启动成功。

若想关闭 spark-sql,可通过执行“quit;”命令实现。

6. Spark SQL 操作 Hive 数据库

关于 Spark SQL 操作 Hive 的内容如下。

(1) 向 Hive 中数据表 person 中插入两条数据,具体命令如下。

```
spark-sql> insert into table spark_sql.person values
         > (1,"zhangsan",24),(2,"lisi",21);
```

(2) 查询 Hive 中数据表 person 的数据,具体命令如下。

```
spark-sql> select * from spark_sql.person;
```

上述命令执行完成后的效果如图 3-30 所示。

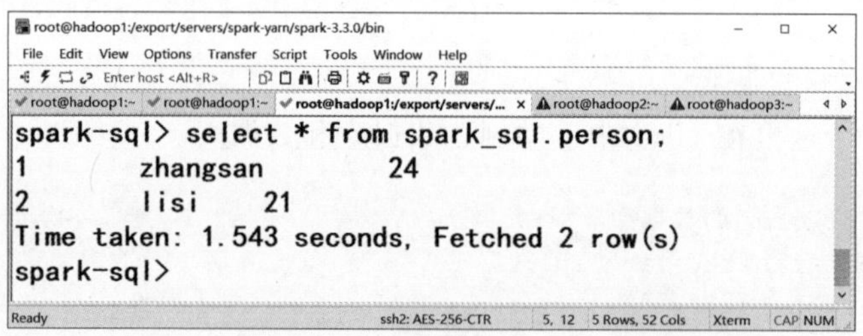

图 3-30 查询 Hive 中数据表 person 的数据

从图 3-30 可以看出,数据表 person 存在两条数据。

3.5 本章小结

本章主要讲解了 Spark SQL 的知识和相关操作。首先,讲解了 Spark SQL 的基础知识。其次,讲解了 DataFrame 的基础知识,包括 DataFrame 的简介、创建、常用操作和函数操作。然后,讲解了 RDD 转换为 DataFrame 的两种方式。最后,讲解了 Spark SQL 操作 MySQL 和 Hive 的内容。通过本章的学习,读者能够了解 Spark SQL 架构,掌握 DataFrame 的创建方法和基本操作以及如何利用 Spark SQL 操作 MySQL 和 Hive。

3.6 课后习题

一、填空题

1. Spark SQL 是 Spark 用来处理________的一个模块。

2. Spark SQL 作为分布式 SQL 查询引擎，让用户可以通过 Dataset API、DataFrame API 和________ 3 种方式实现对结构化数据的处理。

3. 用于将一个 RDD 转换为 DataFrame 的方法是________。

4. DataFrame 是一种以________为基础的分布式数据集。

5. Spark 提供了________和编程方式两种方式实现将 RDD 转换为 DataFrame。

二、判断题

1. DataFrame 可以执行绝大多数 RDD 的功能。 (　　)

2. Spark SQL 无法向 Hive 的数据表插入数据。 (　　)

3. 使用 SQL 风格操作 DataFrame 之前，需要将其创建为临时视图。 (　　)

4. sort()方法默认的排序规则为降序排序。 (　　)

5. Spark SQL 可以通过 JDBC 从 MySQL 数据库中读取数据以及写入数据。 (　　)

三、选择题

1. 下列关于 DataFrame 的 DSL 风格中方法的描述，不正确的是(　　)。

A. printSchema()方法用于查看 DataFrame 的数据

B. filter()方法用于实现条件查询，过滤出想要的结果

C. groupBy()方法用于对数据进行分组

D. sort()方法用于对指定列进行排序操作

2. 采用编程方式定义 Schema 时，用于定义 Schema 的类是(　　)。

A. IntegerType　　B. ArrayType　　C. StructType　　D. MapType

3. 下列选项中，属于 Catalyst 内部组件的有(　　)(多选)。

A. Parser 组件　　B. Analyzer 组件

C. Optimizer 组件　　D. Query Execution 组件

4. 下列选项中，不属于 Spark SQL 内置标量函数的是(　　)。

A. map_values　　B. variance

C. date_add　　D. datediff

5. 在 Spark SQL 的内置标量函数中，可以根据指定的键返回对应的值的是(　　)。

A. map_keys　　B. map_values

C. element_at　　D. substring

四、简答题

1. 简述创建 SparkSession 对象的两种方式。

2. 简述 Catalyst 内部组件的运行流程。

第4章 Spark Streaming实时计算框架

学习目标：

- 了解什么是实时计算，能够说出实时计算的特征以及应用场景。
- 了解 Spark Streaming，能够说出 Spark Streaming 的优点和缺点。
- 熟悉 Spark Streaming 的工作原理，能够叙述 Spark Streaming 如何处理数据流。
- 熟悉 Spark Streaming 的 DStream 和编程模型，能够叙述 DStream 的结构和编程模型的构成。
- 掌握 Spark Streaming 的 API 操作，能够通过 Python API 实现输入操作、转换操作、输出操作和窗口操作。

随着时间的推移，数据的业务价值会迅速下降。因此，在数据生成后，必须尽快进行计算和处理。传统的大数据处理模式通常遵循传统的批处理模式，即将当前数据累积并按小时甚至按天进行处理。然而，这种处理模式无法满足对数据实时处理的需求。因此，出现了新的大数据处理模式——实时计算，其中 Spark Streaming 是为了满足实时处理需求而设计的框架。本章以实时计算为基础，逐步介绍 Spark Streaming 的相关知识。

4.1 实时计算概述

实时计算的产生源于对数据处理时效性的严格需求，其主要用于实时数据流的处理。从广义角度而言，所有数据的生成均可以看作一系列发生的离散事件，这些离散事件按照时间轴为维度进行观察，便形成了一条条事件流或数据流。实时数据流是指由数千个数据源持续生成的数据，通常以记录的形式传输。相对于离线数据流而言，实时数据流的规模普遍较小，但是来源多种多样，如 Web 应用程序生成的日志文件、电商网站的数据、游戏玩家的活动数据、社交网站的信息等。

在大数据领域中，实时计算主要具备以下 3 个特征。

(1) 实时处理无界的数据流。实时计算处理的数据是实时且无界的。其中实时是指数据流按照时间顺序进行实时计算。无界表示数据流是持续不断的，没有明确的结束点，需要长期进行实时计算。例如，对于网站的访问日志流，只要网站不关闭，其访问日志流将不停地产生并被实时地计算。

(2) 高效的计算。实时计算的高效性在于其事件触发的机制，而这个触发源便是无界的数据流。当无界数据流中出现新数据时，实时计算会立即触发计算任务，避免了传统数据计算时需要等待数据传输完成才计算产生的耗时。实时计算的高效性使得数据能够在第一时间被处理和分析，进而支持更快速、更高效的实时决策和反馈。

(3) 实时的数据集成。通过数据流触发的实时计算，一旦计算完成，结果可以被直接写入存储系统。例如，将计算后的报表数据直接写入关系型数据库服务(RDS)进行报表展示，这意味着计算结果实时地被写入存储系统后，无须经过烦琐的中间步骤或数据迁移，能够快速、实时地与其他应用或服务共享和利用，从而支持了实时的决策和数据展示需求。

随着实时技术发展趋于成熟，实时计算应用越来越广泛，为了读者能够更好地理解实时计算，以下仅列举常见的几种实时计算的应用场景。

(1) 实时智能推荐。实时智能推荐在电商业务中扮演重要角色，基于用户历史的购买或浏览行为，实时智能推荐利用推荐算法训练模型，预测用户未来可能购买的物品或感兴趣的资讯。对个人而言，实时智能推荐起着信息过滤的作用，对电商网站而言，则满足用户个性化需求，提升用户满意度。实时智能推荐发展迅速，算法不断完善，对实时性要求更高。利用实时计算框架可以帮助用户构建更加实时的智能推荐系统，实时计算用户行为指标，更新模型，实时预测用户兴趣，并将信息实时推送给电商网站。这不仅帮助用户获取想要的商品信息，也帮助企业提升销售额，创造更大的商业价值。

(2) 实时欺诈检测。实时欺诈检测在金融领域具有重要意义。在金融领域的业务中，常常出现各种类型的欺诈行为，如信用卡欺诈，信贷申请欺诈等，如何保证用户和公司的资金安全，是众多金融公司及银行近年来共同面对的挑战。随着不法分子欺诈手段的不断升级，传统的反欺诈手段已经不足以解决目前所面临的问题。以往可能需要几小时才能通过交易数据计算出用户的行为指标，然后通过规则判别出具有欺诈行为嫌疑的用户，再进行案件调查处理，在这种情况下资金可能早已被不法分子转移，从而给企业和用户造成巨大的经济损失。而运用实时计算框架能够在毫秒内完成对欺诈行为判断指标的实时计算，并实时拦截交易流水，避免因为处理不及时而导致经济损失。

(3) 实时交通管理。实时交通管理是指通过对数据实时收集、分析和处理来监控、优化和管理道路交通。利用传感器、摄像头等设备实时收集交通数据，并借助实时计算技术进行数据分析和处理，实现对交通流量、车辆行驶状态等信息的即时监测和管理。与传统交通管理相比，实时交通管理不仅能够快速、准确地掌握道路状况，优化交通信号灯控制、路径规划导航，还能够提前预警交通事故或道路拥堵，提供实时的停车信息和公共交通调度优化，全面提升交通系统的效率、安全性和用户体验，为城市交通管理带来巨大的优势和变革。

4.2 Spark Streaming 概述

4.2.1 Spark Streaming 简介

Spark Streaming 是 Spark 的第一代实时计算框架，它是 Spark Core API 的一个扩展，可以实现高吞吐量、可扩展的实时数据流容错处理。Spark Streaming 与传统的实时计算架构(如 Storm)相比，最大的不同点在于它对数据是粗粒度的处理方式，即将输入的数据以某一时间间隔，划分成多个批(Batch)数据，然后对每个批数据进行处理，即批处理，当批处理间隔缩短到一定程度时，便可以用于处理实时计算。而其他实时计算框架往往采用细粒度的处理模式,即一次处理一条数据。Spark Streaming 这样的设计既为其带来了显而易见的优点,也带来了不可避免的缺点,具体介绍如下。

1. Spark Streaming 的优点

Spark Streaming 的优点主要包含准实时性、容错性、易用性和易整合性,具体介绍如下。

(1) 准实时性。准实时性体现在 Spark Streaming 内部的实现和调度方式上,它高度依赖 Spark 的 DAG 调度器和 RDD,这决定了 Spark Streaming 的设计初衷是处理粗粒度的数据流。同时,由于 Spark 内部调度器的快速和高效性,使其可以快速地处理批数据,从而赋予了 Spark Streaming 准实时的特性。

(2) 容错性。Spark Streaming 的粗粒度执行方式确保了其"处理且仅处理一次"的特性。同时,这种执行方式也更便于实现容错恢复机制,这一点得益于 Spark 中 RDD 的容错机制。在 Spark 中,每一个 RDD 都是一个不可变的、分布式可重算的数据集,其记录着确定性的操作继承关系(lineage),所以只要输入数据是可容错的,即使任意一个 RDD 出错或不可用,都可以通过对原始输入数据进行转换操作重新计算得到。

(3) 易用性。由于 Spark Streaming 的 DStream 本质是对 RDD 在实时计算上的抽象,所以基于 RDD 的各种操作也有相应的基于 DStream 的操作,这种设计降低了用户对于新框架的学习成本,对于已经了解 Spark 的用户来说,能够轻松地使用 Spark Streaming。

(4) 易整合性。由于 DStream 是在 RDD 上的抽象,那么也就更容易与 RDD 进行交互操作,这意味着在需要将实时数据流和离线数据结合处理的情况下,将会变得非常便捷。

2. Spark Streaming 的缺点

Spark Streaming 的缺点是由于其粗粒度处理方式造成了不可避免的延迟。在细粒度处理方式的理想情况下,每一条数据都会被实时处理,而在 Spark Streaming 中,数据需要汇总到一定的量之后才进行一次批处理,这就增加了数据处理的延迟,这种延迟是由框架的设计引入的,并不是由网络或其他情况造成的。

多学一招:其他常见的实时计算工具

除了 Spark Streaming 实时计算框架外,大数据领域中,常见的实时计算工具还有 Apache Structured Streaming、Apache Storm 以及 Apache Flink,具体介绍如下。

1. Apache Structured Streaming

Apache Structured Streaming 是 Spark 中提供的一个基于 Spark SQL 的流式计算引擎。它支持在 Spark SQL 中对连续的数据流进行数据处理和实时计算。Apache Structured Streaming 能够兼顾流式数据处理和批数据处理的优点,既能够快速响应实时数据,又能够进行复杂的数据分析和计算。

2. Apache Storm

Apache Storm 是一个开源、免费的分布式实时计算系统。它可以简单、高效、可靠地实时处理海量数据,并将处理后的结果数据保存到存储系统中,如数据库、HDFS。

3. Apache Flink

Apache Flink 是一个开源的实时计算框架。它可以用于在无边界和有边界数据流上进行有状态的计算,支持多种应用场景,如实时数据分析、实时监控、实时推荐系统等。

4.2.2 Spark Streaming 的工作原理

理解 Spark Streaming 的工作原理对于运用 Spark Streaming 至关重要，其主要涉及 3 方面的内容，分别是获取数据、处理数据和存储数据。

Spark Streaming 支持从多种数据源获取数据，包括 Kafka、Flume、Twitter、Kinesis、S3 以及 HDFS 等。当 Spark Streaming 从数据源获取数据之后，则可以使用诸如 map、reduce、join 和 window 等算子进行复杂的计算处理，最后将处理的结果存储到 HDFS（分布式文件系统）、Databases（数据库）或 Dashboards（商业智能仪表盘）。Spark Streaming 支持的输入和输出数据源如图 4-1 所示。

图 4-1 Spark Streaming 支持的输入和输出数据源

为了使读者深入理解 Spark Streaming 的工作原理，接下来，通过图 4-2 对 Spark Streaming 内部的工作原理进行讲解。

图 4-2 Spark Streaming 内部的工作原理

在图 4-2 中，Spark Streaming 先接收实时输入的数据流，然后将数据流按照一定的时间间隔分成多个批数据，接着交由 Spark Engine（Spark 引擎）进行处理，最后生成按照批次划分的结果数据流。

4.3 Spark Streaming 的 DStream

Spark Streaming 会将实时输入的数据流，按照一定的时间间隔分成多个批数据，而这些批数据就是由 Spark Streaming 中的 DStream 来定义的。

DStream 是 Spark Streaming 提供的高级抽象的流，它表示连续的数据流。DStream 的内部是由一系列连续的 RDD 构成，每个 RDD 中保存了一个确定时间间隔内的数据，如图 4-3 所示。

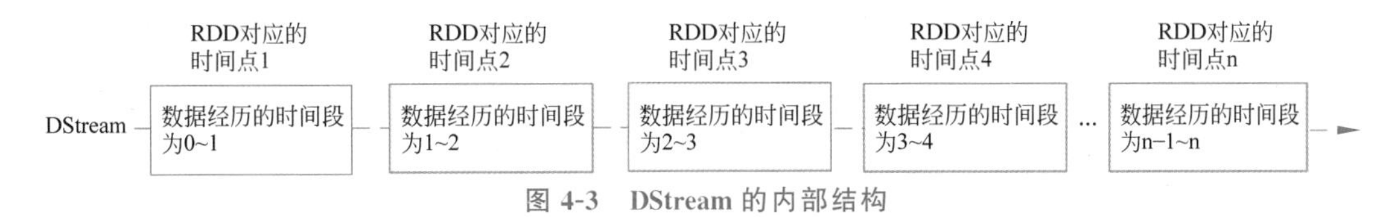

图 4-3 DStream 的内部结构

从图 4-3 可以看出，DStream 的内部由一系列连续的 RDD 组成，每个 RDD 都是一小段时间分隔开来的数据,如“RDD 对应的时间点 1”中保存了时间段在 0 和 1 之间的数据,“RDD 对应的时间点 2”中保存了时间段在 1 和 2 之间的数据。

任何作用在 DStream 上的操作,最终都会作用在其内部的 RDD 上,但是这些操作是由 Spark 来完成的。Spark Streaming 已封装好了更加高级的 API,用户只需要利用这些 API 直接对 DStream 进行操作即可,无须关心其内部如何转换为 RDD 进行操作。

4.4 Spark Streaming 的编程模型

Spark Streaming 编程模型主要由输入操作、转换操作和输出操作构成。Spark Streaming 从数据源实时接收输入的数据流并生成 DStream,这个 DStream 可以直接输出到存储系统,也可以根据实际业务需求利用算子对 DStream 进行转换,从而生成一个或多个 DStream 作为转换结果,然后将转换结果作为数据流输出到存储系统,如图 4-4 所示。

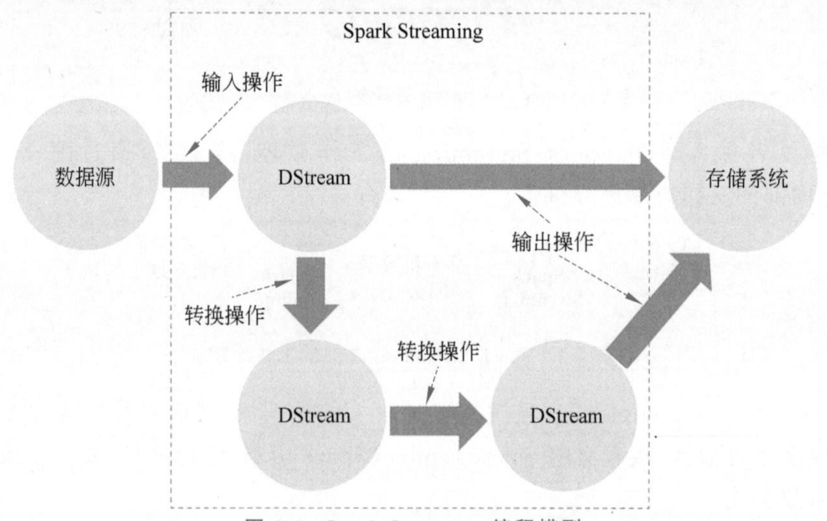

图 4-4　Spark Streaming 编程模型

图 4-4 展示的是 Spark Streaming 基于 DStream 读取数据源进行转换操作输出到存储系统的核心。为了更好地描述 DStream 是如何转换的,接下来,以 flatMap 算子将 DStream 的每行数据转换成单词为例,描述 DStream 的转换过程,具体如图 4-5 所示。

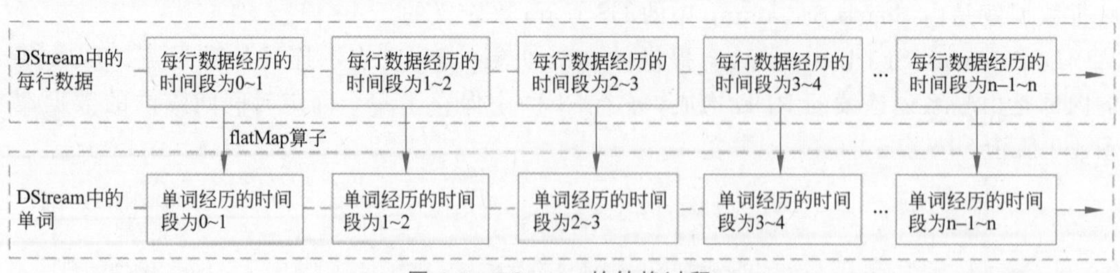

图 4-5　DStream 的转换过程

在图 4-5 中,通过 flatMap 算子对 Dstream 的每行数据进行转换时,实际上是 flatMap 算子对 DStream 内部 RDD 的转换。

4.5　Spark Streaming 的 API 操作

与 RDD 类似，Spark Streaming 在 DStream 的抽象结构上提供了丰富的 API 操作，以支持 Spark Streaming 的实现。这些操作包括输入操作、转换操作、输出操作和窗口操作。本节针对 Spark Streaming 的 API 操作进行详细讲解。

4.5.1　输入操作

Spark Streaming 可以通过输入操作从不同的数据源实时接收输入的数据流并生成相应的 DStream。常见的数据源有 Socket 和文件系统，接下来，针对这两种数据源进行讲解。

1. Socket

Socket 是指通过网络套接字实现的数据源，用于在计算机网络中传输数据，主要分为 TCP Socket（流式套接字）、UDP Socket（数据报套接字）等，对于实时读取数据源的场景常以 TCP Socket 为主。

Spark Streaming API 提供了 socketTextStream（）方法用于 Spark Streaming 从 Socket 实时接收输入的数据流并生成 DStream，语法格式如下。

```
socketTextStream(host,port)
```

上述语法格式中，socketTextStream（）方法接收两个参数，其中参数 host 用于指定 Socket 服务的主机名或 IP 地址，参数 port 用于指定 Socket 服务的端口号。

接下来，通过一个案例来演示如何在 Spark Streaming 程序中从 TCP Socket 实时接收输入的数据流并生成 DStream，具体操作步骤如下。

（1）编写代码，实现 Spark Streaming 程序。

在 Python_Test 项目中创建 SparkStreaming 文件夹，并且在该文件夹下创建名为 TcpInputDataStream 的 Python 文件，该文件用于编写 Spark Streaming 程序，实现从 TCP Socket 实时接收输入的数据流并生成 DStream，具体代码如文件 4-1 所示。

文件 4-1　TcpInputDataStream.py

```
1   from pyspark import SparkContext
2   from pyspark.streaming import StreamingContext
3   #创建 SparkContext 对象,指定 Spark Streaming 程序的配置信息
4   sc = SparkContext("local[*]", "TcpInputDataStream")
5   #创建 StreamingContext 对象,指定每间隔 1 秒将数据流划分为批数据
6   ssc = StreamingContext(sc, 1)
7   words = ssc.socketTextStream("hadoop1", 9999)
8   words.pprint()
9   #启动 StreamingContext 对象
10  ssc.start()
11  #使 StreamingContext 对象一直运行,除非人为干预停止
12  ssc.awaitTermination()
```

在文件 4-1 中，第 7 行代码通过 socketTextStream()方法从 TCP Socket 实时接收输入

的数据流并生成名为 words 的 DStream,这里分别指定 Socket 服务的主机名和端口号为 hadoop1 和 9999。

第 8 行代码使用 DStream 对象的 pprint()方法将 words 的数据输出到控制台。

(2) 测试 Spark Streaming 程序。

在测试 Spark Streaming 程序之前,需要在虚拟机 Hadoop1 安装网络工具,如 Netcat、Telnet 等,通过网络工具启动 Socket 服务,这里使用的网络工具为 Netcat,在虚拟机 Hadoop1 安装 Netcat 的命令如下。

```
$ yum -y install nc
```

Netcat 安装完成后,便可以在虚拟机 Hadoop1,通过 9999 端口启动 Socket 服务,具体命令如下。

```
$ nc -lk 9999
```

通过执行上述命令成功启动 Socket 服务之后,输入数据 I am learning Spark Streaming now,如图 4-6 所示。

图 4-6　成功启动 Socket 服务并输入数据

运行文件 4-1 用于从 Socket 实时接收输入的数据流,然后在图 4-6 中按 Enter 键发送数据,文件 4-1 的运行结果如图 4-7 所示。

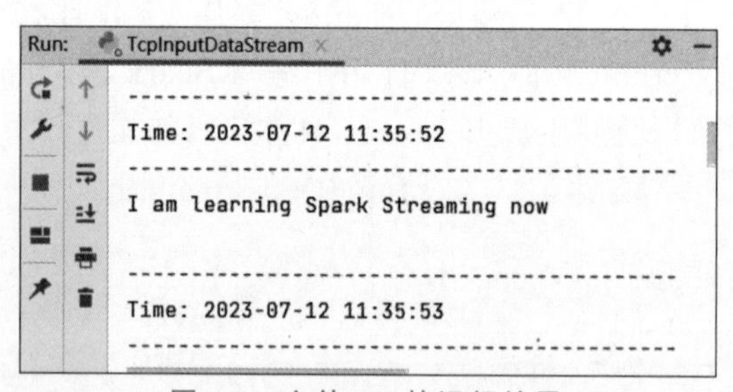

图 4-7　文件 4-1 的运行结果

从图 4-7 可以看出,文件 4-1 实现的 Spark Streaming 程序成功从启动的 Socket 服务实时接收输入的数据,并将其输出到控制台。需要注意的是,由于 Spark Streaming 程序会一直处于运行状态,因此会不停地从建立的 Socket 服务接收输入的数据,控制台也会不断更新输入数据的情况,更新的间隔时间与 StreamingContext 对象初始化时设置的时间一致,即时间间隔为 1 秒。

2. 文件系统

Spark Streaming API 提供了 textFileStream()方法,用于在 Spark Streaming 程序中

从 HDFS、S3、NFS 等文件系统实时接收输入的数据流并生成 DStream，语法格式如下。

```
textFileStream(directory)
```

上述语法格式中，参数 directory 用于指定文件系统的目录，当该目录中新增文件时，便读取文件的内容作为输入的数据流。需要注意的是，只有 Spark Streaming 程序启动之后，文件系统指定目录中新增的文件才会被读取。

接下来，通过一个案例来演示如何在 Spark Streaming 程序中从 HDFS 实时接收输入的数据流并生成 DStream，具体操作步骤如下。

（1）创建目录。

确保 Hadoop 集群处于启动状态下，在 HDFS 创建目录/sparkstreaming/data，该目录会作为 Spark Streaming 程序读取文件的目录。在虚拟机 Hadoop1 执行如下命令。

```
$ hdfs dfs -mkdir -p /sparkstreaming/data
```

（2）编写代码，实现 Spark Streaming 程序。

在 Python_Test 项目的 SparkStreaming 文件夹下创建名为 HDFSInputDataStream 的 Python 文件，该文件用于编写 Spark Streaming 程序，实现从 HDFS 实时接收输入的数据流并生成 DStream，具体代码如文件 4-2 所示。

文件 4-2　HDFSInputDataStream.py

```
1   from pyspark import SparkContext
2   from pyspark.streaming import StreamingContext
3   sc = SparkContext("local[ * ]", "HDFSInputDataStream")
4   ssc = StreamingContext(sc, 1)
5   words = ssc.textFileStream("hdfs://hadoop1:9000/sparkstreaming/data")
6   words.pprint()
7   ssc.start()
8   ssc.awaitTermination()
```

在文件 4-2 中，第 5 行代码通过 textFileStream()方法从 HDFS 的/sparkstreaming/data 目录实时接收输入的数据流并生成名为 words 的 DStream。

（3）测试 Spark Streaming 程序。

首先，在虚拟机 Hadoop1 的/export/data 目录执行 vi word01.txt 命令编辑数据文件 word01.txt，并在该文件中添加如下内容。

```
hello world
hello spark
hello sparksql
hello sparkstreaming
```

上述内容添加完成后，保存并退出文件即可。

然后，在 PyCharm 中运行文件 4-2。

最后，将数据文件 word01.txt 上传到 HDFS 的/sparkstreaming/data 目录，在虚拟机

Hadoop1 执行如下命令。

```
$ hdfs dfs -put /export/data/word01.txt /sparkstreaming/data
```

上述命令执行完成后,在 PyCharm 的控制台查看文件 4-2 的运行结果,如图 4-8 所示。

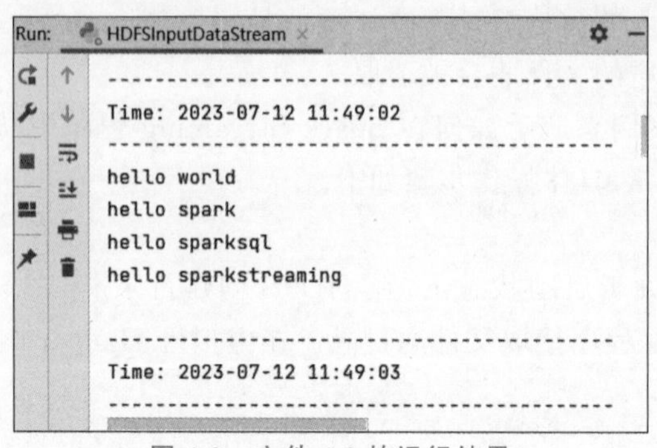

图 4-8　文件 4-2 的运行结果

从图 4-8 可以看出,运行文件 4-2 后成功从 HDFS 的/sparkstreaming/data 目录读取数据文件 word01.txt 的内容作为输入的数据流,并将其输出到控制台。

4.5.2　转换操作

转换操作能够对 Spark Streaming 中的 DStream 进行处理,生成新的 DStream。新的 DStream 可以再次进行转换操作或输出。Spark Streaming API 提供了多种算子用于实现转换操作。下面,通过表 4-1 来列举基于 Python 的 Spark Streaming API 提供的与转换操作相关的算子。

表 4-1　Spark Streaming API 提供的与转换操作相关的算子

算　子	语法格式	说　明
map	DStream.map(func)	将 DStream 中的每个元素经过指定 func(函数)进行处理,并生成新的 DStream
flatMap	DStream.flatMap(func)	与 map 算子作用相似,但是可以将 DStream 中的每个元素经过指定 func 计算后映射为 0 或多个元素,并生成新的 DStream
filter	DStream.filter(func)	用于根据 func 判断 DStream 中的每个元素,将判断结果为 true 的元素返回到新生成的 DStream
repartition	DStream.repartition(numPartitions)	通过指定 Partition 的数量(numPartitions)来改变 DStream 的并行度,通常用作调优
union	DStream.union(otherStream)	将 DStream 与另一个 DStream 中的元素进行合并,生成新的 DStream
count	DStream.count()	统计 DStream 中每个 RDD 的元素数量,将统计结果返回到新生成的 DStream 中
reduce	DStream.reduce(func)	将 DStream 中的每个 RDD 的元素经过指定 func 进行聚合操作,将聚合结果返回到新生成的 DStream 中

续表

算　子	语法格式	说　明
countByValue	DStream.countByValue()	统计 DStream 中每个 RDD 内每个元素出现的次数，将统计结果返回到新生成的类型为键值对(K,V)的 DStream，K 和 V 分别表示元素及其出现的次数
reduceByKey	DStream.reduceByKey(func,[numTasks])	对类型为键值对(K,V)的 DStream 进行处理，将每个元素 K 相同的 V，经过指定 func 进行聚合操作，并将聚合操作的结果返回到一个新生成的类型为键值对(K,V)的 DStream，其中 K 保持不变，V 为表示聚合操作的结果。参数 numTasks 为可选，用于指定 Spark Streaming 程序的并行任务数
join	DStream.join(otherStream,[numTasks])	对两个类型为键值对(K,V1)和(K,V2)的 DStream 进行关联，关联条件为每个元素 K 相同的 V 进行合并，并将关联操作的结果返回到一个新生成的类型为键值对(K,(V1,V2))的 DStream
cogroup	DStream.cogroup(otherStream,[numTasks])	与 join 算子作用相似，将每个元素 K 相同的 V 进行序列化之后返回到一个新生成的类型为(K,(Seq[V],Seq[V]))的 DStream
transform	DStream.transform(func)	允许直接操作 DStream 内部的 RDD，将 RDD 经过 func 处理生成新的 RDD，新的 RDD 会返回到一个新生成的 DStream
updateStateByKey	DStream.updateStateByKey(func)	该算子是一个有状态算子，通过对 DStream 中元素的键的先前状态和键的新值应用给定函数 func 来更新每一个键的状态

在表 4-1 中，除 updateStateByKey 算子之外，每个算子都是对当前 DStream 内的元素进行处理，这些算子也称为无状态算子。因为 Spark Streaming 程序每间隔指定时间间隔便会将数据流划分为批数据，即 DStream，所以每个 DStream 内的元素会随着时间的变化而变化，无状态算子无法对数据流的整体进行处理。而有状态算子，如 updateStateByKey 算子，可以将 DStream 处理的中间结果保存为状态，并基于状态处理新的 DStream。

接下来，将演示如何使用表 4-1 展示的部分算子对 DStream 进行处理，具体内容如下。

1. map 算子

在 Python_Test 项目的 SparkStreaming 文件夹下创建名为 TransformationDemo 的 Python 文件，该文件用于编写 Spark Streaming 程序，实现使用 map 算子对 DStream 进行处理，将 DStream 中的元素数据类型转换为 Int 类型之后乘以 2，具体代码如文件 4-3 所示。

文件 4-3　TransformationDemo.py

```
1  from pyspark import SparkContext
2  from pyspark.streaming import StreamingContext
3  sc = SparkContext("local[4]", "TransformationDemo")
```

```
4    ssc = StreamingContext(sc, 10)
5    words = ssc.socketTextStream("hadoop1", 9999)
6    mapDStream = words.map(lambda x: int(x) * 2)
7    mapDStream.pprint()
8    ssc.start()
9    ssc.awaitTermination()
```

在文件 4-3 中,第 6 行代码使用 map 算子对名为 words 的 DStream 进行处理,并生成名为 mapDStream 的 DStream,这里指定 map 算子中 func 处理逻辑为通过匿名函数将每个元素的数据类型转换为 Int 类型之后乘以 2。

首先在虚拟机 Hadoop1 通过 9999 端口启动 Socket 服务,然后在 PyCharm 运行文件 4-3 实现的 Spark Streaming 程序,最后在 Socket 服务输入下列内容发送多条数据。

```
10
20
30
40
50
```

上述内容输入完成后,在 PyCharm 的控制台查看文件 4-3 的运行结果,如图 4-9 所示。

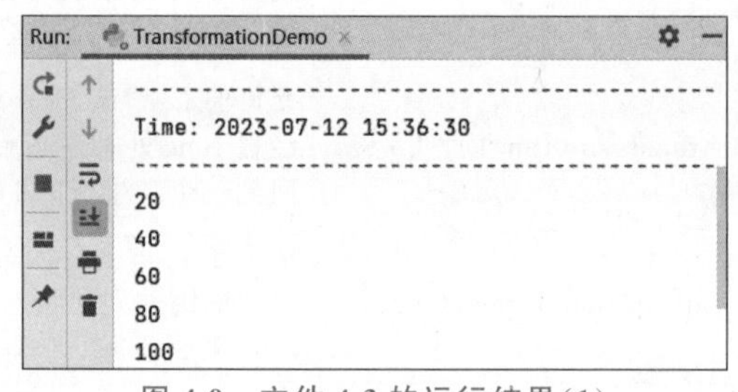

图 4-9　文件 4-3 的运行结果(1)

从图 4-9 可以看出,输出结果为 Socket 服务发送的每条数据乘以 2 后的结果,因此说明成功使用 map 算子对 DStream 进行了处理。

为了便于后续在文件 4-3 实现的 Spark Streaming 程序中使用其他算子对 DStream 进行处理,这里需要关闭文件 4-3 实现的 Spark Streaming 程序。

2. flatMap 算子

使用 flatMap 算子对 DStream 进行处理,将 DStream 中的每个元素通过分隔符(空格)拆分为多个元素。将文件 4-3 中第 6、7 行代码修改为如下内容。

```
1    flatmapDStream = words.flatMap(lambda x: x.split(" "))
2    flatmapDStream.pprint()
```

上述代码中,第 1 行代码使用 flatMap 算子对名为 words 的 DStream 进行处理,并生成名为 flatmapDStream 的 DStream,指定 flatMap 算子中 func 处理逻辑为通过匿名函数用分隔符(空格)将 DStream 的每个元素拆分为多个元素。

再次运行文件 4-3 实现的 Spark Streaming 程序,然后在 Socket 服务输入如下内容并发送一条数据。

```
I am learning Spark Streaming now
```

上述内容输入完成后，在 PyCharm 的控制台查看文件 4-3 修改后的运行结果，如图 4-10 所示。

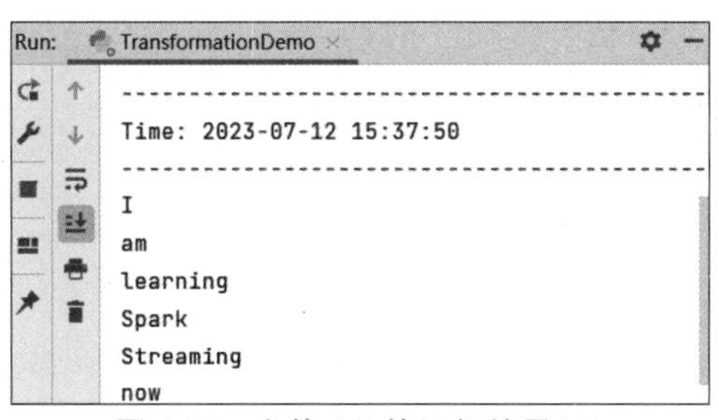

图 4-10　文件 4-3 的运行结果(2)

从图 4-10 可以看出，输出结果为 Socket 服务发送的数据被分隔符(空格)拆分成多条数据的结果，因此说明成功使用 flatMap 算子对 DStream 进行了处理。

3. filter 算子

使用 filter 算子对 DStream 进行处理，返回 DStream 中大于 30 的元素。将文件 4-3 中第 6、7 行代码修改为如下内容。

```
1   filterDStream = words.filter(lambda x: int(x) > 30)
2   filterDStream.pprint()
```

上述代码中，第 1 行代码使用 filter 算子对名为 words 的 DStream 进行处理，并生成名为 filterDStream 的 DStream，指定 filter 算子中 func 处理逻辑为通过匿名函数将每个元素的数据类型转换为 Int 类型之后判断是否大于 30。

再次运行文件 4-3 实现的 Spark Streaming 程序，然后在 Socket 服务输入下列内容发送多条数据。

```
10
20
30
40
50
60
```

上述内容输入完成后，在 PyCharm 的控制台查看文件 4-3 修改后的运行结果，如图 4-11 所示。

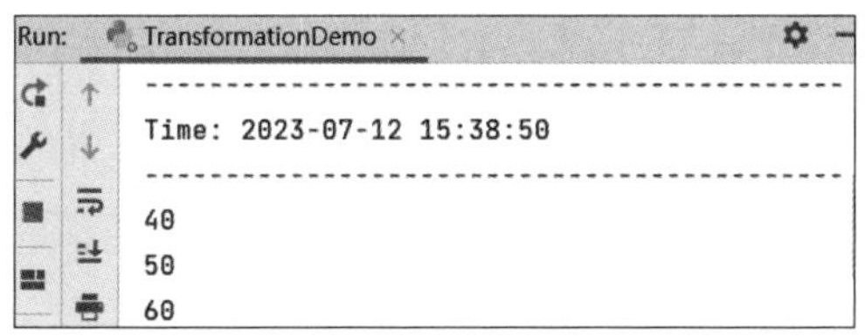

图 4-11　文件 4-3 的运行结果(3)

从图 4-11 可以看出,输出结果为 Socket 服务发送的所有数据中大于 30 的数据,因此说明成功使用 filter 算子对 DStream 进行了处理。

4. union 算子

使用 union 算子对 DStream 进行处理,将两个 DStream 的元素进行合并。将文件 4-3 中第 6、7 行代码修改为如下内容。

```
1   words1 = ssc.socketTextStream("hadoop1", 8888)
2   unionDStream = words.union(words1)
3   unionDStream.pprint()
```

上述代码中,第 2 行代码使用 union 算子将名为 words 和 words1 的 DStream 进行合并,并生成名为 unionDStream 的 DStream。

首先克隆虚拟机 Hadoop1 会话框用于通过 8888 端口启动 Socket 服务,然后在 PyCharm 运行文件 4-3 实现的 Spark Streaming 程序,最后分别在 9999 端口的 Socket 服务和 8888 端口的 Socket 服务输入 Hello 和 Spark 发送数据,此时在 PyCharm 的控制台查看文件 4-3 修改后的运行结果,如图 4-12 所示。

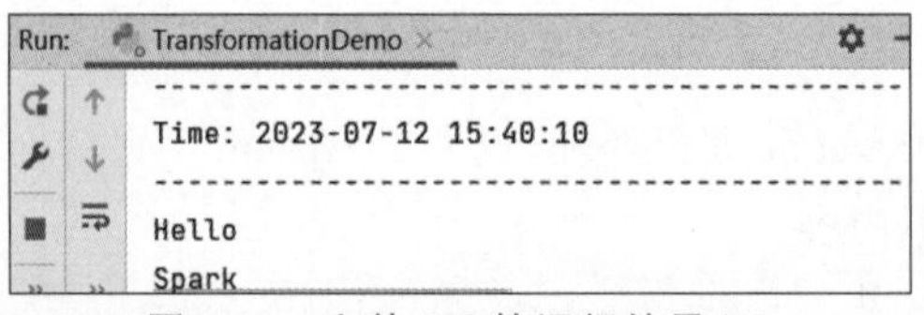

图 4-12　文件 4-3 的运行结果(4)

从图 4-12 可以看出,输出结果为两个 Socket 服务发送的所有数据,因此说明成功使用 union 算子对 DStream 进行了处理。

5. count 算子

使用 count 算子对 DStream 进行处理,统计 DStream 中每个 RDD 的元素数量。将文件 4-3 中第 6、7 行代码修改为如下内容。

```
1   countDStream = words.count()
2   countDStream.pprint()
```

上述代码中,第 1 行代码使用 count 算子统计名为 words 的 DStream 中每个 RDD 的元素数量,并生成名为 countDStream 的 DStream。

再次运行文件 4-3 实现的 Spark Streaming 程序,然后在端口号为 9999 的 Socket 服务任意发送 4 条数据,间隔 10 秒之后再任意发送 3 条数据,此时在 PyCharm 的控制台查看文件 4-3 修改后的运行结果,如图 4-13 所示。

从图 4-13 可以看出,输出结果为每次发送数据的数量,随着 Spark Streaming 程序指定的时间间隔的变化,DStream 中每个 RDD 内元素的数量也会变化,即当 Socket 服务发送 4 条数据后,DStream 中 RDD 内元素的数量为 4。当间隔 10 秒之后,Socket 服务再发送 3 条数据时,DStream 中 RDD 内元素发生了变化,此时 RDD 内元素的数量为 3,因此说明成功使用 count 算子对 DStream 进行了处理。

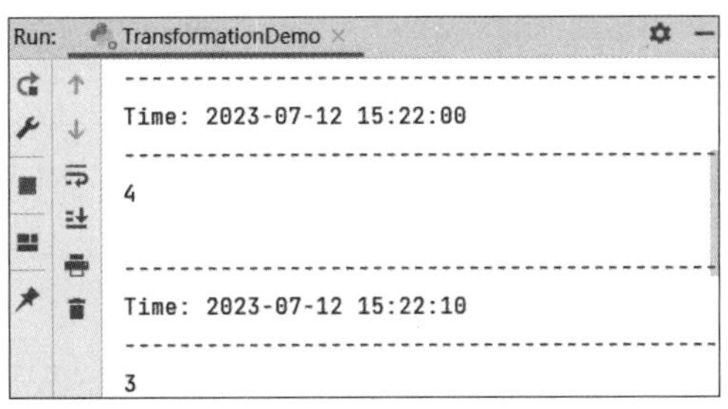

图 4-13　文件 4-3 的运行结果(5)

6. reduce 算子

使用 reduce 算子对 DStream 进行处理，对 DStream 内的元素进行相加的聚合操作。将文件 4-3 中第 6、7 行代码修改为如下内容。

```
1   reduceDStream = words.reduce(lambda x, y: int(x) + int(y))
2   reduceDStream.pprint()
```

上述代码中，第 1 行代码使用 reduce 算子对名为 words 的 DStream 中所有元素进行相加的聚合操作，并生成名为 reduceDStream 的 DStream。

再次运行文件 4-3 实现的 Spark Streaming 程序，然后在端口号为 9999 的 Socket 服务依次发送数据“4,5,6,7”，此时在 PyCharm 的控制台查看文件 4-3 修改后的运行结果，如图 4-14 所示。

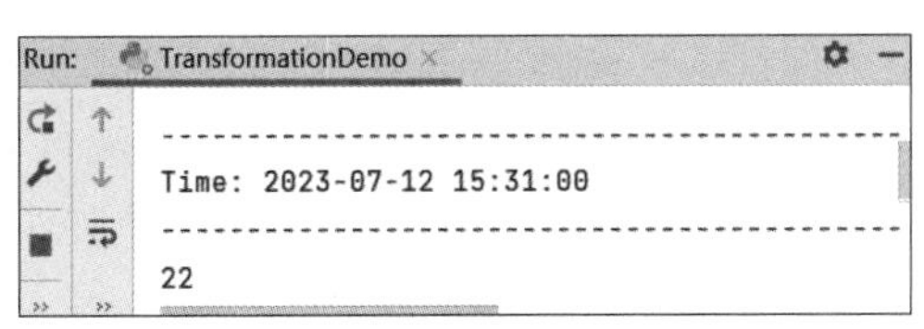

图 4-14　文件 4-3 的运行结果(6)

从图 4-14 可以看出，输出结果为 Socket 服务发送的数据进行相加的聚合操作结果，即 4+5+6+7 等于 22，因此说明成功使用 reduce 算子对 DStream 进行了处理。

7. countByValue 算子

使用 countByValue 算子对 DStream 进行处理，统计 DStream 内每个元素出现的次数。将文件 4-3 中第 6、7 行代码修改为如下内容。

```
1   countByValueDStream = words.countByValue()
2   countByValueDStream.pprint()
```

上述代码中，第 1 行代码使用 countByValue 算子统计名为 words 的 DStream 中每个元素出现的次数，并生成名为 countByValueDStream 的 DStream。

再次运行文件 4-3 实现的 Spark Streaming 程序，然后在端口号为 9999 的 Socket 服务依次发送数据“a,b,b,c,a”，此时在 PyCharm 的控制台查看文件 4-3 修改后的运行结果，如图 4-15 所示。

从图 4-15 可以看出，输出结果为 Socket 服务发送的每条数据出现次数的统计结果，如 b

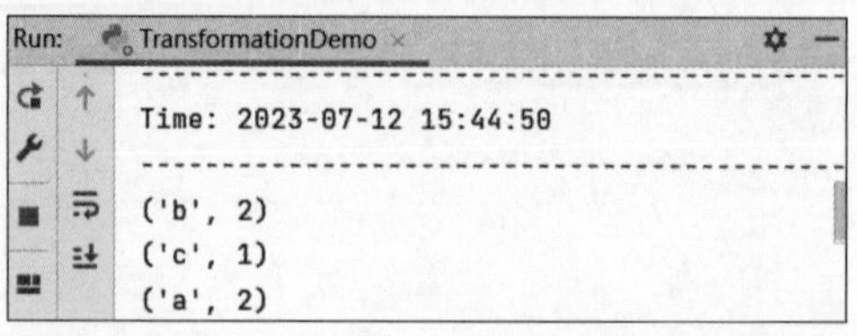

图 4-15 文件 4-3 的运行结果(7)

出现了 2 次,c 出现了 1 次,a 出现了 1 次,因此说明成功使用 countByValue 算子对 DStream 进行了处理。

8. reduceByKey 算子

使用 reduceByKey 算子对 DStream 进行处理,统计 DStream 内每个元素出现的次数。将文件 4-3 中第 6、7 行代码修改为如下内容。

```
1   mapDStream = words.map(lambda x:(x,1))
2   reduceByKeyDStream = mapDStream.reduceByKey(lambda a,b:a+b)
3   reduceByKeyDStream.pprint()
```

上述代码中,第 1 行代码使用 map 算子对名为 words 的 DStream 进行处理,将每个元素转换为键值对的形式,其中键为元素,值为数字 1,其目的是便于后续使用 reduceByKey 算子统计每个元素出现的次数,生成名为 mapDStream 的 DStream。

第 2 行代码,使用 reduceByKey 算子对名为 mapDStream 的 DStream 进行处理,对相同键的值进行相加的聚合操作,从而统计每个元素出现的次数,生成名为 reduceByKeyDStream 的 DStream。

再次运行文件 4-3 实现的 Spark Streaming 程序,然后在端口号为 9999 的 Socket 服务依次发送数据"f,g,f,h,g,f",此时在 PyCharm 的控制台查看文件 4-3 修改后的运行结果,如图 4-16 所示。

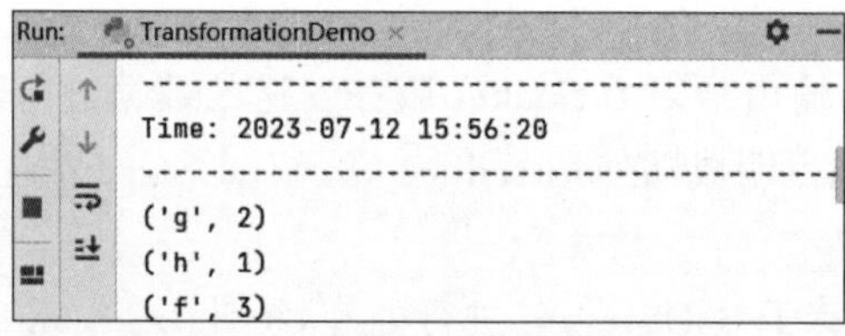

图 4-16 文件 4-3 的运行结果(8)

从图 4-16 可以看出,输出结果为 mapDStream 中每个元素相同键的值进行相加的结果,因此说明成功使用 reduceByKey 算子对 DStream 进行了处理。

9. join 算子

使用 join 算子对 DStream 进行处理,将两个 DStream 内每个元素键相同的值进行合并。将文件 4-3 中第 6、7 行代码修改为如下内容。

```
1   words1 = ssc.socketTextStream("hadoop1", 8888)
2   mapDStream1 = words.map(lambda x: (x, 1))
3   mapDStream2 = words1.map(lambda y: (y, 1))
4   joinDStream = mapDStream1.join(mapDStream2)
5   joinDStream.pprint()
```

上述代码中，第 4 行代码使用 join 算子将名为 mapDStream1 和 mapDStream2 的 DStream 内每个元素键相同的值进行合并。

再次运行文件 4-3 实现的 Spark Streaming 程序，然后在端口号为 9999 和 8888 的 Socket 服务分别发送 1 条数据 a，此时在 PyCharm 的控制台查看文件 4-3 修改后的运行结果，如图 4-17 所示。

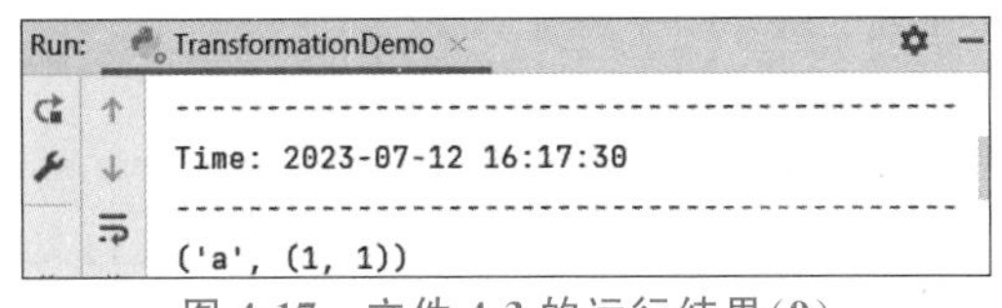

图 4-17　文件 4-3 的运行结果(9)

从图 4-17 可以看出，输出结果为名为 mapDstream1 和 mapDstream2 的 DStream 中每个元素键相同的值进行合并的结果，因此说明成功使用 join 算子对 DStream 进行了处理。

10. cogroup 算子

使用 cogroup 算子对 DStream 进行处理，将两个 DStream 内每个元素键相同的值进行合并。将文件 4-3 中第 6、7 行代码修改为如下内容。

```
1   words1 = ssc.socketTextStream("hadoop1", 8888)
2   mapDStream1 = words.map(lambda x: (x, 1))
3   mapDStream2 = words1.map(lambda y: (y, 1))
4   joinDStream = mapDStream1.cogroup(mapDStream2)
5   resultDStream = joinDStream.mapValues(lambda x: (list(x[0]), list(x[1])))
6   resultDStream.pprint()
```

上述代码中，第 4 行代码使用 cogroup 算子将名为 mapDStream1 和 mapDStream2 的 DStream 内每个元素键相同的值进行合并，生成名为 joinDStream 的 DStream，此时 DStream 中的值是一个迭代器。

第 5 行代码使用 mapValues 算子将 joinDStream 中的迭代器转换为列表，并生成名为 resultDStream 的 DStream。

再次运行文件 4-3 实现的 Spark Streaming 程序，然后在端口号为 9999 和 8888 的 Socket 服务分别发送 1 条数据 b，此时在 PyCharm 的控制台查看文件 4-3 修改后的运行结果，如图 4-18 所示。

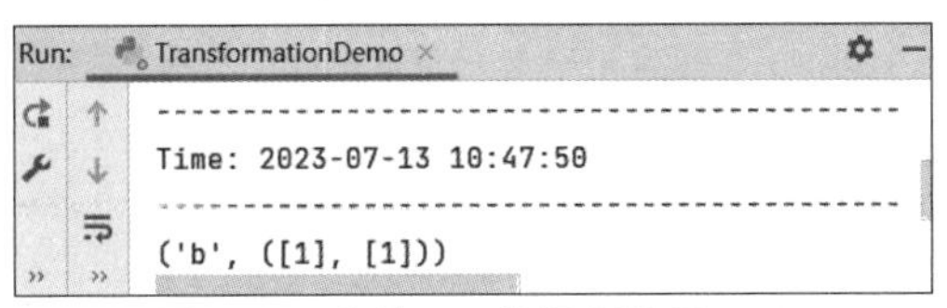

图 4-18　文件 4-3 的运行结果(10)

从图 4-18 可以看出，输出结果为名为 mapDStream1 和 mapDStream2 的 DStream 中每个元素键相同的值进行合并保存在列表中的结果，因此说明成功使用 cogroup 算子对 DStream 进行了处理。

11. transform 算子

使用 transform 算子对 DStream 内的每个 RDD 进行处理,将 RDD 内每个元素通过分隔符(空格)拆分为多个元素。将文件 4-3 中第 6、7 行代码修改为如下内容。

```
1  transformDStream = words\
2      .transform(lambda x: x.flatMap(lambda y: y.split(" ")))
3  transformDStream.pprint()
```

上述代码中,第 1、2 行代码使用 transform 算子对名为 transformDStream 的 DStream 进行处理,然后使用 flatMap 算子对 DStream 内每个 RDD 进行处理,将每个 RDD 中的元素通过分隔符(空格)拆分为多个元素。

再次运行文件 4-3 实现的 Spark Streaming 程序,然后在端口号为 9999 的 Socket 服务分别发送一条数据 I am learning Spark Streaming now,此时在 PyCharm 的控制台查看文件 4-3 修改后的运行结果,如图 4-19 所示。

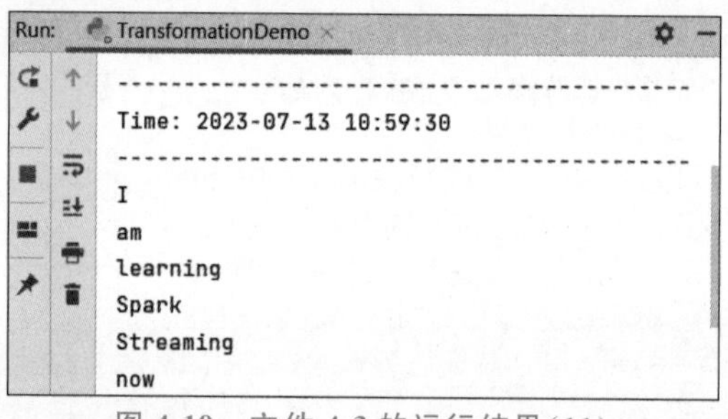

图 4-19　文件 4-3 的运行结果(11)

从图 4-19 可以看出,输出结果为 Socket 服务发送的数据被分隔符(空格)拆分成多条数据的结果,因此说明成功使用 transform 算子对 DStream 进行了处理。

12. updateStateByKey 算子

使用 updateStateByKey 算子对 DStream 进行处理,统计元素出现的次数。将文件 4-3 中第 6、7 行代码修改为如下内容。

```
1  ssc.checkpoint("D:\\Data\\SparkData")
2  def update_function(new_values, running_count):
3      new_count = sum(new_values)
4      previous_count = running_count or 0
5      return new_count + previous_count
6  mapDStream = words.map(lambda x: (x, 1))
7  updateStateByKeyDStream = mapDStream.updateStateByKey(update_function)
8  updateStateByKeyDStream.pprint()
```

上述代码中,第 1 行代码用于指定检查点目录,使用有状态算子对 DStream 进行处理时必须要指定检查点目录,其目的是定期保存 DStream 中的每个 RDD,从而为 Spark Streaming 程序提供容错机制,确保 Spark Streaming 程序运行失败时可以通过检查点目录恢复运行。

第 2～5 行代码用于定义状态更新函数 update_function(),用于根据当前的状态和数据流中新的数据来更新状态值，该函数接收两个参数，分别是 new_values 和 running_count。在函数内部，对 new_values 求和保存到变量 new_count 中，并获取 running_count 的值，如果不存在则将 previous_count 设置为 0。最后，返回 new_count 和 previous_count 的总和。

第 7 行代码使用 updateStateByKey 算子对名为 mapDStream 的 DStream 进行处理，在 mapDStream 中每个元素键的先前状态和新元素键上使用函数 update_function()来更新每一个元素键的状态，即将每个元素键相同的值进行累加。

再次运行文件 4-3 实现的 Spark Streaming 程序，然后在端口号为 9999 的 Socket 服务发送 4 条数据 c，间隔 10 秒之后再次发送 3 条数据 c，此时在 PyCharm 的控制台查看文件 4-3 修改后的运行结果，如图 4-20 所示。

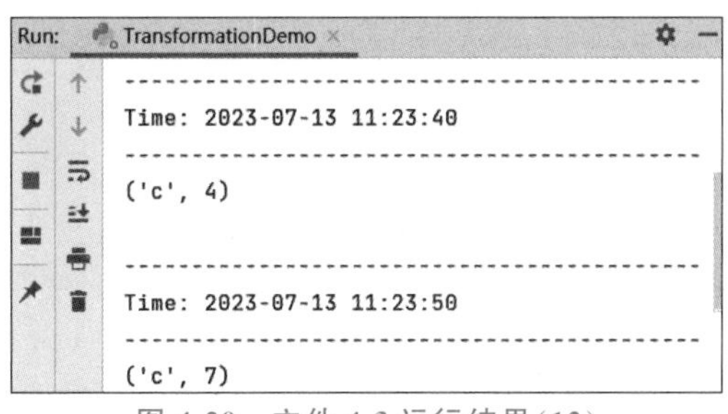

图 4-20　文件 4-3 运行结果(12)

从图 4-20 可以看出，当 Socket 服务发送 4 条数据 c 时，统计 c 出现的次数为 4，不过当间隔 10 秒之后，再次通过 Socket 服务发送 3 条数据 c 时，会在之前统计 c 出现次数的基础上进行统计，此时 c 出现的次数为 7，因此说明成功使用 updateStateByKey 算子对 DStream 进行了处理。

4.5.3　输出操作

在 Spark Streaming 中，输出操作会真正触发 DStream 的转换操作的运行，然后经过输出操作将转换后的 DStream 进行输出，如输出到控制台、文件系统、数据库等，这一点与 Spark 程序中的行动算子相似。下面，通过表 4-2 来列举基于 Python 的 Spark Streaming API 提供的与输出操作相关的算子。

表 4-2　Spark Streaming API 提供的与输出操作相关的算子

算　子	语法格式	说　明
pprint	DStream.pprint()	将 DStream 中每个 RDD 的内容以易读的格式打印到控制台
saveAsTextFiles	DStream.saveAsTextFiles(prefix,[suffix])	将 DStream 的元素保存到文本文件，每个批数据会存储在不同的文件中，文件的命名规则为 prefix-TIME_IN_MS[.suffix]，其中参数 prefix 为用户定义的文件前缀，以及文件存储的目录，该目录无须手动创建，TIME_IN_MS 为当前批处理的起始时间戳，参数 suffix 为可选，为用户定义的文件后缀
foreachRDD	DStream.foreachRDD(func)	通过 func()函数将 DStream 中每个 RDD 的元素保存到外部存储系统，如文件系统、数据库等

接下来,对表 4-2 中 saveAsTextFiles 算子和 foreachRDD 算子的使用进行演示,具体内容如下。

1. saveAsTextFiles 算子

在 Python_Test 项目的 SparkStreaming 文件夹下创建名为 OutputHDFS 的 Python 文件,该文件用于编写 Spark Streaming 程序,实现使用 saveAsTextFiles 算子将 DStream 的元素保存到 HDFS 的/sparkstreaming/output 目录,并将每个批数据单独保存为一个文件,其中文件的前缀为 staff,文件的后缀为 txt,具体代码如文件 4-4 所示。

文件 4-4 OutputHDFS.py

```
1   from pyspark import SparkContext
2   from pyspark.streaming import StreamingContext
3   import os
4   #指定对 HDFS 具有写入权限的用户 root
5   os.environ["HADOOP_USER_NAME"] = "root"
6   sc = SparkContext("local[*]", "OutputHDFS")
7   ssc = StreamingContext(sc, 10)
8   words = ssc.socketTextStream("hadoop1", 9999)
9   words.saveAsTextFiles(
10      "hdfs://hadoop1:9000/sparkstreaming/output/staff",
11      "txt"
12  )
13  ssc.start()
14  ssc.awaitTermination()
```

在文件 4-4 中,第 9~12 行代码使用 saveAsTextFiles 算子,将 words 中的元素保存到 HDFS 的/sparkstreaming/output 目录下的文件中,指定文件的前缀为 staff,指定文件的后缀为 txt。

首先在虚拟机 Hadoop1 通过 9999 端口启动 Socket 服务,然后确保 Hadoop 集群处于启动状态下,在 PyCharm 运行文件 4-4 实现的 Spark Streaming 程序,最后通过本地浏览器访问 HDFS Web UI,并且查看/sparkstreaming/output 目录中的内容,如图 4-21 所示。

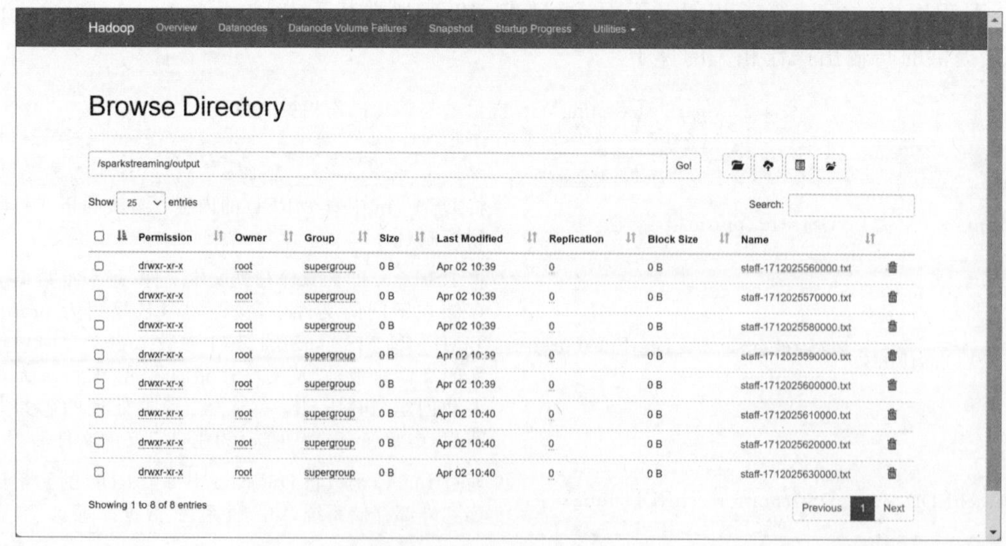

图 4-21 查看/sparkstreaming/output 目录中的内容

从图 4-21 可以看出，在 HDFS 的/sparkstreaming/output 目录中生成了多个前缀为 staff 以及后缀为 txt 的文件，因此说明成功使用 DStream 的元素保存到 HDFS 的文件中。需要注意的是，即使 DStream 中没有元素也会在指定目录中生成空文件。

2. foreachRDD 算子

使用 foreachRDD 算子将 DStream 的元素保存到 MySQL 的数据表 user。在演示 foreachRDD 算子操作之前，需要在 Python_Test 项目中安装 PyMySQL 模块(1.1.0 版本)，以便 Spark Streaming 程序能够正确连接 MySQL，具体安装步骤可参考 1.7 节。

在虚拟机 Hadoop1 登录 MySQL，在 MySQL 中创建数据库 spark，并且在数据库 spark 中创建数据表 user，具体命令如下。

```
#创建数据库 spark
> create database spark;
#在数据库 spark 中创建数据表 user
> create table spark.user(name varchar(30),age int);
```

从上述命令可以看出，数据表 user 包含 name 和 age 两个字段，这两个字段的数据类型分别是 varchar(30)和 int。

在 SparkStreaming 文件夹下创建名为 OutputDatabase 的 Python 文件，该文件用于编写 Spark Streaming 程序，实现使用 foreachRDD 算子将 DStream 的元素保存到 MySQL 的数据表 user 中，具体代码如文件 4-5 所示。

文件 4-5　OutputDatabase.py

```
1   import pymysql
2   from pyspark import SparkContext
3   from pyspark.streaming import StreamingContext
4   sc = SparkContext("local[ * ]", "OutputDatabase")
5   ssc = StreamingContext(sc, 10)
6   words = ssc.socketTextStream("hadoop1", 9999)
7   mapDStream = words.map(lambda x: x.split(","))
8   def to_mysql(records):
9       conn = pymysql.connect(
10          host="hadoop1",
11          port=3306,
12          database="spark",
13          user="itcast",
14          password="Itcast@2023"
15      )
16      cursor = conn.cursor()
17      for record in records:
18          sql = "INSERT INTO user(name, age) VALUES (%s, %s)"
19          cursor.execute(sql, (record[0], record[1]))
20      conn.commit()
21      conn.close()
22  mapDStream.foreachRDD(lambda y: y.foreachPartition(to_mysql))
23  ssc.start()
24  ssc.awaitTermination()
```

在文件 4-5 中,第 8～21 行代码表示定义一个名为 to_mysql()的函数用于设置 MySQL 配置信息以及将数据插入数据表 user 中。其中,第 9～15 行代码用于设置 MySQL 配置信息以及与 MySQL 建立连接;第 16 行代码通过 cursor()方法创建一个 Cursor 对象,该对象可以用于执行 SQL 查询语句以及执行其他数据操作,如插入、更新和删除等;第 17～19 行代码将数据保存到数据表 user 中,record[0]对应字段 name 的值,record[1]对应字段 age 的值;第 20 行代码通过 commit()方法提交插入数据操作;第 21 行代码通过 close()方法关闭与 MySQL 的连接,释放相关资源。

第 22 行代码通过 foreachRDD 算子调用定义的 to_mysql()函数将数据保存到数据表 user 中。

首先在虚拟机 Hadoop1 中启动占用 9999 端口的 Socket 服务并发送如下数据,然后在 PyCharm 运行文件 4-5 实现的 Spark Streaming 程序。

```
xiaohong,22
xiaofang,23
```

上述内容发送完成后,在 MySQL 中执行"select * from spark.user;"命令查询数据库 spark 中数据表 user 的数据,如图 4-22 所示。

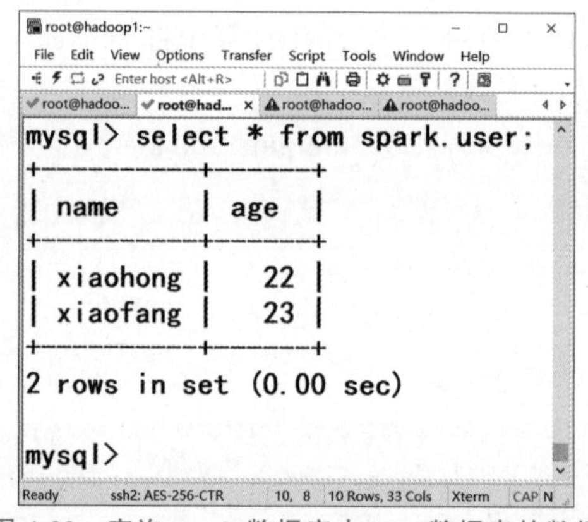

图 4-22 查询 spark 数据库中 user 数据表的数据

从图 4-22 可以看出,通过 Socket 服务发送的数据成功插入数据表 user 的 name 字段和 age 字段,说明成功使用 foreachRDD 算子将 DStream 的元素保存到 MySQL 的 user 数据表中。

4.5.4 窗口操作

实时数据流的特点是数据无休止地产生,使用 Spark Steaming 对无界数据流进行处理时,要么使用无状态算子对数据流当前分割的批数据进行处理,要么使用有状态算子对数据流的整体数据进行处理,如果想对实时数据流中某一时间段的数据进行处理,该如何操作呢? Spark Streaming 提供了一种特殊的有状态算子,可以对某一时间段的数据流进行处理,如对过去 1 小时内的数据流进行处理,这个特殊的有状态算子就是窗口算子。

Spark Streaming API 提供的窗口算子用于对 DStream 进行窗口操作。这种操作可以在特定的时间段内汇总多个 DStream 中的 RDD,并将其处理为一个窗口化的 DStream,每个窗口化的 DStream 可以被视为一个独立的窗口。窗口化的 DStream 是 Spark Streaming 中的一种特殊类型的 DStream，它是通过对初始 DStream 中的数据进行窗口操作而创建的，用于维护一个有序的、有状态的数据处理窗口，使得用户能够在这个窗口内执行各种操作。

Spark Streaming 的窗口操作涉及窗口长度（window length）和滑动间隔（sliding interval）两个参数，具体介绍如下。

① 窗口长度是指窗口的持续时间，如窗口长度为 1 分钟，那么会将过去 1 分钟内的多个 DStream 汇总到 Windowed DStream。

② 滑动间隔是指窗口操作的时间间隔，如时间间隔为 10 秒钟并且窗口长度为 1 分钟，那么每间隔 10 秒钟，便会将过去 1 分钟内的多个 DStream 汇总到 Windowed DStream，这意味着每个相邻的 Windowed DStream 都包含 50 秒重复的 DStream。

需要注意的是，窗口长度和滑动间隔必须是将数据流划分为批数据的时间间隔的整数倍，并且窗口长度也必须是滑动间隔的整数倍。接下来，以窗口长度为 3 个时间单位，滑动间隔为 1 个时间单位介绍窗口操作，如图 4-23 所示。

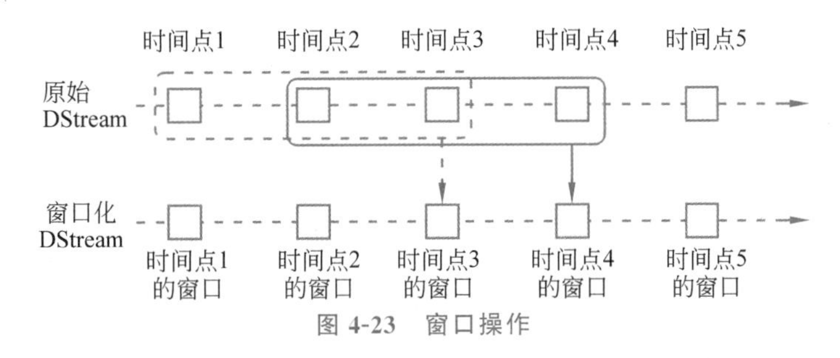

图 4-23　窗口操作

从图 4-23 可以看出，每经过 1 个时间点（滑动间隔）便会进行一次窗口操作，将过去 3 个时间点（包括当前时间点）的原始 DStream 汇总到一个窗口化 DStream。例如，在时间点 3，窗口操作会生成一个窗口化 DStream（时间点 3 的窗口），该窗口包含时间点 1、时间点 2 和时间点 3 的原始 DStream。如果过去的时间点不足 3 个，那么窗口操作生成的窗口化 DStream 只会包含当前时间点以及之前所有可用时间点的原始 DStream。

Spark Streaming API 为用户提供了多种窗口算子进行窗口操作。下面，通过表 4-3 来列举基于 Python 的 Spark Streaming API 提供的与窗口操作相关的窗口算子。

表 4-3　Spark Streaming API 提供的与窗口操作相关的窗口算子

窗口算子	语法格式	相关说明
window	DStream.window (windowLength, slideInterval)	用于根据指定的窗口长度（windowLength）和滑动间隔（slideInterval）对 DStream 执行窗口操作
countByWindow	DStream.countByWindow (windowLength, slideInterval)	用于根据指定的窗口长度和滑动间隔对 DStream 执行窗口操作，并统计每个窗口内元素的数量
reduceByWindow	DStream.reduceByWindow (func, invFunc, windowLength, slideInterval)	用于根据指定的窗口长度和滑动间隔对 DStream 执行窗口操作，并将窗口内的元素应用于 func（函数）进行聚合操作。参数 invFunc 用于定义 func 的反向操作，通常用于滑动窗口，以确保窗口每次滑动时能够移除过期的数据，避免某些数据被重复计算。若无须定义 func 的反向操作，则可以指定参数 invFunc 的值为 None

续表

窗口算子	语法格式	相关说明
reduceByKeyAndWindow	DStream.reduceByKeyAndWindow(func, invFunc, windowLength[,slideInterval][,numTasks])	用于根据指定的窗口长度和滑动间隔对键值对类型的DStream执行窗口操作,并将窗口内的键相同元素的值应用于func(函数)进行聚合操作,numTasks为可选,用于指定并行任务数
countByValueAndWindow	DStream.countByValueAndWindow(windowLength,slideInterval[,numTasks])	用于根据指定的窗口长度和滑动间隔对DStream执行窗口操作,并统计窗口内每个元素出现的次数

在表4-3中,列举了一些Spark Streaming API提供的与窗口操作相关的窗口算子。下面,主要对常用的window算子和reduceByKeyAndWindow算子的使用进行详细讲解。

1. window算子

在SparkStreaming文件夹下创建名为WindowDemo的Python文件,该文件用于编写Spark Streaming程序,实现使用window算子执行窗口操作,分别指定窗口长度和滑动间隔为3秒和1秒,即每经过1秒,便把过去3秒内的DStream汇总到一个窗口。具体代码如文件4-6所示。

文件4-6 WindowDemo.py

```
1  from pyspark import SparkContext
2  from pyspark.streaming import StreamingContext
3  sc = SparkContext("local[*]", "WindowDemo")
4  ssc = StreamingContext(sc, 1)
5  words = ssc.socketTextStream("hadoop1", 9999)
6  windowDStream = words.window(3, 1)
7  windowDStream.pprint()
8  ssc.start()
9  ssc.awaitTermination()
```

在文件4-6中,第6行代码使用window算子对名为words的DStream进行窗口操作,分别指定窗口长度和滑动间隔为3秒和1秒,即每经过1秒,便把过去3秒内的DStream汇总到一个窗口。

首先在虚拟机Hadoop1通过9999端口启动Socket服务,然后在PyCharm运行文件4-6实现的Spark Streaming程序,最后为了便于查看window算子的运行结果,每秒在Socket服务依次发送"1,2,3,4,5"这5个数据,此时在PyCharm的控制台查看文件4-6的运行结果,如图4-24所示。

从图4-24可以看出,当第1秒输入数字1时,此时窗口中过去3秒的数据只有数字1。当第2秒输入数字2时,此时窗口中过去3秒的数据有数字1和2。当第3秒输入数字3时,此时窗口中过去3秒的数据有数字1、2和3。当第4秒输入数字4时,此时窗口中过去3秒的数据有数字2、3和4。当第5秒输入数字5时,此时窗口中过去3秒的数据有数字3、4和5。

2. reduceByKeyAndWindow算子

在SparkStreaming文件夹下创建名为reduceByKeyAndWindowDemo的Python文

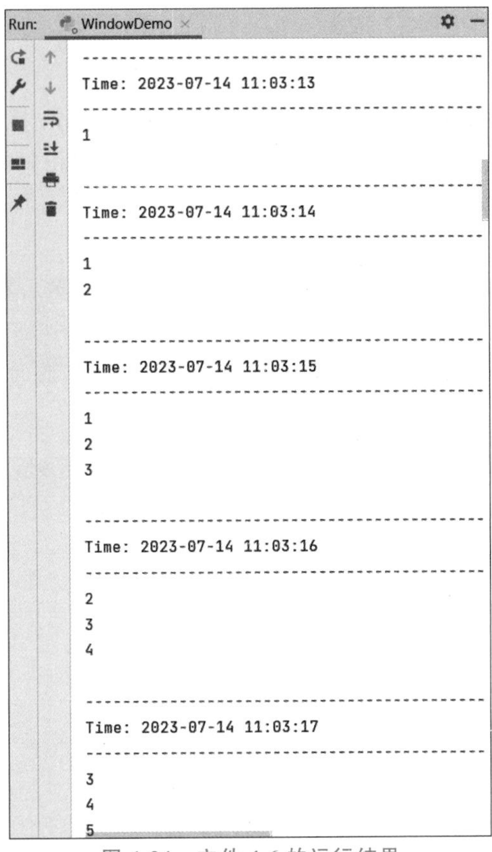

图 4-24　文件 4-6 的运行结果

件，该文件用于编写 Spark Streaming 程序，实现使用 reduceByKeyAndWindow 算子执行窗口操作，指定窗口长度和滑动间隔为 5 秒，即每经过 5 秒，便把过去 5 秒内的 DStream 汇总到一个窗口，并且将窗口中键相同元素的值应用于 func 进行相加的聚合操作，具体代码如文件 4-7 所示。

文件 4-7　reduceByKeyAndWindowDemo.py

```
1   from pyspark import SparkContext, StorageLevel
2   from pyspark.streaming import StreamingContext
3   sc = SparkContext("local[*]", "reduceByKeyAndWindowDemo")
4   ssc = StreamingContext(sc, 1)
5   words = ssc.socketTextStream("hadoop1", 9999)
6   mapDStream = words.map(lambda x: (x, 1))
7   reduceByKeyAndWindowDStream = mapDStream.reduceByKeyAndWindow(
8       (lambda a, b: a + b),
9       None,
10      windowDuration=5,
11      slideDuration=5,
12      numPartitions=2
13  )
14  reduceByKeyAndWindowDStream.pprint()
```

```
15  ssc.start()
16  ssc.awaitTermination()
```

在文件 4-7 中,第 7～13 行代码使用 reduceByKeyAndWindow 算子对名为 mapDStream 的 DStream 进行窗口操作,指定 func 聚合操作的逻辑为元素键相同的值进行相加,指定窗口长度和滑动间隔为 5 秒,即每经过 5 秒,便把过去 5 秒内的 DStream 汇总到一个窗口,指定窗口算子的并行任务数为 2。

首先在虚拟机 Hadoop1 通过 9999 端口启动 Socket 服务,然后在 PyCharm 运行文件 4-7 实现的 Spark Streaming 程序,最后为了便于查看窗口算子 reduceByKeyAndWindow 的运行结果,每秒在 Socket 服务依次输入"B,A,C,A"这 4 个数据,此时在 PyCharm 的控制台查看文件 4-7 的运行结果,如图 4-25 所示。

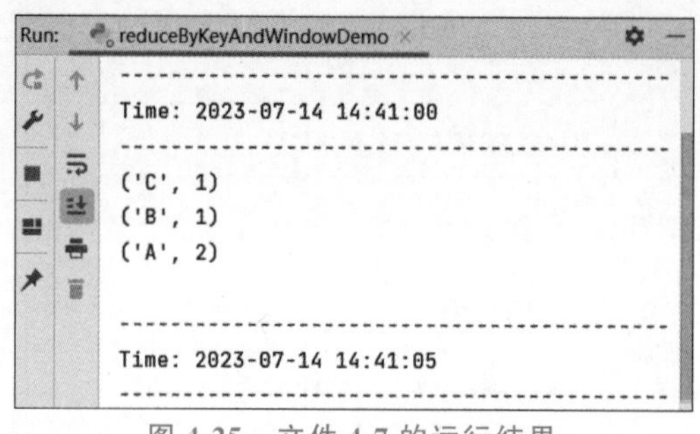

图 4-25 文件 4-7 的运行结果

从图 4-25 可以看出,当输入 B、A、C 和 A 这 4 个数据时,窗口中的数据为('C', 1)、('B', 1)和('A', 2)。

4.5.5 案例——电商网站实时热门品类统计

本节通过一个案例——电商网站实时热门品类统计,对 Spark Streaming API 操作的综合应用进行讲解。本案例的需求为每经过 5 秒便统计过去 5 秒内销售额排名前 3 的品类,其中品类是指商品的类型,并将统计结果保存到 MySQL 的数据表中。

使用 Spark Streaming 实现本案例的需求可以分为以下几个步骤。

(1) 创建数据表。由于 Spark Streaming 可以将统计结果保存到外部存储系统中,这里以常用的 MySQL 作为外部存储系统,将最终的统计结果保存到 MySQL 的指定数据表中。

(2) 编写代码,实现 Spark Streaming 程序。在程序中,需要通过 socketTextStream() 方法从 Socket 服务实时接收输入的数据流并生成 DStream,然后对 DStream 进行转换处理,通过 reduceByKeyAndWindow 算子以及自定义函数的形式得到统计结果并将其保存到 MySQL 的指定数据表中。

(3) 执行测试,查看最终结果。

下面,基于上述对案例步骤的分析,演示如何使用 Spark Streaming 实现案例的需求。

1. 创建数据表

在虚拟机 Hadoop1 登录 MySQL,在 MySQL 中创建数据表 commodity,具体命令如下。

```
mysql> create table spark.commodity (
    -> insert_time varchar(30),
    -> commodity_type varchar(30),
    -> commodity_sales int);
```

从上述命令可以看出，数据表 commodity 包含 3 个字段，分别是 insert_time、commodity_type 和 commodity_sales，其中字段 insert_time 用于记录统计结果的时间，字段 commodity_type 用于记录统计结果中排名前 3 的品类名称，字段 commodity_sales 用于记录统计结果中排名前 3 的品类的销售额。

2. 编写代码，实现 Spark Streaming 程序

在 SparkStreaming 文件夹下创建名为 Case01 的 Python 文件，该文件用于编写 Spark Streaming 程序，实现电商网站实时热门品类统计，具体代码如文件 4-8 所示。

文件 4-8　Case01.py

```
1  from datetime import datetime
2  import pymysql
3  from pyspark import SparkContext
4  from pyspark.streaming import StreamingContext
5  sc = SparkContext("local[*]", "Case01")
6  ssc = StreamingContext(sc, 1)
7  words = ssc.socketTextStream("hadoop1", 9999)
8  #获取 DStream 的第 2 个元素和第 3 个元素，将其组合成键值对的形式返回
9  mapDStream = words.map(
10     lambda line: (line.split(",")[1], int(line.split(",")[2]))
11 )
12 #通过窗口操作计算每个品类的销售额
13 reduceByKeyAndWindowDStream = mapDStream.reduceByKeyAndWindow(
14     (lambda a, b: a + b),None,
15     windowDuration=5,
16     slideDuration=5
17 )
18 #获取销售额排名前 3 的品类
19 def transform_function(dstream):
20     top3 = dstream.map(lambda record: (record[1], record[0])) \
21         .sortByKey(False) \
22         .map(lambda newRecord: (newRecord[1], newRecord[0])) \
23         .take(3)
24     return sc.parallelize(top3)
25 hot = reduceByKeyAndWindowDStream.transform(transform_function)
26 #将销售额排名前 3 的品类保存到 MySQL 的数据表 commodity 中
27 def to_mysql(records):
28     #指定 MySQL 的相关配置
29     conn = pymysql.connect(
30         host="hadoop1",
31         port=3306,
32         database="spark",
33         user="itcast",
```

```
34          password="Itcast@2023"
35      )
36      cursor = conn.cursor()
37      for record in records:
38          #获取当前系统时间作为向数据表 commodity 插入数据时的时间
39          now_time = datetime.now().strftime("%Y-%m-%d %H:%M:%S")
40          #向数据表 commodity 插入数据的 SQL 语句
41          sql = "INSERT INTO commodity " \
42                "(insert_time, commodity_type, commodity_sales)" \
43                " VALUES (%s, %s, %s)"
44          params = (now_time, record[0], record[1])
45          #执行 SQL 语句
46          cursor.execute(sql, params)
47      conn.commit()
48      cursor.close()
49      conn.close()
50  hot.foreachRDD(lambda y: y.foreachPartition(to_mysql))
51  ssc.start()
52  ssc.awaitTermination()
```

在文件 4-8 中,第 9～11 行代码使用 map 算子将输入的数据流转换成键值对(品类,销售额)形式的 DStream,其中品类对应 DStream 中的第 2 个元素,销售额对应 DStream 中的第 3 个元素。

第 13～17 行代码使用 reduceByKeyAndWindow 算子对键值对形式的 DStream 进行窗口操作,统计每个品类的销售额,这里指定窗口长度和滑动间隔为 5 秒和 5 秒,即每经过 5 秒便统计过去 5 秒内每个品类的销售额。

第 19～24 行代码定义一个 transform_function()函数获取销售额排名前 3 的品类。map 算子的作用是将键值对(品类,销售额)形式的 RDD 转换成键值对(销售额,品类)形式的 RDD,便于 sortByKey 算子根据销售额进行降序排序,然后将排序后的 RDD 转换成键值对(品类,销售额)形式的 RDD,并使用 take 算子获取前 3 条数据,即销售额排名前 3 的品类。其中第 24 行代码用于将元组转换为 RDD,这是因为 take 算子获取的前 3 条数据是以元组的形式返回,为了利用 Spark 分布式计算能力,所以将元组转换为 RDD,从而提高程序的处理效率和性能。

第 27～49 行代码定义一个 to_mysql()函数将 DStream 中销售额排名前 3 的品类保存到 MySQL 的数据表 commodity 中。

3. 测试 Spark Streaming 程序

首先在虚拟机 Hadoop1 通过 9999 端口启动 Socket 服务,然后在 PyCharm 运行文件 4-8 实现的 Spark Streaming 程序,最后通过 Socket 服务逐行发送文件 data.txt 中的数据,文件 data.txt 的内容如下。

文件 4-9 data.txt

```
001,commodity01,866
002,commodity02,798
003,commodity01,818
```

```
004,commodity03,200
005,commodity04,836
```

成功使用 Socket 服务发送数据之后，在 MySQL 执行“select * from spark.commodity;”命令查询数据库 spark 中数据表 commodity 的数据，如图 4-26 所示。

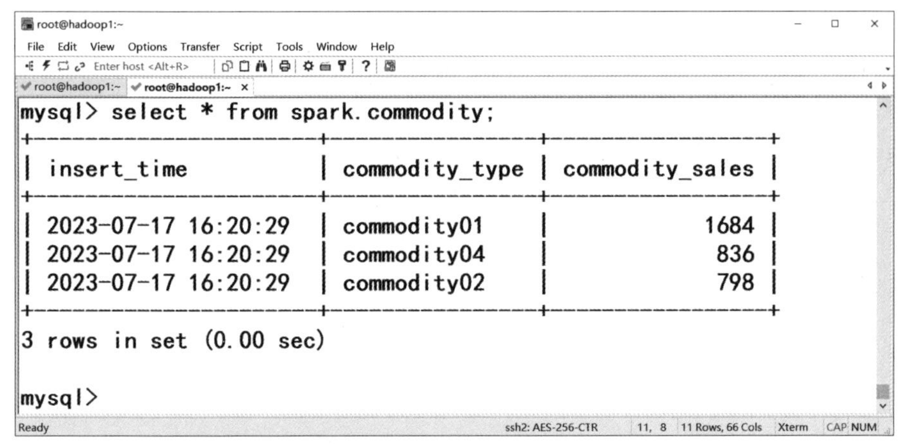

图 4-26　查询数据库 spark 中数据表 commodity 的数据

从图 4-26 可以看出，在时间为 2023-07-17 16：20：29 的时候排名前 3 的品类分别是 commodity01、commodity04 和 commodity02，这 3 个品类的销售额分别为 1684、836 和 798。

4.6　本章小结

本章主要讲解了 Spark Streaming 的相关知识。首先，讲解了什么是实时计算。其次，讲解了 Spark Streaming 的基础知识。接着，讲解了 Spark Streaming 的 DStream 和编程模型。然后，讲解了 Spark Streaming 的 API 操作，包括输入操作、转换操作、输出操作、窗口操作，并通过一个案例演示了 Spark Streaming 的使用。通过本章的学习，读者可以完成 Spark Streaming 的相关操作，解决实际业务中对实时性要求高的问题。

4.7　课后习题

一、填空题

1. 实时计算的高效性在于其事件触发的机制，其触发源是________。
2. Spark Streaming 的优点有准实时性、________、易用性和________。
3. 与传统的实时计算架构相比，Spark Streaming 对数据的处理方式是________。
4. Spark Streaming 提供了一种名为________高级抽象。
5. 在 Spark Streaming 中，DStream 的内部是由一系列连续的________构成。

二、判断题

1. Spark Streaming 是 Spark 的第一代实时计算框架。　　(　　)

2. DStream 的内部结构是由一系列连续的 RDD 组成,每个 RDD 代表一段时间内的数据集。（ ）

3. 在 Spark Streaming 中,DStream 表示连续的数据流。（ ）

4. 在 Spark Streaming 中,窗口算子是一种特殊的无状态算子。（ ）

5. 在 Spark Streaming 中,输出操作会真正触发 DStream 的转换操作的执行。（ ）

三、选择题

1. 下列选项中,不属于 Spark Streaming 编程模型的是（ ）。

A. 输入操作　B. 转换操作　C. 执行操作　D. 输出操作

2. 下列关于 Spark Streaming 的相关描述,错误的是（ ）。

A. Spark Streaming 是 Spark Core API 的一个扩展

B. Spark Streaming 处理数据时会因为自身的设计造成一定的延迟

C. Spark Streaming 处理的数据源可以来自 Kafka

D. Spark Streaming 的高级抽象是 RDD

3. 下列算子中,属于 Spark Streaming 转换操作算子的有（ ）(多选)。

A. transform　B. pprint

C. countByValue　D. saveAsObjectFiles

4. 下列关于 Spark Streaming 中转换操作算子的描述,正确的是（ ）。

A. count 算子用于统计 DStream 中每个 RDD 的元素数量

B. join 算子用于对两个任意类型的 DStream 进行关联

C. filter 算子用于判断 DStream 中的每个元素,将判断结果为 false 的元素返回到新生成的 DStream

D. repartition 算子用于指定 Partition 的数量来改变 DStream 的串行度

5. 下列算子中,属于 Spark Streaming 窗口操作算子的有（ ）(多选)。

A. window　B. countByWindow

C. reduceByWindow　D. countByValueAndWindow

四、简答题

1. 简述 Spark Streaming 的工作原理。

2. 简述 Spark Streaming 的编程模型。

第5章 Kafka分布式发布订阅消息系统

学习目标：

- 了解消息队列，能够说出消息队列的主要应用场景。
- 熟悉 Kafka 的概念，能够叙述 Kafka 的优点。
- 熟悉 Kafka 的基本架构，能够说出 Kafka 基本架构的内容。
- 掌握 Kafka 的工作流程，能够叙述生产者生产消息过程和消费者消费消息过程。
- 掌握 Kafka 集群的搭建方法，能够独立完成部署 Kafka 集群。
- 掌握 Kafka 的基本操作，能够使用 Shell 命令和 Python API 操作 Kafka。
- 掌握实时单词计数，能够从一个 Topic 中消费数据实现实时单词计数，并将结果发送到另一个 Topic 中。

Kafka 是一个基于 ZooKeeper 系统的分布式发布订阅消息系统适用于实时计算系统。通常情况下，使用 Kafka 能够构建系统或应用程序之间的数据管道，用来转换或响应实时数据，使数据能够及时地进行业务计算，得出相应结果。本章针对消息队列简介、Kafka 简介、Kafka 工作原理、Kafka 集群的搭建以及 Kafka 的基本操作进行详细讲解。

5.1 消息队列简介

消息队列(Message Queue，MQ)是分布式系统中的一个关键组件，用于存储消息，它的作用是将待传输的数据存放在队列中，以便生产者和消费者可以并行地处理数据，而无须等待对方的响应。通过消息队列，生产者可以将消息发送到队列，而消费者可以从队列中获取消息进行处理。这种解耦的设计模式使得系统的可伸缩性和可靠性得到提高，同时也减少了系统间的依赖性。

消息队列既然能够用来存储消息，那么消息队列的主要应用场景有哪些呢？接下来，针对消息队列的主要应用场景进行介绍。

(1) 异步处理。

异步处理是指应用程序允许用户将一个消息放入队列中，但是应用程序并不立即处理用户提交的消息，而是在用户需要用到该消息时应用程序再去处理。例如，用户在注册电商网站时，在没有使用异步处理的场景下，注册流程是电商网站把用户提交的注册信息保存到数据库中，同时额外发送注册的邮件通知以及短信注册码给用户。由于发送邮件通知和短信注册码需要连接其对应的服务器，如果发送完邮件通知再发送短信注册码，用户就会等待较长的时间。针对上述情况,使用消息队列将邮件通知以及短信注册码保存起来,电商网站只需要将用户的注册信息保存到数据库中便可完成注册,这样便能实现快速响应用户注册的操作。下面,通过图 5-1 来了解使用异步处理前后的区别。

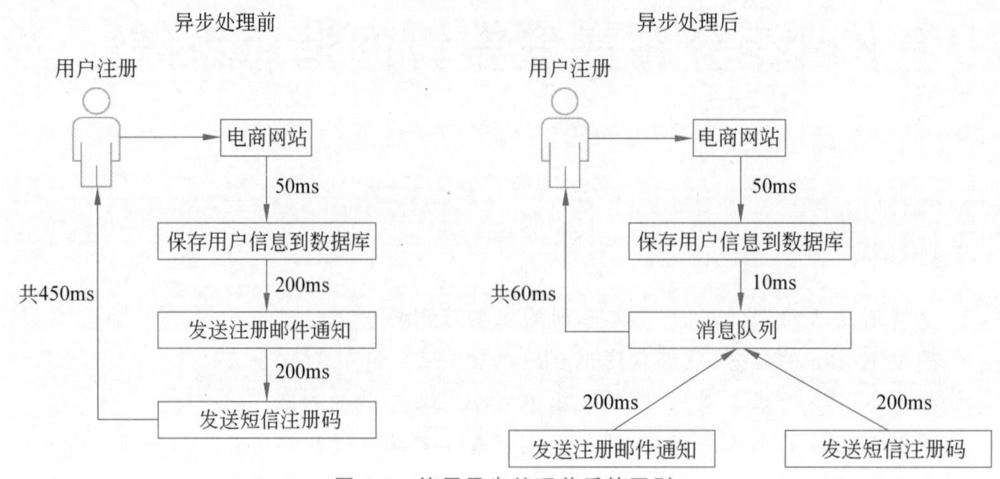

图 5-1　使用异步处理前后的区别

从图 5-1 可以看出,使用异步处理前,用户需要经历用户注册→电商网站→保存用户信息到数据库→发送注册邮件通知→发送短信注册码 5 个步骤,用户注册到发送短信注册码总共需要耗时 450ms;而使用异步处理后,用户只需经历用户注册→电商网站→保存用户信息到数据库→消息队列 4 个步骤,用户注册到将注册信息保存到消息队列总共需要消耗 60ms,通过对比可以发现,异步处理的注册方式要比传统注册方式响应得快。

(2) 系统解耦。

系统解耦是指用户提交的请求需要与应用程序中另一个模块建立联系,两个模块之间不会因为各自功能的问题而影响另一个模块的使用。例如,用户在电商网站购买物品并提交订单时,订单模块会调用库存模块确认商品是否还有库存,在没有系统解耦的场景下,如果库存模块功能出现问题,会导致订单模块下单失败,而且当库存模块的对外接口发生变化,订单模块也依旧无法正常工作。当使用了系统解耦,订单模块便不会直接调用库存模块,而是将订单信息保存到消息队列中,库存模块再从消息队列中获取订单信息,从而实现订单模块与库存模块之间互不影响。下面,通过图 5-2 来了解使用系统解耦前后的区别。

从图 5-2 可以看出,使用系统解耦前,订单模块需要直接调用库存模块,而使用系统解耦后,订单模块先将订单信息保存到消息队列中,然后库存模块在消息队列中获取订单信息,这样订单模块与库存模块之间不会产生直接的影响。

(3) 流量削峰。

流量削峰是在物品秒杀或促销等场景中,避免用户访问次数过多导致应用程序崩溃的一种策略。它通过控制参与活动的人数,以缓解短时间内访问次数过多对应用程序造成的压力。例如,电商网站推出物品秒杀活动,在未使用流量削峰的场景下,电商网站推出物品秒杀活动时,大量用户会访问物品秒杀活动界面,造成该界面的访问次数过多,导致电商网站负载过重而容易崩溃。当使用了流量削峰,物品秒杀界面在接收用户的请求后,会将用户的请求保存到消息队列中,如果请求的数据量超过了设定的消息队列的容量,就会告知当前

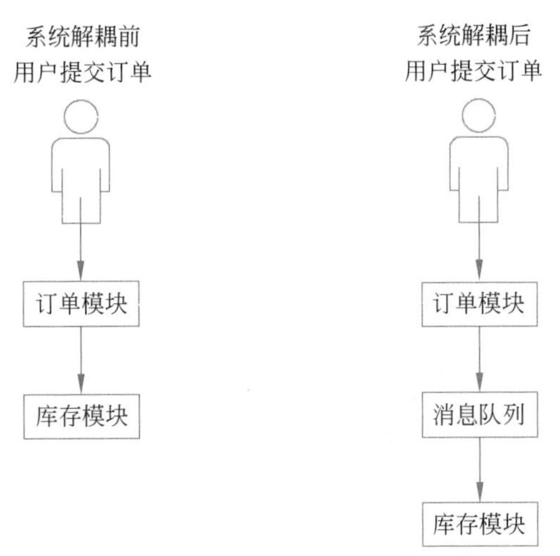

图 5-2　使用系统解耦前后的区别

活动参与人数过多，这样可以避免整个电商网站崩溃的现象。下面，通过图 5-3 来了解使用流量削峰前后的区别。

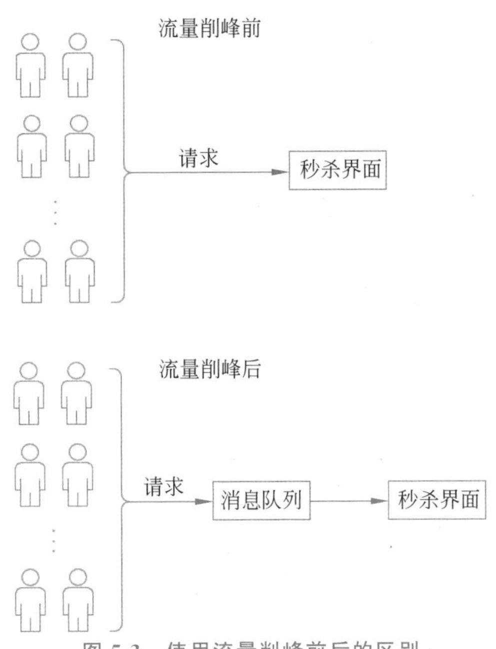

图 5-3　使用流量削峰前后的区别

从图 5-3 可以看出，使用流量削峰前，用户直接请求秒杀界面，短时间内该界面被用户请求的次数过多，而使用流量削峰后，用户请求被保存到消息队列中，秒杀界面在消息队列中获取用户请求，这样能避免秒杀界面请求次数过多导致整个电商网站崩溃的现象。

了解了消息队列的应用场景，那么消息队列中的消息是如何进行传递的呢？消息传递一共有两种模式，分别是点对点消息传递和发布/订阅消息传递模式，关于这两种消息传递模式的介绍如下。

(1) 点对点消息传递模式。

在点对点(Point to Point，P2P)消息传递模式下，消息生产者将消息发送到特定队列，消息消费者从队列中拉取或轮询以获取消息。

点对点消息传递模式结构如图 5-4 所示。

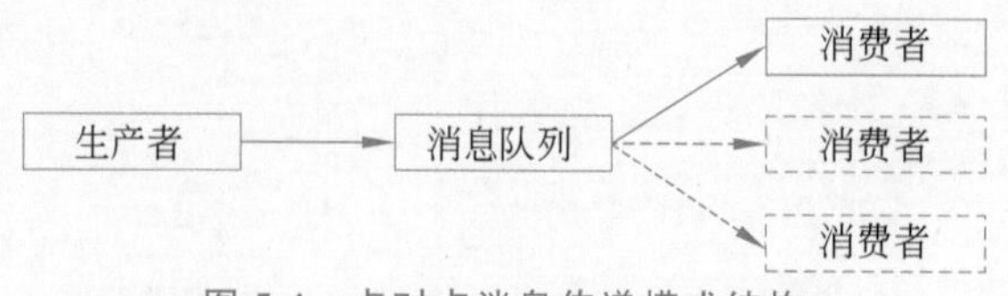

图 5-4　点对点消息传递模式结构

从图 5-4 可以看出,生产者将消息发送到消息队列中,此时将有一个或者多个消费者会消费消息队列中的消息,但是消息队列中的每条消息只能被消费一次,并且消费后的消息会从消息队列中删除。

(2) 发布/订阅消息传递模式。

在发布/订阅(Publish/Subscribe)消息传递模式下,消息生产者将消息发送到消息队列中,所有消费者会即时收到并消费消息队列中的消息。

发布/订阅消息传递模式结构如图 5-5 所示。

图 5-5　发布/订阅消息传递模式结构

从图 5-5 可以看出,在发布/订阅消息传递模式结构中,生产者将消息发送到消息队列中,此时将有多个不同的消费者消费消息队列中的消息。与点对点模式不同的是,发布/订阅消息传递模式中消息队列的每条消息可以被多次消费,并且消费完的消息不会立即删除。

【小提示】

点对点消息传递模式和发布/订阅消息传递模式都会采用基于拉取或推送方式传递消息。基于拉取方式传递消息时消费者会定期查询消息队列是否有新消息,基于推送方式传递消息时消息队列会将消息推送给已订阅该消息队列的消费者。不过在发布/订阅消息传递模式中,常用的消息传递方式为拉取方式。

5.2 Kafka 简介

Kafka 是一个基于 ZooKeeper 系统的分布式发布订阅消息系统,它使用 Scala 和 Java 语言编写,该系统的设计初衷是为实时数据提供一个统一、高吞吐、低延迟的消息传递平台。在 0.10 版本之前,Kafka 只是一个消息系统,主要用来解决异步处理、系统解耦等问题,在 0.10 版本之后,Kafka 推出了流处理的功能,使其逐渐成为了一个流式数据平台。

Kafka 作为分布式发布订阅消息系统,可以处理大量的数据,并能够将消息从一个端点传递到另外一个端点。Kafka 在大数据领域中的应用非常普遍,它能够在离线和实时两种大数据计算场景中处理数据,这得益于 Kafka 的优点,其优点具体如下。

（1）高吞吐，低延迟。Kafka可以每秒处理数量庞大的消息，并且具有较低的延迟。

（2）可扩展性。Kafka是一个分布式系统，用户可以根据实际应用场景自由、动态地扩展Kafka服务器。

（3）持久性。Kafka可以将消息存储在磁盘上，以确保数据的持久性。

（4）容错性。Kafka会将数据备份到多台服务器中，即使Kafka集群中的某台服务器宕机，也不会影响整个系统的功能。

（5）支持多种语言。Kafka支持Java、Scala、PHP、Python等多种语言，这使得开发人员在不同语言环境下使用Kafka更加便捷。

在实际的大数据计算场景中，若需要对接外部数据源时，就可以使用Kafka，如日志收集系统和消息系统，Kafka读取日志系统中的数据，每得到一条数据，就可以及时地处理一条数据，这就是常见的流式计算框架应用场景之一。在流式计算框架中，Kafka一般用来缓存数据，它与Apache旗下的Spark、Storm等框架紧密集成，这些框架可以接收Kafka中的缓存数据并进行计算，实时得出相应的计算结果。

5.3 Kafka工作原理

5.3.1 Kafka的基本架构

学习Kafka的基本架构对于有效地使用和管理Kafka是至关重要的。Kafka的基本架构由Producer、Broker、Consumer和ZooKeeper构成，它们之间共同协作，构建了高效、可靠的消息处理系统。接下来，通过图5-6学习Kafka的基本架构。

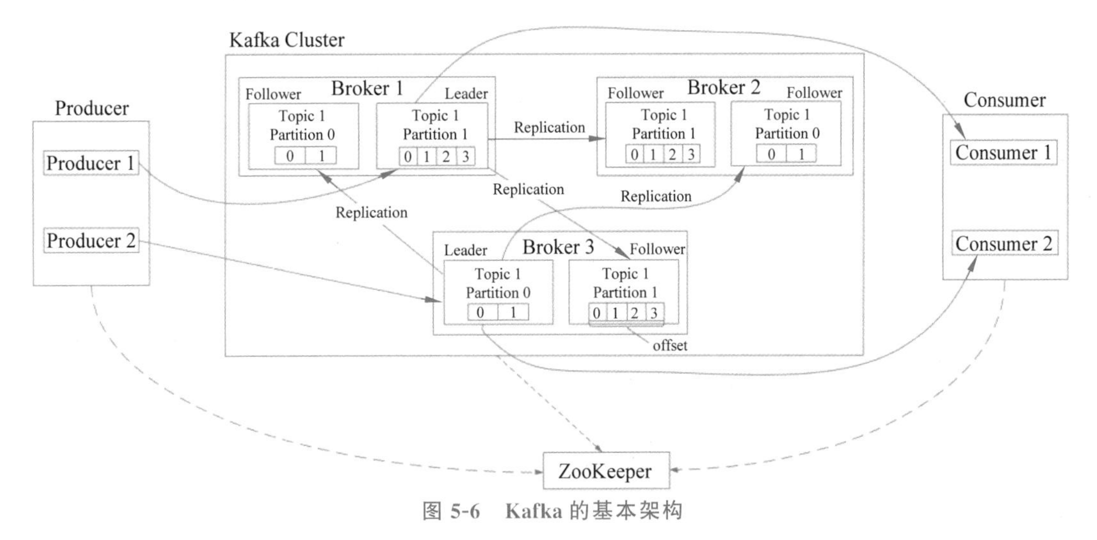

图5-6　Kafka的基本架构

1. Producer

Producer作为Kafka中的生产者，主要负责将消息发送到Broker（消息代理）内部的Topic（主题）中，在发送消息时，消息的内容主要包括键和值两部分，其中键默认为null，值是指发送消息的内容。除此之外，用户还可以根据需求添加属性信息。为消息指定键可以将相同键的消息发送到相同的分区，从而保证相关消息的顺序性。

2. Broker

Broker 作为 Kafka 中的消息代理，是存储和管理消息的载体，每一个 Broker 都可以看作 Kafka 服务。存储在 Broker 中的消息基于 Topic 进行分类和组织。在 Kafka 中，Topic 是消息的逻辑概念，类似于一个消息类别或话题，每个 Topic 可以有一个或多个 Partition（分区）。例如，具有 3 个 Partition 的 Topic，如图 5-7 所示。

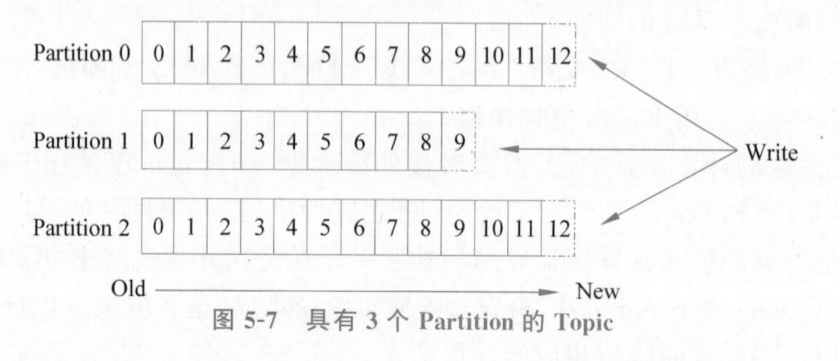

图 5-7　具有 3 个 Partition 的 Topic

在图 5-7 中，Partition 的标识从 0 开始，Producer 生产的消息会被分配到不同的 Partition 中，每条消息都会被分配一个从 0 开始具有递增顺序的 offset（偏移量），不同 Partition 之间的 offset 相互独立，互不影响。

Topic 中的每个 Partition 可以存在多个副本，这些副本分布在不同的 Broker 上，实现消息的备份和容错。在 Kafka 中，Partition 分为 Leader 和 Follower 两个角色。Leader 负责接收和发送消息，而 Follower 作为 Leader 的副本则负责复制 Leader 的消息。这种设计保证了在某个 Broker 失效时，系统依然能够确保消息的可用性和一致性。

此外，Broker 还负责响应 Consumer（消费者）消费消息的请求，Broker 根据 Consumer 提供的 offset 检索 Topic 中相应 Partition 的消息，并将这些消息传递给 Consumer。

3. Consumer

Consumer 作为 Kafka 中的消费者，负责消费 Topic 中的消息，一旦 Consumer 成功消费了消息，Consumer 记录自身已消费消息的 offset，并且根据配置策略手动或定期自动地将已消费消息的 offset 保存在 Broker 内部名为 __consumer_offsets 的 Topic，这确保了 Consumer 即使重新消费或崩溃时，Broker 能够准确地确定消息的 offset，实现从正确的位置继续消费消息。

在 Kafka 中，多个 Consumer 可以组成特定的消费者组，消费者组之间相互独立，互不影响，这种设计可以让多个 Consumer 协同处理同一个 Topic 中的消息，实现负载均衡。

4. ZooKeeper

ZooKeeper 在 Kafka 中负责管理和协调 Broker，并且 ZooKeeper 存储了 Kafka 的元数据信息，包括 Topic 名称、Partition 副本等。

多学一招：Kafka 分区策略

生产者将消息发送到 Broker 内部的 Topic 时，如果需要确保每个 Topic 中的 Partition 负载均衡，可以在生产者发送消息时为生产者指定相应的分区策略。Kafka 中常见的分区策略有 DefaultPartitioner、RoundRobinPartitioner、StickyPartitioner 和 UniformStickyPartitioner，关于这 4 种分区策略的介绍如下。

1. DefaultPartitioner

该分区策略是Kafka默认的分区策略，针对消息保存到Partition时会存在3种情况，具体如下。

(1) 生产者发送消息的时候指定了Partition，则消息将保存到指定的Partition中。

(2) 生产者发送消息的时候没有指定Partition，但消息的键不为空，则基于键的哈希值来选择一个Partition进行保存。

(3) 生产者发送消息的时候不但没有指定Partition，而且消息的键为空，则通过轮询的方式将消息均匀地保存到所有Partition。这种情况下，DefaultPartitioner分区策略会基于Partition的数量和可用性以确保消息的平均保存。

2. RoundRobinPartitioner

该分区策略是一种轮询分区策略，在保存消息时并不考虑消息中键的影响，而是通过轮询的方式将每条消息依次发送到每个Partition，确保消息在所有Partition间按照严格的轮询顺序分布，适用于希望均匀地保存消息以实现负载平衡，但不考虑消息的相关性或顺序性。

3. StickyPartitioner

该分区策略是一种黏性分区策略，在保存消息时需要考虑消息中键的影响，会将具有相同键的消息保存到同一个Partition中，以保持消息的顺序性和一致性，适用于需要按照消息的键保存到Partition后依然保持顺序，然而这种情况下会出现其中一个Partition中具有相同键的消息比较多，而另一个Partition中具有相同键的消息比较少。

4. UniformStickyPartitioner

该分区策略是一种统一黏性分区策略，针对消息保存到Partition时会存在两种情况，具体如下。

(1) 生产者发送消息的时候指定了Partition，则消息将保存到指定的Partition中。

(2) 生产者发送消息的时候没有指定Partition，但消息的键不为空，会将具有相同键的消息保存到不同的Partition中，实现Partition负载均衡。

5.3.2 Kafka工作流程

Kafka的工作流程是Kafka实现消息发送和消费的核心过程，了解Kafka的工作流程对于理解Kafka的基本架构和性能优化有着至关重要的作用。Kafka的工作流程可以分为生产者生产消息过程和消费者消费消息过程。

接下来，针对生产者生产消息过程和消费者消费消息过程进行详细讲解。

1. 生产者生产消息过程

Kafka生产者负责生成并发送消息到Kafka集群中的指定主题中。下面通过图5-8来介绍生产者生产消息过程。

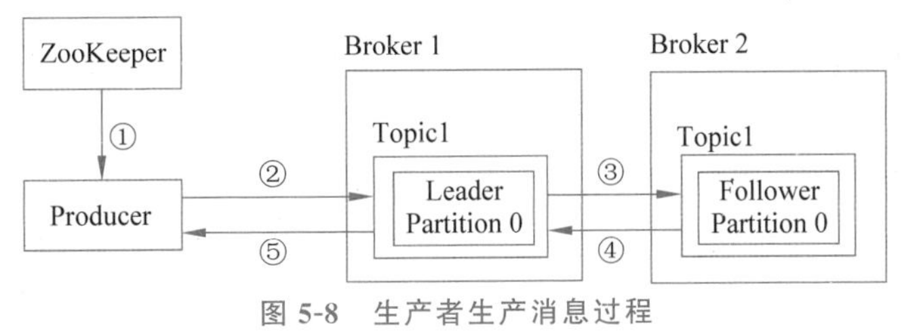

图5-8 生产者生产消息过程

从图5-8可以看出,生产者生产消息过程可以分为5个步骤,具体如下。

(1) Producer通过访问Broker间接获取ZooKeeper中存储的元数据,包括Topic分区分布、Leader副本位置等。

(2) Producer将消息发送给角色为Leader的Partition,与此同时,角色为Leader的Partition会将消息写入自身的日志文件中。

(3) 角色为Follower的Partition从角色为Leader的Partition中获取消息,将消息写入自身的日志文件中,完成复制操作。

(4) 角色为Follower的Partition将消息写入自身的日志文件后,会向角色为Leader的Partition发送成功复制消息的信号。

(5) 角色为Leader的Partition收到角色为Follower的Partition发送的复制消息后,同样向Producer发送消息写入成功的信号,此时消息生产完成。

2. 消费者消费消息过程

消息由Producer发送到指定Topic中角色为Leader的Partition中后,Consumer会采用拉取模型的方式消费消息。在拉取模型下,Consumer主动向Broker发送消费消息的请求,请求的内容包括消息的Partition、offset等,Broker根据请求将消息返回给Consumer,Consumer消费消息后会将offset提交给Broker,以便下次能够正确消费消息。该模型的优势在于Consumer会记录自己的消费状态,后续Consumer可以对已消费的消息再次消费,避免出现网络延迟或者宕机等原因造成消息消费延迟或丢失。

下面通过图5-9介绍消费者消费消息过程。

从图5-9可以看出,消费者消费消息过程可以分为4个步骤,具体如下。

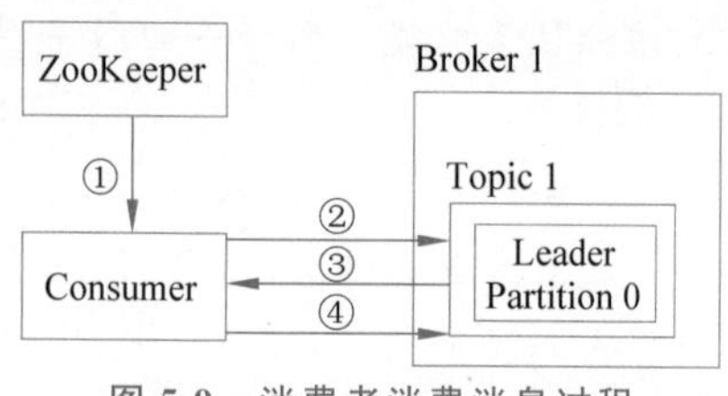

图5-9 消费者消费消息过程

(1) Consumer通过访问Broker间接获取ZooKeeper中存储的元数据,包括Topic分区分布、Leader副本位置等。

(2) Consumer根据消息的offset,向Topic中角色为Leader的Partition发送请求消费消息。

(3) Topic中角色为Leader的Partition根据offset将对应的消息返回给Consumer进行消费。

(4) Consumer消费消息后,记录自己的消费状态,将已消费消息的offset保存在Broker内部特殊的Topic中,以便下次消费消息时能够从正确的位置开始消费。

通过本节的学习,了解到Kafka中的工作流程是由各个组成部分相互协调实现的。在个人学习成长过程中,也应铭记协调的重要性。协调不仅能够促进团队成员之间的沟通和协商,而且能够协调冲突和不同意见,以实现共同的学习和工作目标。

5.4 搭建Kafka集群

学习完Kafka理论知识后,接下来讲解如何在虚拟机Hadoop1、Hadoop2和Hadoop3中搭建Kafka集群,具体步骤如下。

1. 下载 Kafka 安装包

本书使用的 Kafka 版本为 3.2.1。通过 Kafka 官网下载 Kafka 安装包 kafka_2.12-3.2.1.tgz。

2. 上传 Kafka 安装包

在虚拟机 Hadoop1 的/export/software 目录执行 rz 命令，将准备好的 Kafka 安装包 kafka_2.12-3.2.1.tgz 上传到虚拟机的/export/software 目录。

3. 安装 Kafka

使用解压操作安装 Kafka，将 Kafka 安装到存放安装程序的目录/export/servers，在/export/software 目录执行如下命令。

```
$ tar -zxvf kafka_2.12-3.2.1.tgz -C /export/servers/
```

4. 配置 Kafka 环境变量

分别在虚拟机 Hadoop1、Hadoop2 和 Hadoop3 执行 vi/etc/profile 命令编辑系统环境变量文件 profile，在该文件的尾部添加如下内容。

```
export KAFKA_HOME=/export/servers/kafka_2.12-3.2.1
export PATH=:$PATH:$KAFKA_HOME/bin
```

成功配置 Kafka 环境变量后，保存并退出系统环境变量文件 profile 即可。不过此时在系统环境变量文件中添加的内容尚未生效，还需要分别在 Hadoop1、Hadoop2 和 Hadoop3 执行 source/etc/profile 命令初始化系统环境变量使配置的 Kafka 环境变量生效。

5. 修改配置文件

为了确保 Kafka 集群能够正常启动，还需要对 Kafka 的配置文件进行相关的配置。执行 cd /export/servers/kafka_2.12-3.2.1/config/命令进入 Kafka 安装目录的 config 目录，在该目录执行 vi server.properties 命令编辑 server.properties 配置文件，将 server.properties 配置文件中对应的参数修改为如下内容。

```
broker.id=0
log.dirs=/export/data/kafka
zookeeper.connect=hadoop1:2181,hadoop2:2181,hadoop3:2181
```

上述内容修改完成后，保存并退出 server.properties 配置文件。针对上述内容中的参数进行如下讲解。

(1) broker.id：Kafka 集群中每个节点的唯一且永久的 ID，该值必须大于或等于 0。在本书中，虚拟机 Hadoop1、Hadoop2 和 Hadoop3 对应的 broker.id 分别为 0,1,2。

(2) log.dirs：指定 Kafka 集群运行日志存放的路径。

(3) zookeeper.connect：指定 ZooKeeper 集群的主机名与端口号。

6. 分发 Kafka 安装目录

执行 scp 命令，将虚拟机 Hadoop1 的 Kafka 安装目录分发至虚拟机 Hadoop2 和 Hadoop3 中存放安装程序的目录，具体命令如下。

```
# 将 Kafka 安装目录分发至虚拟机 Hadoop2 中存放安装程序的目录
$ scp -r /export/servers/kafka_2.12-3.2.1/ hadoop2:/export/servers/
```

```
# 将 Kafka 安装目录分发至虚拟机 Hadoop3 中存放安装程序的目录
$ scp -r /export/servers/kafka_2.12-3.2.1/ hadoop3:/export/servers/
```

将 Kafka 安装目录分发完成后，分别进入虚拟机 Hadoop2 和 Hadoop3 的 Kafka 安装目录的 config 目录，在该目录执行 vi server.properties 命令编辑 server.properties 配置文件，将虚拟机 Hadoop2 的 Kafka 的 server.properties 配置文件中的 broker.id 修改为 1，将虚拟机 Hadoop3 的 Kafka 的 server.properties 配置文件中的 broker.id 修改为 2。

7. 启动 ZooKeeper

在启动 Kafka 之前，需要先启动 ZooKeeper 服务，分别在虚拟机 Hadoop1、Hadoop2 和 Hadoop3 上执行如下命令启动 ZooKeeper 服务。

```
$ zkServer.sh start
```

8. 启动 Kafka 服务

这里以虚拟机 Hadoop1 为例，演示如何启动 Kafka 服务。执行 cd /export/servers/kafka_2.12-3.2.1/命令进入虚拟机 Hadoop1 的 Kafka 安装目录，执行如下命令启动 Kafka 服务。

```
$ bin/kafka-server-start.sh config/server.properties
```

上述命令执行完成后，Kafka 服务启动效果如图 5-10 所示。

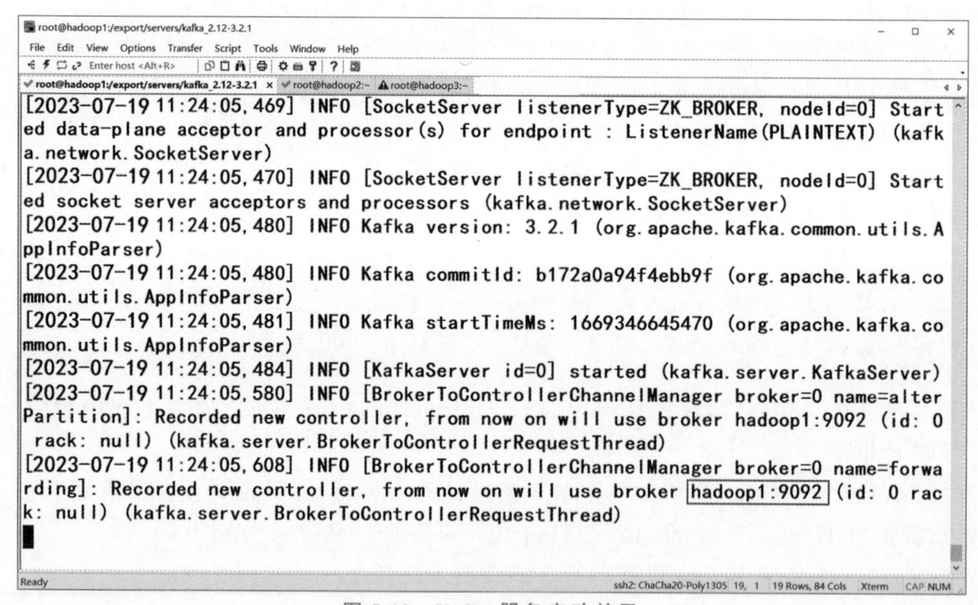

图 5-10　Kafka 服务启动效果

从图 5 10 可以看出，如果 SecureCRT 控制台输出的消息中无异常信息，并且光标始终处于闪烁状态，即表示 Kafka 启动成功。消息代理默认使用的端口号为 9092。

9. 查看 Kafka 启动状态

Kafka 启动完成后，可以克隆虚拟机 Hadoop1 的会话框，执行 jps 命令查看 Kafka 是否正常启动，如图 5-11 所示。

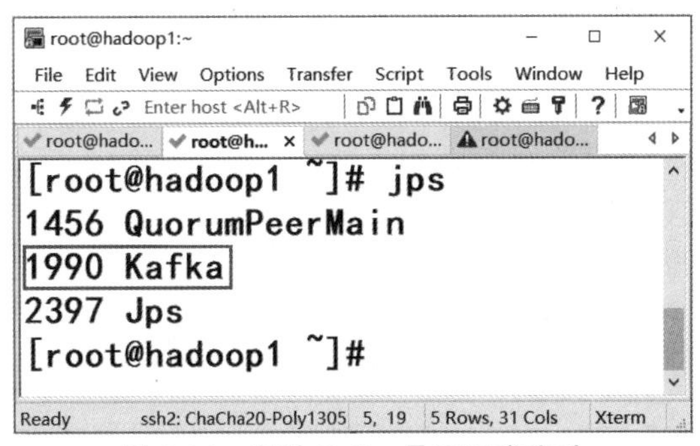

图 5-11　查看 Kafka 是否正常启动

从图 5-11 可以看出，虚拟机 Hadoop1 中存在名为 Kafka 的进程，说明 Kafka 服务正常启动。

如果要关闭 Kafka，则可以在图 5-10 所示界面通过 Ctrl ＋ C 组合键关闭 Kafka。

Kafka 集群的搭建相对简单，但在搭建 Kafka 时仍然需要明白以细心严谨的态度对待这一过程的重要性。这不仅有助于顺利完成 Kafka 的搭建，还能培养我们严谨的思维和端正的态度，为今后的综合发展打下坚实的基础。

5.5　Kafka 的基本操作

Kafka 提供了两种操作方式，一种是通过 Shell 命令的方式操作 Kafka，另一种是通过 API 的方式操作 Kafka。前者是 Kafka 最基本的操作方式，后者需要借助开发工具以编程语言的形式进行操作。接下来，本节针对 Kafka 的 Shell 操作和 API 操作进行详细讲解。

5.5.1　Kafka 的 Shell 操作

Shell 操作是使用 Kafka 最基本的方式，也是初学者入门的理想选择。Kafka 提供了 kafka-topics.sh、kafka-console-producer.sh 和 kafka-console-consumer.sh 脚本文件分别用于操作 Topic、启动生产者和启动消费者，具体讲解如下。

1. 操作主题

为了实现生产者和消费者之间的通信，必须先创建一个“公共频道”，也就是 Topic。操作 Topic 时，可以通过 kafka-topics.sh 脚本文件设置一些参数。下面通过表 5-1 来介绍操作 Topic 的常用参数。

表 5-1 列举了操作 Topic 的常用参数，如果读者想学习更多的操作 Topic 的参数，可以执行 kafka-topics.sh 命令进行查看。

表 5-1　操作 Topic 的常用参数

参　数	说　明
--bootstrap-server	连接 Broker 的主机名或 IP 地址和端口号。操作 Topic 时必须指定该参数，目的是在指定的 Broker 中创建并操作 Topic
--topic	设置 Topic 的名称，用户可自定义
--create	创建 Topic。需要配合--topic 参数使用

续表

参　　数	说　　明
--list	查看所有 Topic
--alter	修改 Topic,如修改 Topic 的分区数或副本数。需要配合--topic 参数使用
--describe	查看所有 Topic 的属性信息。如果需要查看指定 Topic 的属性信息,则需要配合--topic 参数使用
--delete	删除指定的 Topic。需要配合--topic 参数使用
--partitions	创建或修改 Topic 时设置分区数,若不设置分区数,则默认 Topic 的分区数为 1
--replication-factor	设置分区的副本数,分区的副本数不能超过开启 Broker 的数量,即不能超过启动 Kafka 服务的数量。若不设置副本数,则默认副本数为 1

接下来,根据表 5-1 列举的参数来操作 Topic。具体内容如下。

(1) 创建 Topic。

首先在虚拟机 Hadoop1 和 Hadoop2 上启动 Kafka 服务,然后在 Kafka 中创建一个名为 itcasttopic 的 Topic,设置 Topic 的分区数为 3,分区的副本数为 2,指定 Broker 的主机名为 hadoop1 和 hadoop2,端口号为 9092,具体命令如下。

```
$ kafka-topics.sh --create \
--topic itcasttopic \
--partitions 3 \
--replication-factor 2 \
--bootstrap-server hadoop1:9092,hadoop2:9092
```

上述命令执行完成后的效果如图 5-12 所示。

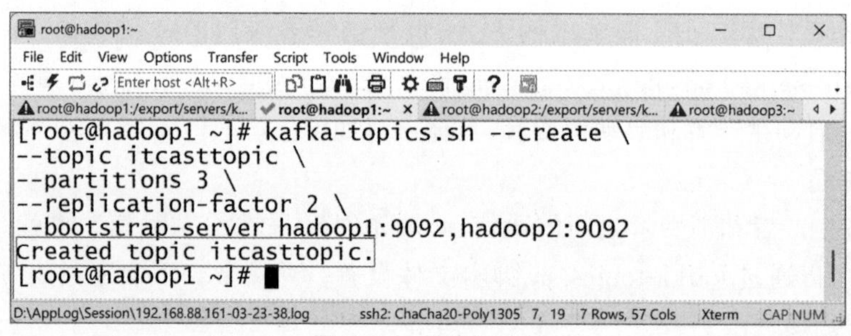

图 5-12　创建 Topic

在图 5-12 中,出现 Created topic itcasttopic 提示信息,说明名为 itcasttopic 的 Topic 已经创建成功。

(2) 查看 Topic 属性信息。

查看名为 itcasttopic 的 Topic 的属性信息,具体命令如下。

```
$ kafka-topics.sh \
--describe \
--topic itcasttopic \
--bootstrap-server hadoop1:9092,hadoop2:9092
```

上述命令执行完成后的效果如图 5-13 所示。

```
[root@hadoop1 ~]# kafka-topics.sh \
--describe \
--topic itcasttopic \
--bootstrap-server hadoop1:9092,hadoop2:9092
Topic: itcasttopic      TopicId: gPGvbGyDSbucH4yb_FpPUw PartitionCount: 3
ReplicationFactor: 2    Configs: segment.bytes=1073741824
        Topic: itcasttopic      Partition: 0    Leader: Replicas: 1,0    Isr: 1,0
        Topic: itcasttopic      Partition: 1    Leader: Replicas: 0,1    Isr: 0,1
        Topic: itcasttopic      Partition: 2    Leader: Replicas: 1,0    Isr: 1,0
[root@hadoop1 ~]#
```

图 5-13　查看 Topic 的属性信息

从图 5-13 可以看出，名为 itcasttopic 的 Topic 中包含 3 个分区，这些分区的标识分别为 0，1，2，并且每个分区的副本数为 2。

关于操作 Topic 的其他常用参数，读者可自行操作体验，这里不再展示。

2. 启动生产者

Topic 创建完成后，可以通过 kafka-console-producer.sh 脚本文件设置一些参数来启动生产者向指定 Topic 中发送消息。下面通过表 5-2 来介绍启动生产者的常用参数。

表 5-2　启动生产者的常用参数

参　数	说　明
--bootstrap-server	连接 Broker 的主机名或 IP 地址和端口号。启动生产者时必须指定该参数，目的是设置生产者向指定 Broker 中的 Topic 发送消息
--topic	生产者向指定 Topic 中生产并发送消息。该 Topic 必须已经在指定 Broker 中创建
--property	以自定义 key=value 的形式设置生产者生产消息时的属性信息。常用的内置属性信息有 parse.key 和 key.separator，前者用于指定生产者发送消息时是否解析消息的键，默认值为 false，表示不解析；后者用于指定解析消息中键的分隔符，默认为\t

表 5-2 列举了启动生产者的常用参数，如果读者想学习更多的操作生产者的参数，可以执行 kafka-console-producer.sh 命令进行查看。

接下来，根据表 5-2 列举的参数，在虚拟机 Hadoop1 中启动生产者，用于模拟生产者向 Topic 中生产并发送消息，具体命令如下。

```
$ kafka-console-producer.sh \
--bootstrap-server hadoop1:9092,hadoop2:9092 \
--topic itcasttopic \
--property parse.key=true \
--property key.separator=:
```

上述命令在 Kafka 中启动了一个生产者向名为 itcasttopic 的 Topic 发送消息，并且以“：”分隔符解析消息的键。

上述命令执行完成后的效果如图 5-14 所示。

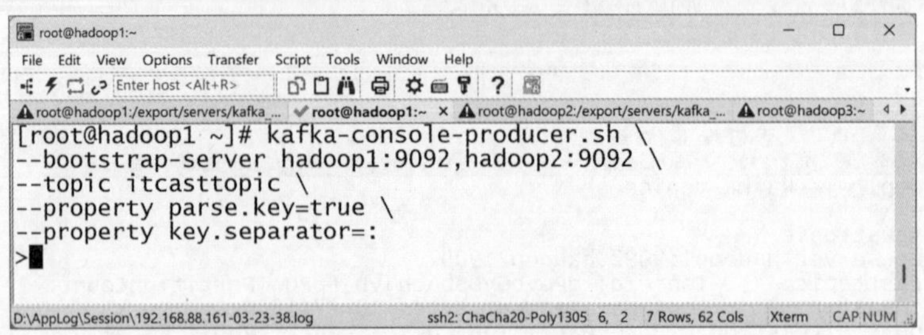

图 5-14 启动生产者

从图 5-14 可以看出，执行启动生产者命令后并无异常消息输出，并且光标一直保持闪烁状态，说明生产者启动成功。

此时在图 5-14 中输入“hello:spark”并按 Enter 键发送，相当于生产者向名为 itcasttopic 的 Topic 发送了一条消息，以便后续启动消费者时可以消费该消息。

3. 启动消费者

当生产者启动成功后，可以通过 kafka-console-consumer.sh 脚本文件设置一些参数来启动消费者消费生产者向 Topic 中发送的消息。下面通过表 5-3 来介绍启动消费者的常用参数。

表 5-3 启动消费者的常用参数

参数	说明
--bootstrap-server	连接 Broker 的主机名或 IP 地址和端口号。启动消费者时必须指定该参数，目的是设置消费者消费指定 Broker 中 Topic 中的消息
--topic	消费者消费指定 Topic 中的消息。该 Topic 必须已经在指定 Broker 中创建
--from-beginning	设置消费者从指定 Broker 中消费最早的消息。若不使用该参数，消费者则从指定 Broker 中消费最新的消息
--property	以 key=value 的形式设置消费者消费消息时的属性信息。常用的内置属性信息有 print.key、print.value、print.timestamp 和 print.offset，分别表示消费者消费消息时是否输出消息的键、是否输出消息的值、是否输出消息的时间戳和是否输出消息的偏移量。除 print.value 之外，其他属性的默认值均为 false，表示不输出
--group	指定消费者所属的消费者组，用户可自定义

表 5-3 列举了启动消费者的常用参数，如果读者想学习更多的操作消费者的参数，可以执行 kafka-console-consumer.sh 命令进行查看。

接下来，根据表 5-3 列举的参数，克隆一个虚拟机 Hadoop2 会话框，启动消费者用于消费 Topic 中的消息，具体命令如下。

```
$ kafka-console-consumer.sh \
--bootstrap-server hadoop1:9092,hadoop2:9092 \
--from-beginning \
--property print.timestamp=true \
--property print.offset=true \
--topic itcasttopic
```

上述命令在 Kafka 中启动了一个消费者从名为 itcasttopic 的 Topic 消费最早的消息，并且输出消息的时间戳和偏移量。

上述命令执行完成后的效果如图 5-15 所示。

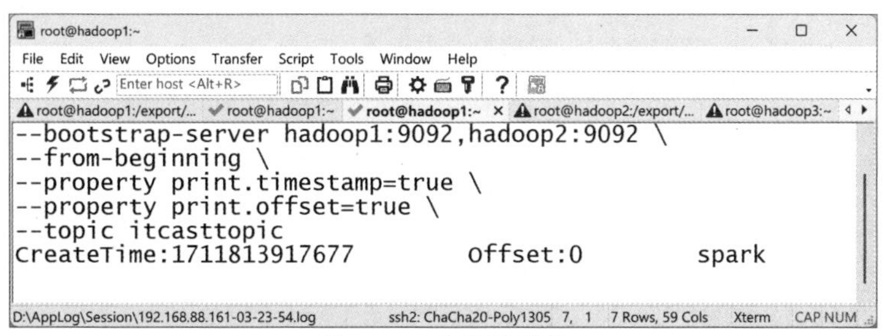

图 5-15　启动消费者

从图 5-15 可以看出，消费者启动完成后，输出了生产者向名为 itcasttopic 的 Topic 发送消息的值 spark，以及该消息的时间戳 1711813917677 和偏移量 0。如果需要输出消息的键，需要在启动消费者命令中添加--property print.key=true 参数。

5.5.2　Kafka 的 Python API 操作

Kafka 提供了多种编程语言的 API，以便用户能够在不同的编程语言环境下使用 Kafka，其中 Python API 是常用的 API 之一，它提供了简洁的 API 和易于使用的功能。通过 Python API 操作 Kafka 时，常用的开发工具为 PyCharm，该开发工具在代码提示、重构、调试等方面具有不错的功能。接下来，以 Python API 为例，讲解如何在 PyCharm 中操作 Kafka。

在 PyCharm 中实现 Kafka 的 Python API 操作需要安装 confluent-kafka 模块(2.5.0 版本)，具体安装步骤可参考 1.7 节。confluent-kafka 模块提供了 Producer API 和 Consumer API 用于操作 Kafka 的生产者和消费者，具体介绍如下。

1. Producer API

Producer API 提供了 Producer 类用于构建生产者并向指定 Topic 发送消息，该类提供的常用方法如表 5-4 所示。

表 5-4　Producer 类提供的常用方法

方　法	说　明
abort_transaction([timeout])	中止 Kafka 当前事务。允许生产者在某些情况下中止事务并回滚至已发送的消息。其中[timeout]为可选，用于指定中止 Kafka 当前事务的超时时间，单位为秒
begin_transaction()	开始 Kafka 中的新事务。将所有后续发送的消息视为新事务的一部分
produce(topic, value)	向指定 Topic 发送消息。其中 topic 为指定的 Topic，value 为发送的消息
flush([timeout])	将未发送的消息发送到指定主题中。其中[timeout]为可选，用于指定发送消息失败的超时时间，单位为秒

2. Consumer API

Consumer API 提供了 Consumer 类用于构建消费者并从指定 Topic 中消费消息，该类提供的常用方法如表 5-5 所示。

表 5-5 Consumer 类提供的常用方法

方 法	说 明
close()	关闭 Kafka 中的消费者,释放消费者占用的资源
subscribe(topics)	订阅一个或多个 Topic,以便 Kafka 消费者消费 Topic 中的消息
poll([timeout])	从指定 Topic 中轮询获取消息并进行消费。其中[timeout]为可选,用于指定消费者获取并消费消息的超时时间,单位为秒

接下来,以实例演示的方式介绍 Kafka 的 Python API 操作方式。

(1) 实现 Kafka 生产者。

在 Python_Test 项目中创建 Kafka 文件夹,并且在该文件夹下创建名为 KafkaProducerTest 的 Python 文件,实现 Kafka 生产者生产消息并将消息发送到 Topic 中,具体代码如文件 5-1 所示。

文件 5-1 KafkaProducerTest.py

```
1   import random
2   from confluent_kafka import Producer
3   #设置连接 Broker 的主机名、端口号
4   conf = {
5       "bootstrap.servers": "hadoop1:9092,hadoop2:9092"
6   }
7   #创建 Producer 对象,实现 Kafka 生产者
8   producer = Producer (conf)
9   for i in range(1, 51):
10      ran = str(random.randint(1, 50))
11      message = "hello world-" + ran
12      producer.produce(
13          topic="itcasttopic",
14          value=message
15      )
16  producer.flush()
```

在文件 5-1 中,第 9~15 行代码用于模拟 Kafka 生产者生产消息并发送到 Kafka 中名为 itcasttopic 的 Topic。消息内容为 1~50 的随机整数与字符串"hello world-"的拼接。第 16 行代码通过 flush()方法将所有待发送的消息发送到 Topic 中。

(2) 实现 Kafka 消费者。

在 Kafka 文件夹下创建名为 KafkaConsumerTest 的 Python 文件,实现 Kafka 消费者消费指定 Topic 中的消息,具体代码如文件 5-2 所示。

文件 5-2 KafkaConsumerTest.py

```
1   from confluent_kafka import Consumer
2   #设置连接 Kafka 消费者的主机名,端口号、消费者组以及消费消息的方式
3   conf = {
```

```
4       "bootstrap.servers": "hadoop1:9092,hadoop2:9092",
5       "group.id": "itcasttopic",
6       "auto.offset.reset": "earliest"
7   }
8   #创建 Consumer 对象,实现 Kafka 消费者
9   consumer = Consumer(conf)
10  #订阅 Kafka 中名为 itcasttopic 的 Topic
11  consumer.subscribe(topics=["itcasttopic"])
12  while True:
13      message = consumer.poll()
14      if message is not None:
15          data = message.value().decode("utf-8")
16          print(data)
```

在文件 5-2 中,第 5 行代码用于设置消费者所属的消费者组,目的是确保消费者能够正确地加入所需的消费者组中消费指定 Topic 中的消息,消费者组的名称用户可自定义。

第 6 行代码用于设置消费者消费消息的方式。参数 auto.offset.reset 设置为 earliest 表示从 Topic 中最早的消息进行消费。可选的参数值还有 latest 和 none,其中设置为 latest 表示从 Topic 中最新的消息进行消费,设置为 none 表示消费者从 Topic 中消费消息时,如果消息没有初始偏移量或者当前偏移量无效的情况下,立即抛出异常。

第 12～16 行代码用于输出消费者从名为 itcasttopic 的 Topic 中消费的消息。其中第 13 行代码通过 poll()方法从 Kafka 指定 Topic 中获取消息并进行消费。

首先在虚拟机 Hadoop1 和 Hadoop2 上启动 Kafka 服务,然后运行文件 5-1,启动 Kafka 生产者向指定 Topic 中发送消息,最后运行文件 5-2,启动 Kafka 消费者从指定 Topic 中消费消息,文件 5-2 的运行结果如图 5-16 所示。

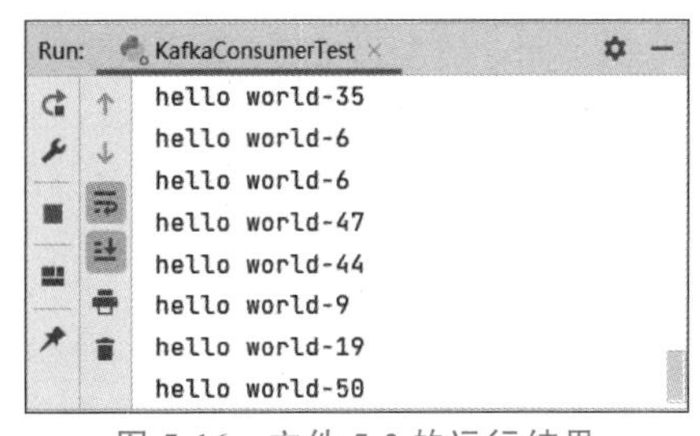

图 5-16　文件 5-2 的运行结果

从图 5-16 可以看出,PyCharm 控制台输出消费者消费的消息,说明生产者生产的消息成功被消费者消费。

5.6　案例——实时单词计数

随着大数据和实时计算技术的发展,越来越多的企业开始关注如何更有效地处理和分析实时数据,以支持业务决策和优化业务流程。在这一背景下,Kafka 作为一个高吞吐、低延迟的消息队列系统,为企业提供了强大的流处理功能,可以实现高效的实时数据处理和分析。

在实际应用中,Kafka 的实时单词计数应用程序广泛应用于文本处理、日志分析、实时监控等场景中。接下来,本节讲解如何使用 Kafka 实现实时单词计数,具体内容如下。

使用 Kafka 实现实时单词计数时,可以分为以下几个步骤。

(1) 创建 Topic。通过 Kafka 的 Shell 操作创建两个 Topic,其中一个 Topic 用于保存待统计的实时数据流,另一个 Topic 用于保存单词计数结果。

(2) 启动生产者和消费者。通过 Kafka 的 Shell 操作启动生产者和消费者,其中生产者用于模拟生产实时数据流并将其发送到保存待统计的实时数据流的 Topic 中,消费者用于消费保存有单词计数结果 Topic 中的消息。

(3) 编写代码,实现实时单词计数。通过 Kafka 的 Python API 编写实时单词计数程序,在程序中需要创建生产者对象和消费者对象,其中消费者对象通过 subscribe(topics)方法订阅保存待统计的实时数据流的 Topic,并通过 poll([timeout])方法从 Topic 中消费消息,然后将消费的消息按照单词计数实现逻辑进行统计,生产者对象通过 produce(topic, value)方法实现将单词计数结果发送给保存单词计数结果的 Topic 中。

(4) 执行测试,查看最终结果。

下面基于上述对案例步骤的分析演示如何使用 Kafka 实现实时单词计数。

1. 启动 Kafka 服务

在虚拟机 Hadoop1 和 Hadoop2 上启动 Kafka 服务。

2. 创建 Topic

在 Kafka 中创建名为 itcast-topic1 和 itcast-topic2 的 Topic,其中名为 itcast-topic1 的 Topic 用于保存待统计的实时数据流,名为 itcast-topic2 的 Topic 用于保存单词计数结果。

在虚拟机 Hadoop1 启动一个新的会话,并执行如下命令。

```
# 创建名为 itcast-topic1 的 Topic
$ kafka-topics.sh --create \
--topic itcast-topic1 \
--partitions 3 \
--replication-factor 2 \
--bootstrap-server hadoop1:9092,hadoop2:9092
# 创建名为 itcast-topic2 的 Topic
$ kafka-topics.sh --create \
--topic itcast-topic2 \
--partitions 3 \
--replication-factor 2 \
--bootstrap-server hadoop1:9092,hadoop2:9092
```

3. 启动生产者

在 Kafka 中启动生产者,用于将模拟生成的数据流发送到名为 itcast-topic1 的 Topic 中。在虚拟机 Hadoop1 执行如下命令。

```
$ kafka-console-producer.sh \
--bootstrap-server hadoop1:9092,hadoop2:9092 \
--topic itcast-topic1
```

4. 启动消费者

在 Kafka 中启动消费者,用于从名为 itcast-topic2 的 Topic 中消费消息。在虚拟机 Hadoop2 执行如下命令。

```
$ kafka-console-consumer.sh \
--bootstrap-server hadoop1:9092,hadoop2:9092 \
--topic itcast-topic2 \
--from-beginning \
--property print.key=true \
--property print.value=true
```

启动消费者的命令中，--property print.key=true 表示开启输出消息的键，--property print.value=true 表示开启输出消息的值。

5. 编写代码，实现实时单词计数

在 Kafka 文件夹下创建名为 KafkaCountTest 的 Python 文件，使用 Kafka 的 Python API 方式创建 Kafka 生产者和消费者，从名为 itcast-topic1 的 Topic 中消费消息实现实时单词计数，并将计数结果发送到名为 itcast-topic2 的 Topic 中。具体代码如文件 5-3 所示。

文件 5-3　KafkaCountTest.py

```
1  from collections import Counter
2  from confluent_kafka import Producer, Consumer
3  producer_conf = {
4      "bootstrap.servers": "hadoop1:9092,hadoop2:9092"
5  }
6  consumer_conf = {
7      "bootstrap.servers": "hadoop1:9092,hadoop2:9092",
8      "group.id": "itcast-topic"
9  }
10 producer = Producer(producer_conf)
11 consumer = Consumer(consumer_conf)
12 consumer.subscribe(topics=["itcast-topic1"])
13 word_counts = Counter()
14 while True:
15     message = consumer.poll()
16     if message is not None:
17         data = message.value().decode("utf-8")
18         words = data.split(" ")
19         word_counts.update(words)
20         for word, count in word_counts.items():
21             producer.produce(
22                 "itcast-topic2",
23                 key=word.encode("utf-8"),
24                 value=str(count).encode("utf-8")
25             )
26         producer.flush()
```

在文件 5-3 中，第 13 行代码创建一个名为 word_counts 的 Counter 对象，用于统计单词的出现次数。

第 14～26 行代码通过设置 while 循环的循环条件为 True 实现无限循环，从名为 itcast-topic1 的 Topic 中消费消息实现实时单词计数，并将计数结果发送到名为 itcast-topic2 的 Topic 中。其中第 15 行代码通过 poll()方法从指定 Topic 中消费消息；第 16～19

行代码判断消息是否为空，如果不为空则将消息按空格分隔符进行拆分，然后通过 update()方法更新 Counter 对象中单词出现的次数；第 20～25 行代码遍历 Counter 对象中每个单词及其对应的次数，为了便于查看，这里将每个单词作为消息的键(Key)，对应的次数作为消息的值(Value)，通过 produce()方法将消息发送到名为 itcast-topic2 的 Topic 中；第 26 行代码通过 flush()方法将所有待发送的消息立即发送到 Kafka。

6. 执行测试

运行文件 5-3，由于在虚拟机 Hadoop1 中启动的 Kafka 生产者还未生产消息，因此在虚拟机 Hadoop2 中启动的 Kafka 消费者并不会有输出结果。此时在 Kafka 生产者中输入 hello itcast hello spark hello kafka 并按 Enter 键发送，然后打开 Kafka 消费者，实时单词计数如图 5-17 所示。

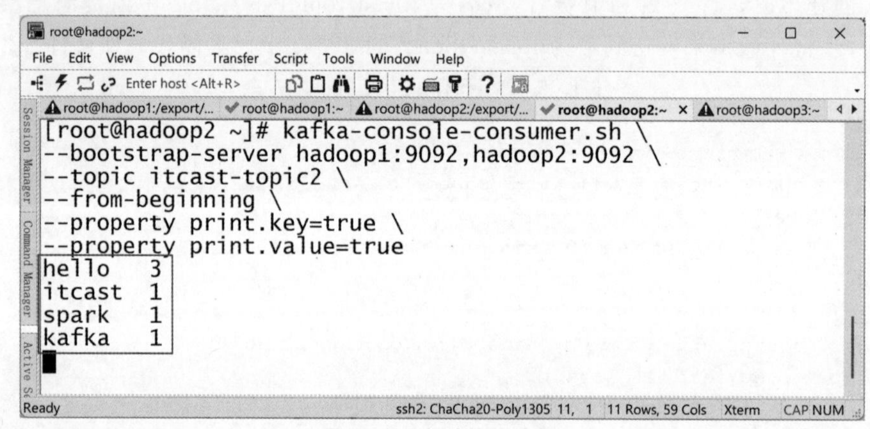

图 5-17　实时单词计数

从图 5-17 可以看出，Kafka 消费者输出单词计数结果，如单词 itcast 出现的次数为 1、单词 spark 出现的次数为 1 等。

5.7　本章小结

本章主要介绍了 Kafka 的基本知识和相关操作。首先，讲解了什么是消息队列。其次，讲解了 Kafka 的概念和工作原理。接着，讲解了 Kafka 集群的搭建和基本操作，包括 Kafka 的 Shell 操作和 Kafka 的 Python API 操作。最后，通过一个实时单词计数的案例讲解了如何使用 Kafka 的流处理功能实现实时数据处理。通过本章学习，读者能够建立起对 Kafka 基本架构的理解，掌握 Kafka 集群的搭建和基本操作，为实际项目中应用 Kafka 提供实用知识和技能。

5.8　课后习题

一、填空题

1. 消息队列主要应用场景为________、系统解耦和________。
2. 消息传递常见的模式是点对点消息传递模式和________。

3. Kafka是一个基于________系统的分布式发布订阅消息系统。

4. Kafka具有高吞吐，低延迟、________、持久性、________和支持多种语言的优点。

5. 消息由生产者发布到Kafka中后，Kafka采用________模型的方式消费消息。

二、判断题

1. Kafka短时间可以处理数量庞大的消息，但是延迟很高。（　　）

2. Kafka消费者消费消息后，会将已消费消息的offset保存在ZooKeeper中。（　　）

3. 在Kafka中，消费者消费一个主题中的消息后，后续便不能再次消费。（　　）

4. 在Kafka中，消费者组由多个消费者组成，组成的消费者组之间相互影响。（　　）

5. 在Kafka中，角色为Follower的Partition会复制角色为Leader的Partition中的消息。（　　）

三、选择题

1. 下列选项中，不属于Kafka优点的是（　　）。

A. 异步处理　　B. 高吞吐，低延迟　　C. 持久性　　D. 高可用性

2. 通过Shell操作设置Kafka主题分区数时，需要使用的参数是（　　）。

A. --describe　　B. --partitions

C. --replication-factor　　D. --alter

3. 使用Python API操作Kafka时，需要订阅一个或多个主题，需要使用的方法是（　　）。

A. produce(topic, value)　　B. poll([timeout])

C. subscribe(topics)　　D. flush([timeout])

4. 下列关于操作Kafka主题时常用参数的描述，错误的是（　　）。

A. --create表示创建主题

B. --list表示查看所有主题

C. --partitions表示设置主题的分区数，若不设置，则默认分区数为1

D. --delete表示删除所有的主题

5. 下列关于Kafka中Producer类常用方法作用的描述，错误的是（　　）。

A. abort_transaction([timeout])方法用于中止Kafka当前事务

B. begin_transaction()方法用于开始Kafka新事务

C. flush([timeout])方法用于刷新Kafka的连接

D. produce(topic, [value])方法用于向Kafka指定主题中的发送消息

四、简答题

1. 简述Kafka的优点。

2. 简述Kafka的工作流程。

第6章 Structured Streaming流计算引擎

学习目标：

- 了解 Spark Streaming 的不足，能够说出 Spark Streaming 在处理数据流时的弊端。
- 了解 Structured Streaming 的简介，能够叙述 Structured Streaming 的特点。
- 熟悉 Structured Streaming 编程模型，能够描述 Structured Streaming 如何处理实时数据。
- 掌握 Structured Streaming 的 API 操作，能够通过 Python API 的方式实现输入操作、转换操作和输出操作。
- 了解时间的分类，能够说出处理流数据中事件时间、注入时间和处理时间的区别。
- 掌握窗口操作，能够基于 Structured Streaming 实现滚动窗口、滑动窗口和会话窗口操作。
- 掌握物联网设备数据分析，能够模拟生成数据并分析。

创新是引领科技变革的重要因素，通过不断探索和创新，可以推动技术的进步和应用，为经济发展注入新的动力。在当前的数据处理领域，实时处理大量数据流的需求在不断增长，数据的复杂性随之不断扩大。然而，对数据流的传统处理方式却无法有效解决实时处理过程中出现的问题，如时效性低、灵活性不高等。为了解决这些问题，Spark 推出了 Structured Streaming，这是一种基于 Spark SQL 构建的可扩展且容错的流处理引擎，它提供了与 Spark SQL 类似的 API，既支持对数据流处理，也支持对数据批处理。本章从 Spark Streaming 的不足开始说起，逐步针对 Structured Streaming 的基本概念及其相关操作进行详细介绍。

6.1 Spark Streaming 的不足

Spark Streaming 实时接收数据时，会将数据切分成多个批数据，每批数据最终会被转换成 RDD 进行处理，并将处理结果保存到存储系统中。然而，这种处理方式并非总能满足实时数据处理的所有需求，存在以下几方面的弊端。

1. 不支持事件时间

事件时间(Event Time)是指数据产生时记录的时间，属于数据自身的属性，而 Spark Streaming 处理数据是基于处理时间(Processing Time)的，处理时间是指数据实际被处理的时间。例如，当系统在 09:59:00 时出现错误，产生一条错误日志，由于网络延迟在

10:00:10 时错误日志被 Spark Streaming 处理，其中 09:59:00 就是事件时间，10:00:10 就是处理时间，如果需要统计 9:00:00—10:00:00 系统出错的次数，Spark Streaming 便不能正确统计，导致结果不准确。

2. 流批处理不统一

数据的流处理、批处理是两种不同的数据处理方式，有时在进行数据处理时可能需要将流处理的逻辑应用到批处理上，使批处理和流处理共享相同的处理逻辑，减少代码的复杂度和维护成本。在这种情况下，使用 Spark Streaming 处理数据时会导致代码复杂度增加，需要开发人员对不同的处理方式进行区分。

3. 复杂的底层 API

Spark Streaming 提供的 API 是偏底层的。当面对复杂的数据处理时，便会导致编写 Spark Streaming 程序需要较多的代码来完成，增加了开发的难度。

4. end-to-end 的一致性语义需要手动实现

end-to-end 指的是 Spark Streaming 接收数据到输出数据的完整过程，如 Spark Streaming 接收 Kafka 中的数据，经过处理后将结果保存到 HDFS。在这个过程中，Spark Streaming 仅能确保中间处理数据的过程具有 Exactly Once（恰好一次）的一致性语义，而 Spark Streaming 接收 Kafka 数据和将结果保存到 HDFS 的一致性语义需要用户手动实现。手动实现的过程将会导致代码复杂性增加，增加维护成本。

多学一招：一致性语义

一致性语义是指在数据流处理中，保证数据处理时的正确性和顺序性的一种约定或规范。以下是常见的一致性语义的介绍。

- At most once（最多一次）：在数据流处理过程中每条数据可能被处理一次或不被处理，这种情况可能会造成数据丢失。
- At least once（至少一次）：在数据流处理过程中每条数据会被处理一次或多次，这种一致性语义比 At most once 的一致性语义安全性高，可以确保数据不会丢失，但可能会造成一条数据被重复处理多次。
- Exactly once：在数据流处理过程中每条数据只会被处理一次，这种一致性语义的安全性高，既可以保证数据不会丢失，也可以保证每条数据不会被处理多次。

6.2 Structured Streaming 概述

6.2.1 Structured Streaming 简介

Structured Streaming 是 Spark 新增的流处理引擎，它融合了流处理和批处理的编程模型，允许用户在一个程序中同时实现批处理和流处理，并且支持基于事件时间进行数据处理。简单来说，在使用 Structured Streaming 时，无须关心数据是流处理还是批处理，只需使用相同的数据处理逻辑来实现数据处理即可。这种流批统一的编程模型简化了流处理和批处理的开发过程，使得用户能够更容易地编写和维护程序。

Structured Streaming 默认情况下基于微批的模式处理数据，这种模式将数据切分成一批一批的数据进行处理，从而实现了低延迟的数据计算延迟。在 Spark 2.3 版本中，Spark

新增了一种名为“连续处理”的数据处理模式,这种模式可以实现更低的数据计算延迟,不过这种数据处理模式对 CPU、内存等资源的要求更高。

Structured Streaming 具有如下显著特点。

1. 统一的编程范式

由于 Structured Streaming 是基于 Spark SQL 的流处理引擎,所以和 Spark SQL 共用大部分 Dataset API、DataFrame API 和 SQL 语句,这对熟悉 Spark SQL 的用户很容易上手,代码也十分简洁。同时数据的批处理和流处理之间还可以共用代码,不需要开发两种不同数据处理的代码,提高了开发效率。

2. 卓越的性能

Structured Streaming 在与 Spark SQL 共用 Dataset API 和 DataFrame API 的同时,可以利用 Spark SQL 引擎来优化查询执行计划,充分发挥 Catalyst(优化器)对查询优化的优势。这使得查询能够更有效地执行,减少了不必要的计算和数据移动。

3. 多语言支持

Structured Streaming 支持多种编程语言,包括 Scala、Java、Python 和 R。这样,用户可以选择熟悉或适合需求的编程语言来构建程序。

6.2.2 Structured Streaming 编程模型

Structured Streaming 的核心思想是将实时数据流看作一个不断追加数据的表,这种思想使得我们能够更加轻松地使用 Dataset API 、DataFrame API 和 SQL 语句进行实时数据分析,这也导致了 Structured Streaming 在进行流处理时保持了与批处理相似的编程模型。接下来,通过图 6-1 来学习 Structured Streaming 的编程模型。

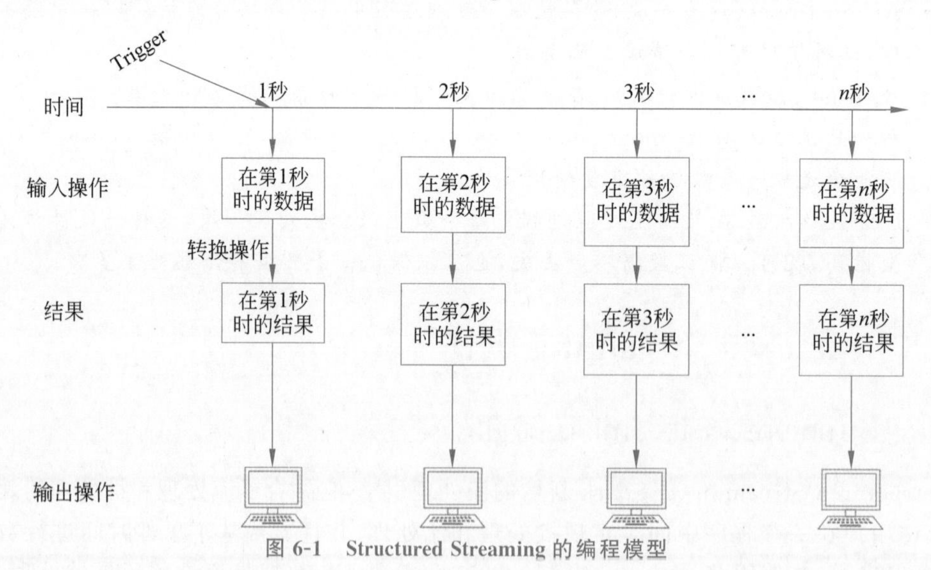

图 6-1 Structured Streaming 的编程模型

从图 6-1 可以看出,Structured Streaming 的编程模型主要包括输入操作、转换操作和输出操作,当时间为第 1 秒时,Trigger(触发器)触发数据的输入操作,然后通过转换操作得到第 1 秒时的结果并进行输出,后续每经过 1 秒便会进行同样的操作,并在前 1 秒的结果上增量更新并输出。

为了更好地理解 Structured Streaming 的编程模型，接下来，通过对每行数据进行转换实现单词计数为例，介绍 Structured Streaming 编程模型的使用，具体如图 6-2 所示。

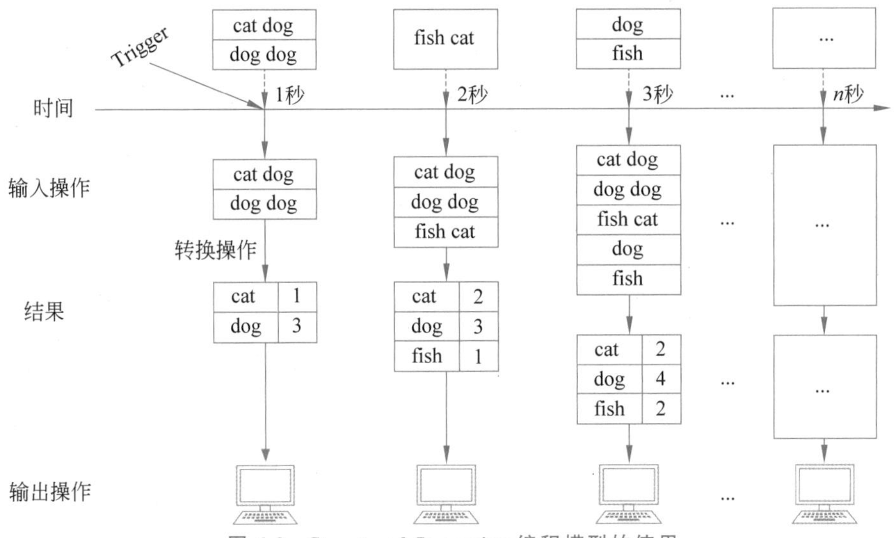

图 6-2　Structured Streaming 编程模型的使用

在图 6-2 中，当时间为第 1 秒时，此时读取到的数据为 cat dog 和 dog dog，Trigger 触发输入操作，通过转换操作得到第 1 秒时的结果为 cat=1，dog=3，并进行输出。

当时间为第 2 秒时，此时读取到的数据为 fish cat，Trigger 触发输入操作，然后在第 1 秒结果的基础上对结果增量更新，得到第 2 秒时的结果为 cat=2，dog=3，fish=1，并进行输出。

当时间为第 3 秒时，此时读取到的数据为 dog 和 fish，Trigger 触发输入操作，然后在第 2 秒结果的基础上对结果增量更新，得到第 3 秒时的结果为 cat=2，dog=4，fish=2，并进行输出。

后续重复进行单词计数操作，每经过 1 秒便会在前 1 秒的结果上对结果增量更新，并进行输出。

通过上述对 Structured Streaming 编程模型及其使用的讲解，不难发现 Structured Streaming 处理实时数据时，会负责将新到达的数据与历史数据进行整合，并完成正确的计算操作，同时更新结果。

6.3　Structured Streaming 的 API 操作

Structured Streaming 与 Spark SQL 具有相同的数据模型 DataFrame，可以在 Structured Streaming 中使用 DataFrame API 完成一系列操作，这些操作包括输入操作、转换操作和输出操作。接下来，本节针对 Structured Streaming 的 API 操作进行详细讲解。

6.3.1　输入操作

输入操作可以为 Structured Streaming 程序指定从不同的数据源实时读取数据流并创建 DataFrame。Structured Streaming 支持多种类型的数据源，包括 Socket 数据源、文件数据源、Kafka 数据源等。

本节主要介绍通过 Socket 数据源和文件数据源创建 DataFrame 的输入操作，关于 Kafka 数据源的输入操作会在 6.5 节进行重点讲解，具体内容如下。

1. Socket 数据源

SparkSession 对象提供了 readStream 属性，该属性返回一个 DataStreamReader 对象，通过调用该对象的一系列方法可以从 Socket 数据源中实时读取数据流并创建 DataFrame，语法格式如下。

```
readStream.format("socket").option("host", host).option("port", port).load()
```

上述语法格式中，format()方法表示指定读取数据源的类型，option()方法用于设置读取数据源的相关配置，从 Socket 数据源读取数据流时至少需要使用两次 option()方法分别设置 Socket 服务的 host(IP 地址或主机名)和 port(端口号)，load()方法用于加载数据源并创建 DataFrame。

DataFrame 创建完成后，需要调用 DataFrame 的 writeStream 属性启动 Structured Streaming 程序对 DataFrame 进行处理，该属性返回一个 DataStreamWriter 对象，通过调用该对象的一系列方法可以将创建的 DataFrame 输出，语法格式如下。

```
writeStream.format(sink).option().start().awaitTermination()
```

上述语法格式中，format()方法用于指定 DataFrame 输出到不同的 sink(接收器)中，如 Console(控制台)、File(文件)等，在测试环境中通常指定接收器为 Console，即 format("console")。option()方法用于指定接收器的相关配置，针对不同的 sink，该方法所使用的次数有所不同。start()方法用于启动 Structured Streaming 程序输出 DataFrame。awaitTermination()方法是一个阻塞方法，用于等待流式查询的终止。

接下来，演示如何在 Structured Streaming 程序中从 Socket 数据源实时读取数据流并输出，具体操作步骤如下。

(1) 实现 Structured Streaming 程序。

在 Python_Test 项目中创建 StructuredStreaming 文件夹，并且在该文件夹中创建名为 SocketTest 的 Python 文件，该文件用于编写 Structured Streaming 程序，实现从 Socket 数据源实时读取数据流并将其输出到控制台，具体代码如文件 6-1 所示。

文件 6-1　SocketTest.py

```
1  from pyspark.sql import SparkSession
2  # 创建 SparkSession 对象，指定 Structured Streaming 程序的配置信息
3  spark = SparkSession.builder.master("local[*]") \
4      .appName("SocketTest") \
5      .getOrCreate()
6  # 指定数据源为 Socket
7  SocketDF = spark.readStream.format("socket") \
8      .option("host", "hadoop1") \
9      .option("port", 9999) \
10     .load()
11 SocketDF.writeStream.format("console").start().awaitTermination()
```

在文件 6-1 中，第 7～10 行代码表示从主机名为 hadoop1，端口号为 9999 的 Socket 数据源实时读取数据流创建 DataFrame，并将其保存在变量 SocketDF 中。

第 11 行代码表示将名为 SocketDF 的 DataFrame 输出到控制台。

(2) 测试 Structured Streaming 程序。

首先在虚拟机 Hadoop1 通过 9999 端口启动 Socket 服务，然后在 PyCharm 运行文件 6-1 实现的 Structured Streaming 程序，最后在 Socket 服务输入 learn spark 并按 Enter 键发送，文件 6-1 的运行结果如图 6-3 所示。

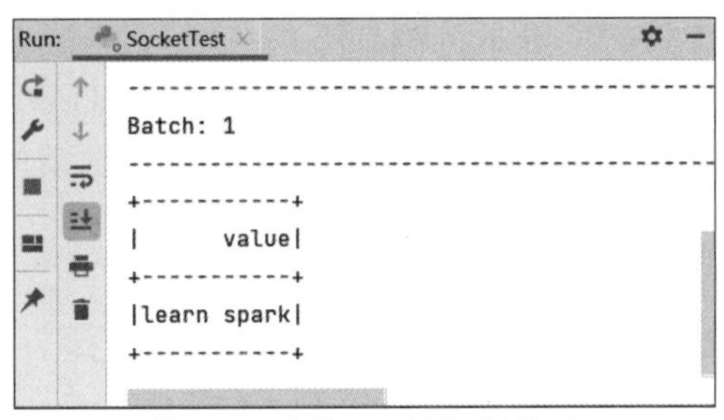

图 6-3　文件 6-1 的运行结果

从图 6-3 可以看出，控制台输出 learn spark，说明 Structured Streaming 程序成功从建立的 Socket 服务实时读取数据流。

2. 文件数据源

文件数据源是指从指定文件系统的文件中获取数据，支持的文件格式有 Text、CSV、JSON、ORC 和 Parquet。SparkSession 对象提供了 readStream 属性，该属性返回一个 DataStreamReader 对象，通过调用该对象的一系列方法可以从指定文件系统的文件中实时读取数据流并创建 DataFrame，具体语法格式如下。

```
readStream.format("file_type").option("path", directory).load()
```

上述语法格式中，format()方法表示指定读取数据源的类型。option()方法用于设置读取数据源的相关配置，这里至少需要调用一次 option()方法用于设置读取文件数据源的目录。需要注意的是，只有 Structured Streaming 程序启动之后，指定目录中新增的文件才会作为数据流被读取。

接下来，演示如何在 Structured Streaming 程序中从文件数据源实时读取数据流并输出，具体操作步骤如下。

(1) 实现 Structured Streaming 程序。

在 StructuredStreaming 文件夹中创建名为 FileTest 的 Python 文件，该文件用于编写 Structured Streaming 程序，实现从 HDFS 实时读取数据流并将其输出到控制台，具体代码如文件 6-2 所示。

文件 6-2　FileTest.py

```
1   from pyspark.sql import SparkSession
2   spark = SparkSession.builder.master("local[*]") \
3       .appName("FileTest") \
4       .getOrCreate()
```

```
5   TextDF = spark.readStream.format("text") \
6       .option("path", "hdfs://hadoop1:9000/structuredstreaming/data") \
7       .load()
8   TextDF.writeStream \
9       .format("console") \
10      .option("truncate", "false") \
11      .start() \
12      .awaitTermination()
```

在文件 6-2 中,第 5~7 行代码表示从 HDFS 的/structuredstreaming/data 目录下实时读取 Text 格式的数据创建 DataFrame,并将其保存在名为 TextDF 的 DataFrame 中。第 10 行代码表示设置 PyCharm 控制台输出结果不进行列宽自动缩小,即将每行数据全部显示。

(2) 测试 Structured Streaming 程序。

首先,确保 Hadoop 集群处于启动状态下,在 HDFS 创建目录/structuredstreaming/data,该目录会作为 Structured Streaming 程序读取文件的目录。在虚拟机 Hadoop1 执行如下命令。

```
$ hdfs dfs -mkdir -p /structuredstreaming/data
```

然后,在虚拟机 Hadoop1 的/export/data 目录执行 vi word.txt 命令编辑文件 word.txt,并在该文件中添加如下内容。

```
hello world
hello spark
hello structuredstreaming
```

上述内容添加完成后,保存并退出编辑即可。

最后,运行文件 6-2 表示从 HDFS 实时读取数据流并将其输出到控制台。将创建的文件 word.txt 上传到 HDFS 的/structuredstreaming/data 目录,在虚拟机 Hadoop1 执行如下命令。

```
$ hdfs dfs -put /export/data/word.txt /structuredstreaming/data
```

上述命令执行完成后,文件 6-2 的运行结果如图 6-4 所示。

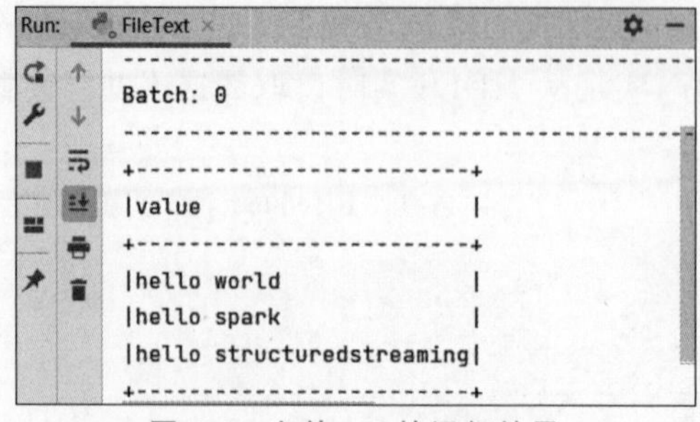

图 6-4　文件 6-2 的运行结果

从图 6-4 可以看出，控制台输出文件 word.txt 中的内容，说明 Structured Streaming 程序成功从 HDFS 的/structuredstreaming/data 目录实时读取数据流。

6.3.2　转换操作

Structured Streaming API 提供了转换算子用于对 DataFrame 进行转换操作。下面，通过表 6-1 来列举 Structured Streaming API 提供的与转换操作相关的基础算子。

表 6-1　Structured Streaming API 提供的与转换操作相关的基础算子

算子	语法格式	说　明
select	DataFrame.select(cols)	选取 DataFrame 中指定列，其中 cols 用于指定列名
where	DataFrame.where(condition)	筛选 DataFrame 中符合条件的数据，其中 condition 用于设置筛选条件。该算子与 Spark SQL 中的 filter()方法作用相同
groupBy	DataFrame.groupBy(cols)	对 DataFrame 中指定列进行分组查询，需要配合使用聚合操作，如 count()函数

表 6-1 列举了 Structured Streaming API 提供的与转换操作相关的基础算子。下面，演示表 6-1 中算子的使用，具体内容如下。

1. select 算子

在 StructuredStreaming 文件夹中创建名为 TransitionTest 的 Python 文件，该文件用于编写 Structured Streaming 程序，实现使用 select 算子选取 DataFrame 中指定列并输出，具体代码如文件 6-3 所示。

文件 6-3　TransitionTest.py

```
1  from pyspark.sql import SparkSession
2  from pyspark.sql.functions import split, col
3  spark = SparkSession.builder.master("local[*]") \
4      .appName("TransitionTest") \
5      .getOrCreate()
6  SocketDF = spark.readStream.format("socket") \
7      .option("host", "hadoop1") \
8      .option("port", 9999) \
9      .load()
10 data = SocketDF.withColumn("value", split(SocketDF.value, ","))
11 result = data.select(
12     col("value")[0].alias("Id"),
13     col("value")[1].alias("Name"),
14     col("value")[2].alias("Level")
15 )
16 result.writeStream \
17     .format("console") \
18     .option("truncate", "false") \
19     .start() \
20     .awaitTermination()
```

在文件 6-3 中，第 10 行代码通过 withColumn()方法对 DataFrame 中 value 列按照“,”

进行拆分作为新的 value 列,并将其保存到变量 data 中。

第 11～15 代码使用 select 算子选取 DataFrame 中第 1 个元素、第 2 个元素和第 3 个元素,将其对应的列名依次命名为 Id、Name 和 Level 并保存在变量 result 中。

接下来,首先在虚拟机 Hadoop1 通过 9999 端口建立 Socket 服务,然后在 PyCharm 运行文件 6-3 实现的 Structured Streaming 程序,最后在 Socket 服务依次输入并发送下列内容。

```
1,xiaoming,A
1,xiaohong,B
2,xiaoliang,A
```

上述内容输入并发送完成后,在 PyCharm 的控制台查看文件 6-3 的运行结果,如图 6-5 所示。

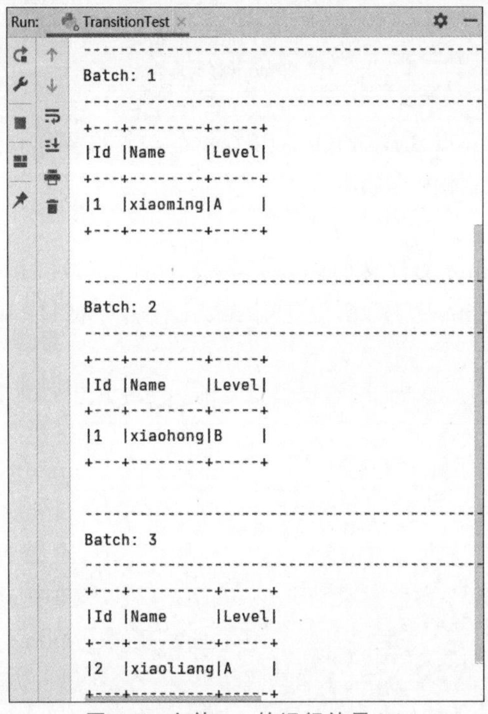

图 6-5 文件 6-3 的运行结果(1)

从图 6-5 可以看出,PyCharm 控制台输出相应的数据,说明成功使用 select 算子选取 DataFrame 中指定列并输出。

2. where 算子

使用 where 算子筛选出 DataFrame 中符合条件的数据。在文件 6-3 中第 15 行代码下添加如下代码。

```
result = result.where("Level = 'A'")
```

上述代码中,使用 where 算子对名为 result 的 DataFrame 进行筛选,获取 Level 列的值为 A 的数据。

接下来，首先在虚拟机 Hadoop1 通过 9999 端口启动 Socket 服务，然后在 PyCharm 运行文件 6-3 实现的 Structured Streaming 程序，最后在 Socket 服务依次输入并发送使用 select 算子时的数据。文件 6-3 的运行结果如图 6-6 所示。

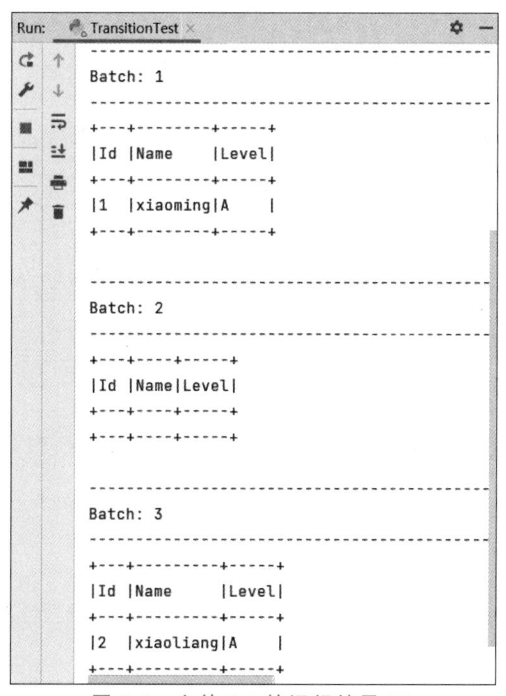

图 6-6　文件 6-3 的运行结果(2)

从图 6-6 可以看出，当输入并发送第 2 条数据“1，xiaohong，B”时，PyCharm 控制台没有数据输出，说明成功使用 where 算子对 DataFrame 进行了处理。

3. groupBy 算子

使用 groupBy 算子对 DataFrame 中的数据进行分组，并配合使用 count()函数进行聚合操作。在文件 6-3 中第 15 行代码下添加如下代码。

```
result = result.groupBy("Level").count()
```

上述代码中，通过 groupBy 算子对名为 result 的 DataFrame 中列名为 Level 的列进行分组，并使用 count()函数统计 Level 列相同数据的个数。

由于使用 count()函数会对 DataFrame 中所有数据进行聚合操作，在输出时需要确保将聚合操作结果完整输出，所以需要使用 outputMode()方法指定输出模式为 complete，将数据完整输出。在文件 6-3 中第 18 行代码下添加如下代码。

```
.outputMode("complete") \
```

接下来，首先在虚拟机 Hadoop1 通过 9999 端口启动 Socket 服务，然后在 PyCharm 运行文件 6-3 实现的 Structured Streaming 程序，最后在 Socket 服务依次输入并发送使用 select 算子时的数据。文件 6-3 的运行结果如图 6-7 所示。

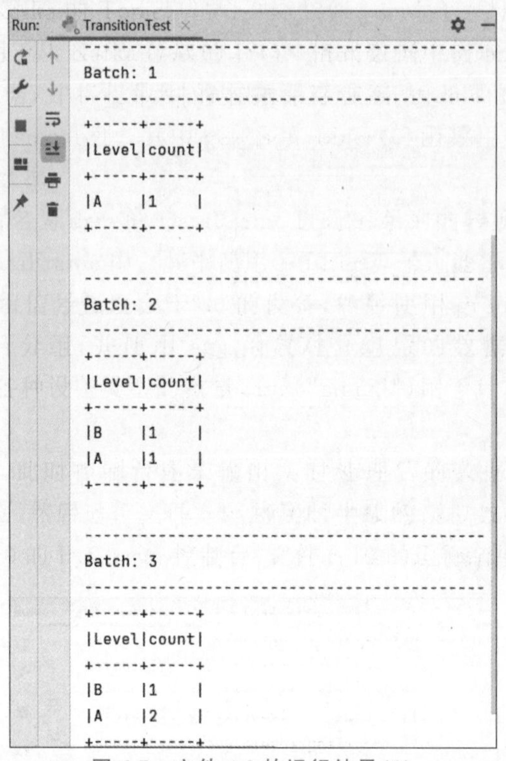

图6-7 文件6-3的运行结果(3)

从图6-7可以看出,PyCharm控制台最终输出的Level列中值为A的个数为2,B的个数为1,说明成功使用groupBy算子并配合使用count()函数对DataFrame进行了处理。

多学一招:Structured Streaming中的数据输出模式

在Structured Streaming中,数据的输出模式有3种,分别是append、complete和update,关于这3种输出模式的介绍如下。

- append:将新的数据进行追加并输出,该输出模式只支持简单查询操作,不支持聚合查询操作。
- complete:将完整的数据进行输出,支持聚合和排序查询操作。
- update:将有更新的数据进行输出,支持聚合查询操作但不支持排序查询操作,如果没有聚合查询操作则与append效果相同。

6.3.3 输出操作

Structured Streaming的输出操作可以将处理后的DataFrame输出到不同的接收器中。下面,通过表6-2来列举Structured Streaming支持的不同接收器。

表6-2 Structured Streaming支持的不同接收器

接收器	说明
File	将处理后的DataFrame输出到文件接收器中,支持的文件格式有Text、CSV、JSON、ORC和Parquet

续表

接　收　器	说　　明
Kafka	将处理后的 DataFrame 输出到 Kafka 接收器中
Foreach	将处理后的 DataFrame 以自定义函数的形式输出到外部接收器中，适用于对数据流处理
ForeachBatch	将处理后的 DataFrame 以自定义函数批量输出到外部接收器中，适用于对数据批处理
Console	将处理后的 DataFrame 输出到控制台接收器，相关操作可参考 6.3.1 节和 6.3.2 节
Memory	将处理后的 DataFrame 以表的形式输出到内存接收器中

表 6-2 列举了 Structured Streaming 支持的不同接收器，下面演示表 6-2 中不同接收器的使用，具体内容如下。

1. File 接收器

在 StructuredStreaming 文件夹中创建名为 FileOutputTest 的 Python 文件，该文件用于编写 Structured Streaming 程序，实现将处理后的 DataFrame 以文件的形式输出到 HDFS 的/OutputTest 目录下，具体代码如文件 6-4 所示。

文件 6-4　FileOutputTest.py

```
1   from pyspark.sql import SparkSession
2   import os
3   #指定对 HDFS 具有写入权限的用户 root
4   os.environ["HADOOP_USER_NAME"] = "root"
5   spark = SparkSession.builder.master("local[*]") \
6       .appName("FileOutputTest") \
7       .getOrCreate()
8   SocketDF = spark.readStream.format("socket") \
9       .option("host", "hadoop1") \
10      .option("port", 9999) \
11      .load()
12  SocketDF.writeStream \
13      .format("text") \
14      .option("path", "hdfs://hadoop1:9000/OutputTest") \
15      .option("checkpointLocation", "hdfs://hadoop1:9000/checkpoint") \
16      .start() \
17      .awaitTermination()
```

在文件 6-4 中，第 12～17 行代码将保存在 SocketDF 中的 DataFrame 输出到 HDFS 的/OutputTest 目录下，该目录无须手动创建。其中第 13 行代码通过 format()方法指定 DataFrame 输出格式为 text，第 15 行代码用于在 HDFS 的/checkpoint 目录下保存 DataFrame 的元数据和状态信息，该目录无须手动创建。

确保 Hadoop 集群正常启动，运行文件 6-4 实现的 Structured Streaming 程序，然后在 Socket 服务输入并发送 spark is interesting，打开 HDFS 的/OutputTest 目录，如图 6-8 所示。

从图 6-8 可以看出，HDFS 的/OutputTest 目录下生成了两个后缀为 txt 的文件，文件大小分别为 0B 和 21B，其中大小为 0B 的文件是由于最开始运行 Structured Streaming 程序时无数据输入导致生成了内容为空的文件。

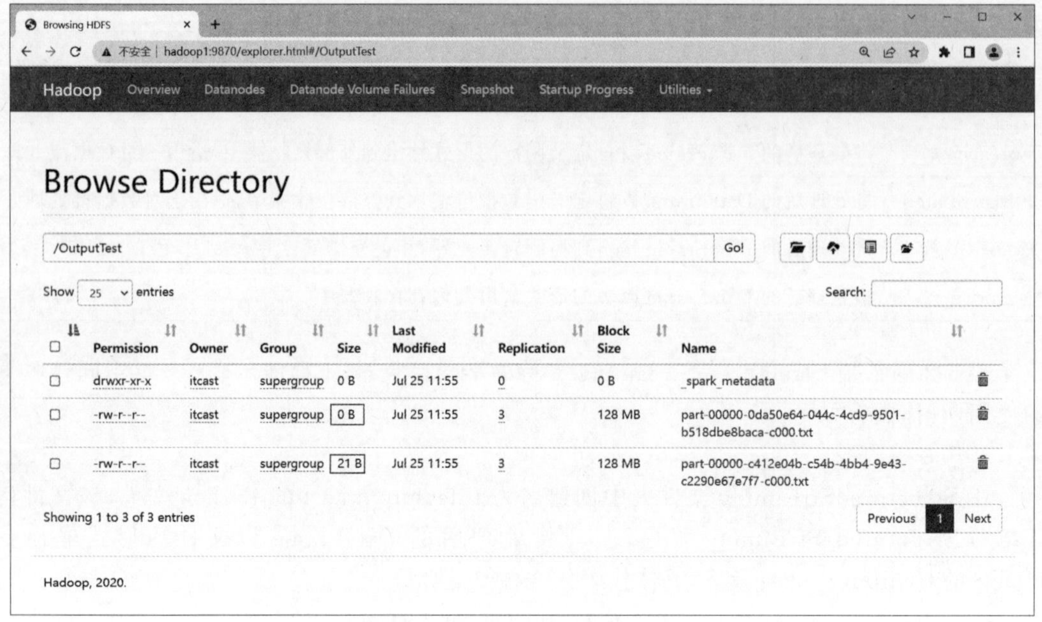

图 6-8 HDFS 的/OutputTest 目录

单击大小为 21B 的文件名,然后单击 Head the file (first 32K)查看文件内容,如图 6-9 所示。

图 6-9 查看文件内容

从图 6-9 可以看出,文件内容为 spark is interesting,符合 Socket 服务发送的数据,说明成功将 DataFrame 以文件的形式输出到 HDFS 的/OutputTest 目录下。

2. Kafka 接收器

在 StructuredStreaming 文件夹中创建名为 KafkaOutputTest 的 Python 文件,该文件用于编写 Structured Streaming 程序,实现将处理后的 DataFrame 输出到 Kafka 指定 Topic 中,具体代码如文件 6-5 所示。

文件 6-5 KafkaOutputTest.py

```
1   from pyspark.sql import SparkSession
2   spark = SparkSession.builder.master("local[*]") \
3       .appName("KafkaOutputTest") \
4       .config("spark.jars.packages",
5               "org.apache.spark:spark-sql-kafka-0-10_2.12:3.3.0") \
6       .getOrCreate()
```

```
7   SocketDF = spark.readStream.format("socket") \
8       .option("host", "hadoop1") \
9       .option("port", 9999) \
10      .load()
11  SocketDF.writeStream \
12      .format("kafka") \
13      .option("kafka.bootstrap.servers", "hadoop1:9092,hadoop2:9092") \
14      .option("topic", "df") \
15      .option("checkpointLocation", "D:\checkpoint") \
16      .start() \
17      .awaitTermination()
```

在文件 6-5 中，第 4、5 行代码设置 Structured Streaming 程序连接 Kafka 的依赖。第 11～17 行代码将保存在 SocketDF 中的 DataFrame 输出到名为 df 的 Topic 中。其中第 12 行代码通过 format()方法指定 DataFrame 输出格式为 Kafka，第 13、14 行指定 Kafka 的主机名、端口号和 Topic 名称，第 15 行代码用于在个人计算机 D 盘的 checkpoint 目录下保存 DataFrame 的元数据和状态信息，该目录无须手动创建。

在运行文件 6-5 之前，需要在虚拟机 Hadoop1 和虚拟机 Hadoop2 中启动 Kafka 用于创建名为 df 的 Topic 并启动 Kafka 消费者验证 DataFrame 成功发送到指定 Topic 中，启动 Kafka 的操作可参考 5.4 节。接下来，在 Kafka 中创建名为 df 的 Topic 并启动 Kafka 消费者，具体命令如下。

```
# 创建名为 df 的 Topic
$ kafka-topics.sh --create \
--topic df \
--partitions 3 \
--replication-factor 2 \
--bootstrap-server hadoop1:9092,hadoop2:9092
# 启动消费者
$ kafka-console-consumer.sh \
--bootstrap-server hadoop1:9092,hadoop2:9092 \
--from-beginning \
--topic df
```

上述命令执行完成后，运行文件 6-5，然后在 Socket 服务输入并发送数据 spark kafka，打开虚拟机 Hadoop1 中启动的 Kafka 消费者，如图 6-10 所示。

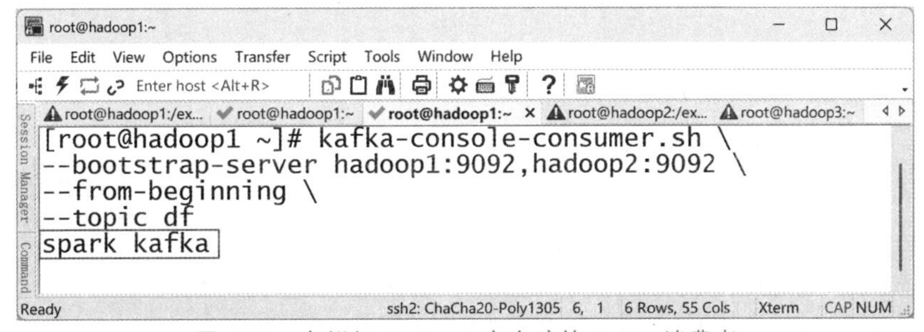

图 6-10 虚拟机 Hadoop1 中启动的 Kafka 消费者

从图6-10所示,Kafka消费者输出spark kafka,说明成功将DataFrame输出到Kafka指定Topic中。

3. Foreach接收器

在StructuredStreaming文件夹中创建名为F_OutputTest的Python文件,该文件用于编写Structured Streaming程序,实现将处理后的DataFrame以自定义函数的形式输出到个人计算机的D:\Output\output.txt文件中,其中Output目录需要提前手动创建,具体代码如文件6-6所示。

文件6-6　F_OutputTest.py

```
1  from pyspark.sql import SparkSession
2  spark = SparkSession.builder.master("local[ * ]") \
3      .appName("F_OutputTest") \
4      .getOrCreate()
5  SocketDF = spark.readStream.format("socket") \
6      .option("host", "hadoop1") \
7      .option("port", 9999) \
8      .load()
9  def Output(row):
10     data = row.value.split(" ")
11     with open("D:\Output\output.txt", mode="a") as file:
12         for word in data:
13             file.write(word + "\n")
14 SocketDF.writeStream \
15     .foreach(Output) \
16     .start() \
17     .awaitTermination()
```

在文件6-6中,第9～13行代码定义一个名为Output的函数,参数为row,实现将数据按照空格拆分以追加的形式写入D:\Output\output.txt文件中。其中第10行代码将数据按照空格拆分并将其保存到变量data中,第11行代码通过with语句打开D:\Output\output.txt文件,mode="a"表示以追加的方式打开文件,第12、13行代码通过for循环遍历变量data中保存的数据并通过write()方法将遍历的数据写入文件中。第15行代码通过foreach()方法调用定义的Output()函数,实现以自定义函数的形式输出到个人计算机的D:\Output\output.txt文件中。

运行文件6-6,然后在Socket服务输入并发送数据spark python hadoop,以记事本的方式打开D:\Output\output.txt文件,如图6-11所示。

从图6-11可以看出,D:\Output\output.txt文件中的内容为spark、python和hadoop,说明成功将DataFrame以自定义函数的形式输出到个人计算机的D:\Output\output.txt文件中。

图6-11　D:\Output\output.txt文件

4. ForeachBatch接收器

将处理后的DataFrame以自定义函数批量输出到个人计算机的D:\Output\output1.txt文件中。将文件6-6中第9～13行代码修改为如下代码。

```
1   def Output(batch, rowID):
2       with open("D:\Output\output1.txt", mode="a") as file:
3           for line in batch.toLocalIterator():
4               data = line.value.split(" ")
5               for word in data:
6                   file.write(word + "\n")
```

上述代码中，定义一个名为 Output 的函数，参数为 batch 和 rowID，实现将数据按照空格拆分以追加的形式写入 D:\Output\output1.txt 文件中。其中 toLocalIterator()方法用于返回一个迭代器，便于遍历 DataFrame 中的每一行数据。

上述代码修改完成后，还需将文件 6-6 中第 15 行代码的 foreach()方法修改为 foreachBatch()方法。

运行修改后的文件 6-6，然后在 Socket 服务输入并发送数据 spark python hadoop，由于上述代码处理数据逻辑是按照空格拆分以追加的形式写入文件中，因此最终 D:\Output\output1.txt 文件中的效果与 D:\Output\output.txt 文件中的效果相同，这里不再展示。

需要说明的是，输出格式为 Foreach 适用于每条数据单独处理场景，而输出格式为 ForeachBatch 适用于大规模数据处理场景，可以将其想象为日常做家务洗碗的过程，foreach()方法就像在洗碗时，每洗一个碗就会检查一下这个碗是否洗干净了。而 foreachBatch()方法就像在洗碗时，会一次性把所有的碗都拿出来，然后决定哪些碗需要再洗一遍，哪些碗已经洗干净了，可以同时看到并处理所有的碗。

5. Memory 接收器

在 StructuredStreaming 文件夹中创建名为 MemoryOutputTest 的 Python 文件，该文件用于编写 Structured Streaming 程序，将处理后的 DataFrame 以表的形式输出到内存中，并查看表中的数据，具体代码如文件 6-7 所示。

文件 6-7　MemoryOutputTest.py

```
1   import time
2   from pyspark.sql import SparkSession
3   spark = SparkSession.builder.master("local[*]") \
4       .appName("MemoryOutputTest") \
5       .getOrCreate()
6   SocketDF = spark.readStream.format("socket") \
7       .option("host", "hadoop1") \
8       .option("port", 9999) \
9       .load()
10  SocketDF.writeStream \
11      .queryName("mem_table") \
12      .format("memory") \
13      .start()
14  while True:
15      spark.sql("select * from mem_table").show()
16      time.sleep(10)
```

在文件 6-7 中，第 10～13 行代码将保存在 SocketDF 中的 DataFrame 输出内存中名为

mem_table 的表中。其中第 11 行代码通过 queryName()方法指定内存中的表名,第 12 行代码通过 format()方法指定 DataFrame 输出格式为内存。

第 14～16 行代码通过 while 循环每隔 10 秒不断查询内存中表名为 mem_table 中的数据。

运行文件 6-7,然后在 Socket 服务输入并发送数据 pyspark is useful,文件 6-7 的运行结果如图 6-12 所示。

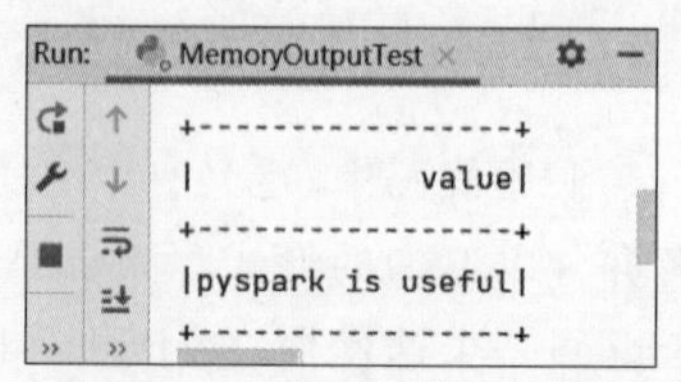

图 6-12 文件 6-7 的运行结果

从图 6-12 可以看出,PyCharm 控制台输出结果为 pyspark is useful,说明成功将处理后的 DataFrame 以表的形式输出到内存中,并查看表中的数据。

6.4 时间和窗口操作

作为流计算引擎,Structured Streaming 显著的特点是能够处理具有时间属性和进行窗口操作的数据。本节针对 Structured Streaming 中的时间和窗口操作进行详细讲解。

6.4.1 时间的分类

在流数据处理中,时间是一个关键的概念,可以将时间分为事件时间(Event Time)、注入时间(Ingestion Time)和处理时间(Processing Time)3 种概念。接下来,通过图 6-13 来区分 3 种时间概念。

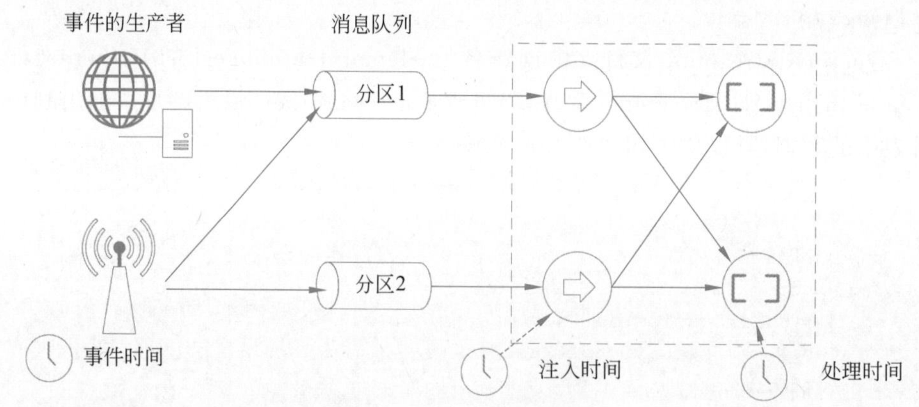

图 6-13 区分 3 种时间概念

图 6-13 介绍了 3 种时间概念的不同,其中事件时间是指事件发生的时间,一旦确定之后不会发生改变,属于数据自身的属性。例如在 Kafka 中,事件的生产者生产了某一事件,该事件被记录在日志文件中,日志文件中的时间就是事件时间。

注入时间是指事件被流计算引擎读取的时间,例如 Kafka 产生的日志文件保存在消息队列中,流计算引擎中的算子获取到消息队列中日志文件的时间就是注入时间。

处理时间是指被流计算引擎中的算子真正开始计算操作的时间。

Structured Streaming 支持以上 3 种时间概念,它可以根据特定的数据处理需求和场景,选择合适的时间概念来确保数据处理的准确性和完整性。本章后续将主要基于事件时间演示窗口操作。

6.4.2 窗口操作

在 Structured Streaming 中，Spark 提供了 3 种基于时间的窗口操作，分别是滚动窗口(Tumbling Window)、滑动窗口(Sliding Window)和会话窗口(Session Window)。接下来，以这 3 种窗口操作为例，讲解 Structured Streaming 的窗口操作。

1. 滚动窗口

滚动窗口是指以固定的时间段向前移动的窗口，移动的窗口彼此之间没有重叠，也就是说滚动窗口的窗口大小与向前移动的时间段一样。每个固定时间段的开始即为新的数据计算，直至该时间段结束，每个时间段数据计算结束后结果不会改变。滚动窗口的计算流程如图 6-14 所示。

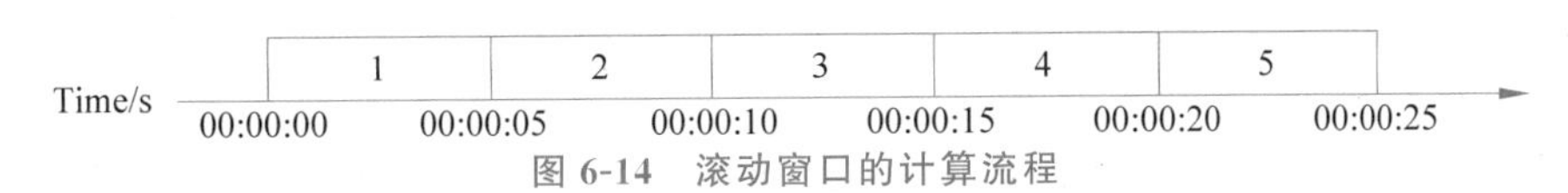

图 6-14 滚动窗口的计算流程

从图 6-14 可以看出，滚动窗口以 5 秒的时间段进行数据计算，当时间为 00:00:00 时开始第 1 次数据计算，直至 00:00:05 第 1 次数据结算结束，接着以同样的时间段开始第 2 次，第 3 次，第 4 次，第 5 次的数据计算。

滚动窗口的语法格式如下。

```
window(timeColumn, windowDuration)
```

上述语法格式中，参数 timeColumn 为 window 算子指定 DataFrame 中表示时间戳的列，参数 windowDuration 指定滚动窗口的窗口大小。

下面，演示滚动窗口的使用。在 StructuredStreaming 文件夹中创建名为 WindowTest 的 Python 文件，该文件用于编写 Structured Streaming 程序，实现以 5 秒的固定时间段进行滚动窗口操作统计每个单词出现的次数，具体代码如文件 6-8 所示。

文件 6-8 WindowTest.scala

```
1  from pyspark.sql import SparkSession
2  from pyspark.sql.functions import split, window, explode
3  from pyspark.sql.types import TimestampType
4  spark = SparkSession.builder.master("local[*]") \
5      .appName("WindowTest") \
6      .getOrCreate()
7  SocketDF = spark.readStream.format("socket") \
8      .option("host", "hadoop1") \
9      .option("port", 9999) \
10     .option("includeTimestamp","true") \
11     .load()
12 words = SocketDF.withColumn("word", split(SocketDF.value, " "))
13 words_time = words.withColumn(
14     "timestamp", words["timestamp"].cast(TimestampType()))
15 words_expl = words_time.select(
16     "timestamp", explode("word").alias("word"))
```

```
17 words_count = words_expl.groupBy(
18     window("timestamp", "5 seconds").alias("window"), "word"
19 ).count()
20 words_result = words_count.select("window", "word", "count")
21 words_result.writeStream \
22     .format("console") \
23     .option("truncate", "false") \
24     .outputMode("complete") \
25     .start() \
26     .awaitTermination()
```

在文件 6-8 中,第 10 行代码表示在获取数据源数据时包含时间戳。

第 12 行代码通过 withColumn()方法将 DataFrame 中的数据按照空格拆分,并将拆分后的数据所在的列命名为 word。

第 13、14 行代码通过 withColumn()方法将 DataFrame 的 timestamp 列数据类型通过 cast()方法转换为时间戳类型。

第 15、16 行代码通过 select 算子选择 DataFrame 中的 timestamp 列,并通过 explode()方法将 DataFrame 中 word 列展开成多行,即每个单词为一行,以便统计每个单词出现的次数,由于 word 列展开后的 Structured Streaming 会重新命名,所以这里通过 alias()方法手动指定列名为 word。

第 17~19 行代码通过 groupBy 算子将数据按照指定的列进行分组,这里将滚动窗口作为第一个分组条件,word 列作为第二个分组条件,然后计算每个分组的单词数量。其中 window 算子指定 DataFrame 中表示时间戳的列为 timestamp,窗口时间大小为 5 秒,并通过 alias()方法将滚动窗口命名为 window。

运行文件 6-8,然后在 Socket 服务输入并发送 hello world hello spark python spark 数据,查看 PyCharm 控制台,文件 6-8 的运行结果如图 6-15 所示。

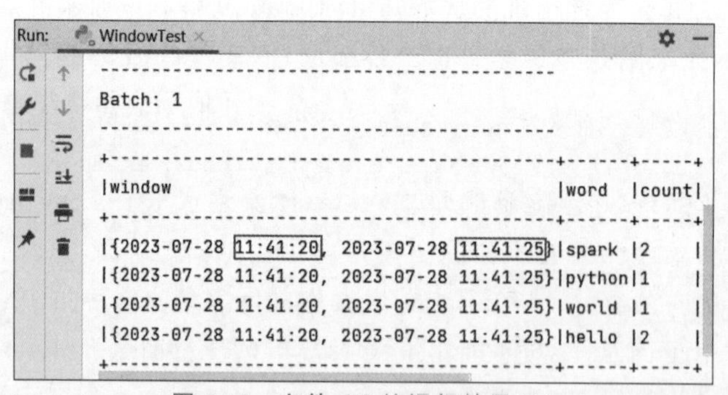

图 6-15　文件 6-8 的运行结果(1)

从图 6-15 可以看出,滚动窗口操作的时间间隔为 5 秒,并且已经统计每个单词出现的次数,如单词 spark 出现的次数为 2。

2. 滑动窗口

滑动窗口是指窗口不是固定的而是在指定的时间间隔内对数据进行滑动处理,滑动窗口处理的数据包含重叠的数据,一个数据可以属于多个滑动窗口。滑动窗口的计算流程如图 6-16 所示。

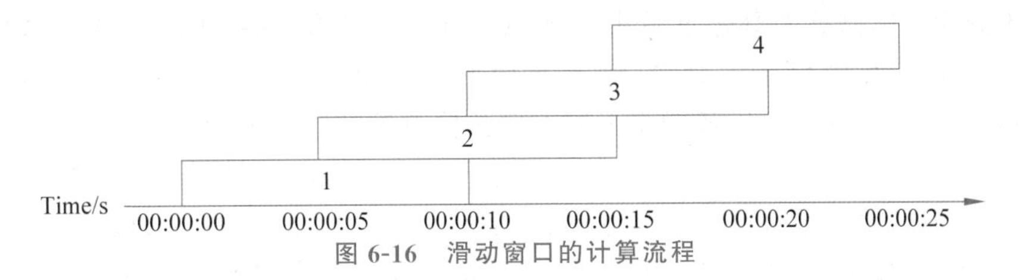

图 6-16 滑动窗口的计算流程

从图 6-16 可以看出，每经过 5 秒滑动窗口以 10 秒的时间段进行数据计算，当时间为 00:00:00 时开始第 1 次数据计算，直至 00:00:10 第 1 次数据结算结束，而第 2 次数据计算则在第 1 次数据计算未结束时开始，所以第 1 次数据计算和第 2 次数据计算会对同一数据进行同样的计算，计算结果不会叠加。第 3 次数据计算与第 4 次数据计算是同样的数据计算方式。

滑动窗口的语法格式如下。

```
window(timeColumn, windowDuration, slideDuration)
```

上述语法格式中，参数 slideDuration 指定滑动窗口的滑动大小。

下面，演示滑动窗口的使用。设置窗口时间间隔为 10 秒，滑动大小为 5 秒的滑动窗口并统计单词出现的次数。将文件 6-8 中第 17～19 行代码修改为如下内容。

```
words_count = words_expl.groupBy(
    window("timestamp", "10 seconds", "5 seconds").alias("window"), "word"
).count().orderBy("window")
```

上述代码中，滑动窗口 window 算子指定 DataFrame 中表示时间戳的列为 timestamp，窗口时间大小为 10 秒，滑动时间大小为 5 秒。通过 orderBy()方法指定分组后数据按照 window 列升序排序。

重新运行文件 6-8，在 Socket 服务输入并发送 hello world hello spark python spark 数据，查看 PyCharm 控制台，文件 6-8 的运行结果如图 6-17 所示。

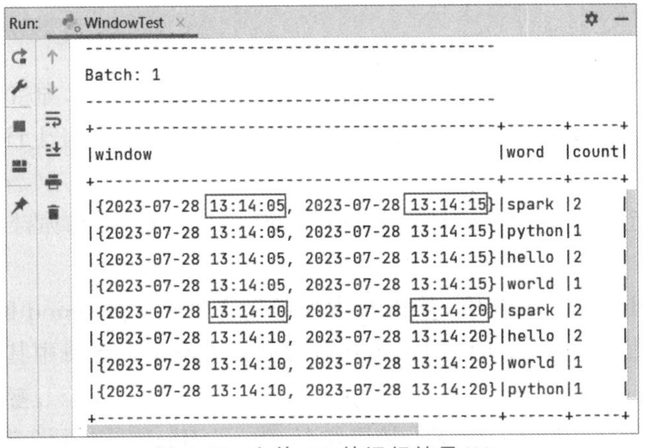

图 6-17 文件 6-8 的运行结果(2)

从图 6-17 可以看出，滑动窗口一次完整的数据计算时间间隔为 10 秒，第 2 次数据计算在第 1 次数据计算的 5 秒后开始，已经统计每个单词出现的次数，如单词 spark 出现的次数为 2。此次滑动窗口操作对数据计算了 2 次，这是因为设置的时间间隔为 10 秒，窗口滑动时间为 5 秒，所以会在 10 秒内对数据计算 2 次。

3. 会话窗口

会话窗口是一种特殊的窗口操作，它根据输入数据流的活动情况动态地调整窗口大小。间隔时间定义了会话之间的边界。如果两个数据之间的时间间隔超过了预设的时间间隔，它们就会被分配到不同的会话窗口中。一个会话窗口从接收到第一个数据时开始，直到间隔时间内没有新的数据到来时结束。会话窗口的计算流程如图 6-18 所示。

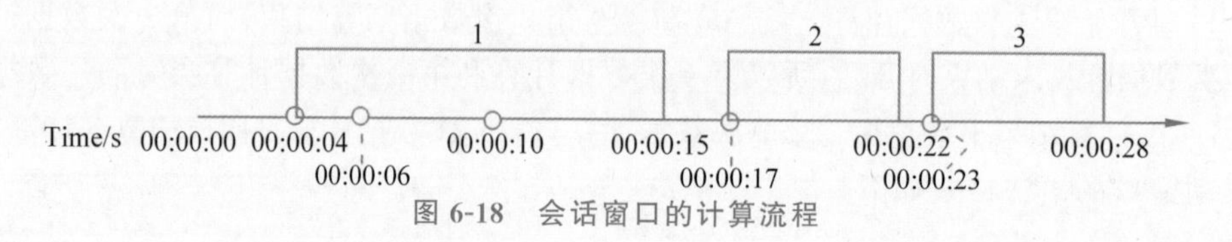

图 6-18 会话窗口的计算流程

在图 6-18 中，预设的时间间隔为 5 秒。当时间点 00:00:04 的数据到来后，会话窗口 1 便开启。随后，在 00:00:04 的数据到来后的第 2 秒，即时间点 00:00:06，新的数据到来，会话窗口 1 继续保持开启。接着，在 00:00:06 的数据到来后的第 4 秒，即时间点 00:00:10，又有新的数据到来，会话窗口 1 继续保持开启。而时间点 00:00:10 的数据到来后的 5 秒内没有新的数据到来，因此会话窗口 1 便会计算结果并关闭。会话窗口 2 则在时间点 00:00:17 的数据到来后开启，以此类推。

会话窗口的语法格式如下。

```
session_window(timeColumn, gapDuration)
```

上述语法格式中，参数 timeColumn 为 session_window 算子指定 DataFrame 中表示时间戳的列，参数 gapDuration 指定会话窗口的时间间隔。

下面，演示会话窗口的使用。设置会话窗口的时间间隔为 5 秒并统计单词出现的次数，将文件 6-8 中第 17～19 行代码修改为如下内容。

```
words_count = words_expl.groupBy(
    session_window("timestamp", "5 seconds").alias("window"), "word"
).count().orderBy("window")
```

上述代码中，通过 session_window 算子指定 DataFrame 中表示时间戳的列为 timestamp，时间间隔为 5 秒，并通过 alias()方法将滚动窗口命名为 window。需要注意的是，在会话窗口中时间的单位会被精确到毫秒。

重新运行文件 6-8，在 Socket 服务首先输入并发送 hello spark python 数据；然后间隔 5 秒后，再次输入并发送 hello world spark 数据；最后查看 PyCharm 控制台，文件 6-8 的运行结果如图 6-19 所示。

从图 6-19 可以看出，hello spark python 数据发送的时间为 2024-08-14 11:53:49.55，并且在接下来的 5 秒内没有再发送数据，因此，第一个会话窗口的结束时间为 2024-08-14 11:53:54.55。在大约 11 秒后，即 2024-08-14 11:54:00.606 发送了数据 hello world spark，此时开启了第二个会话窗口。由于在接下来的 5 秒内没有再发送数据，因此，第二个会话窗口的结束时间为 2024-08-14 11:54:05.606。

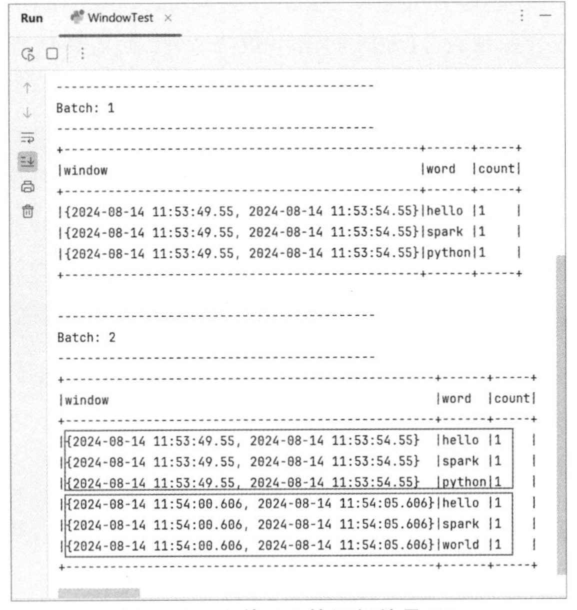

图 6-19　文件 6-8 的运行结果(3)

6.5　案例——物联网设备数据分析

在物联网时代,大量的感知器每天都在收集并产生涉及各领域的数据,针对物联网产生的源源不断的数据,使用实时数据分析工具无疑是理想的选择。本节模拟一个智能物联网系统的数据,将设备产生的状态信号数据发送到 Kafka,利用 Structured Streaming 实时分析。

6.5.1　准备数据

在实际开发场景中,物联网设备产生的数据会被发送到 Kafka 中,由 Structured Streaming 实时读取 Kafka 中的数据进行消费,然后进行一系列计算。为了对物联网设备数据进行分析,需要自定义字段信息并编写程序模拟生成物联网设备产生数据。

模拟生成物联网设备产生数据可以分为以下几个步骤。

(1) 创建 Topic。通过 Kafka 的 Shell 操作创建 Topic,用于保存物联网设备产生的数据。

(2) 启动 Kafka 消费者。由于 Kafka 生产者是通过编写程序实现的,所以这里只需要通过 Kafka 的 Shell 操作启动 Kafka 消费者,消费 Kafka 生产者生产的数据。

(3) 编写程序实现 Kafka 生产者,模拟生成物联网设备产生数据。在程序中需要创建生产者对象,通过生产者对象的 produce(topic, value)方法实现将模拟生成的物联网设备数据发送到 Kafka 指定的 Topic 中。

(4) 执行测试,查看测试结果。

下面,基于上述步骤的分析,演示如何模拟生成物联网设备产生数据并将其发送到 Kafka 指定的 Topic 中。

1. 创建 Topic 并启动 Kafka 消费者

在虚拟机 Hadoop1 中创建名为 spark-kafka 的 Topic，用于保存物联网设备产生的数据。这里设置 Topic 的分区数为 3，分区的副本数为 2，指定消息代理的主机名为 hadoop1 和 hadoop2，端口号为 9092，具体命令如下。

```
#创建 Topic
$ kafka-topics.sh --create \
--topic spark-kafka \
--partitions 3 \
--replication-factor 2 \
--bootstrap-server hadoop1:9092,hadoop2:9092
```

在虚拟机 Hadoop1 中启动 Kafka 消费者，用于消费名为 spark-kafka 的 Topic 中保存的物联网设备产生的数据，具体命令如下。

```
#启动 Kafka 消费者
$ kafka-console-consumer.sh \
--bootstrap-server hadoop1:9092,hadoop2:9092 \
--from-beginning \
--topic spark-kafka
```

执行上述创建 Topic 和启动 Kafka 消费者的命令时，需要确保 ZooKeeper 集群和 Kafka 集群启动成功。

2. 编写程序，模拟生成数据

在 StructuredStreaming 文件夹中创建 Python 文件 PySpark_Kafka，实现模拟生成物联网设备产生数据并将其发送到名为 spark-kafka 的 Topic 中，具体代码如文件 6-9 所示。

文件 6-9　PySpark_Kafka.py

```
1   import json
2   import random
3   import time
4   from confluent_kafka import Producer
5   conf = {
6       "bootstrap.servers": "hadoop1:9092,hadoop2:9092"
7   }
8   producer = Producer(conf)
9   device_types = ["db", "bigdata", "kafka", "route"]
10  while True:
11      index = random.randint(0, len(device_types) - 1)
12      device_type = device_types[index]
13      device_id = f"device_{(index + 1) * 10 + random.randint(0, index)}"
14      signal_strength = random.randint(10, 100)
15      timestamp = int(time.time() * 1000)
16      device_data = {"device": device_id, "deviceType": device_type,
17                     "signal": signal_strength, "time": timestamp}
18      device_json = json.dumps(device_data)
```

```
19      print(device_json)
20      producer.produce(
21          topic="spark-kafka",
22          value=device_json
23      )
24      producer.flush()
```

在文件6-9中，第5～8行代码表示设置连接Kafka的主机名、端口号，将其保存到变量conf中，然后创建一个名为producer的Producer实例化对象。

第9行创建一个名为device_types的列表用于保存物联网设备产生数据的设备类型。

第10～23行代码通过while循环随机模拟生成数据发送到名为spark-kafka的Topic中。其中11～15行代码首先通过randint()函数生成一个随机整数保存在变量index中，范围在0到名为device_types列表长度减1之间，并通过索引方式从名为device_types的列表中获取设备类型保存在变量device_type中；其次通过字符串拼接生成设备id保存在变量device_id中，设备id格式为device_xx；然后通过randint()函数生成模拟设备的信号强度保存在变量signal_strength中，范围在10到100之间；最后获取系统时间戳用于表示设备数据生成的时间，单位为毫秒。第16～18行代码创建一个名为device_data的字典用于保存生成的数据，然后通过dumps()函数将device_data中保存的字典类型的数据转换成JSON格式。

3. 执行测试

运行文件6-9，文件6-9的运行结果如图6-20所示。

```
Run:   PySpark_Kafka
{"device": "device_10", "deviceType": "db", "signal": 33, "time": 1690526335893}
{"device": "device_82", "deviceType": "bigdata", "signal": 77, "time": 1690526337894}
{"device": "device_90", "deviceType": "bigdata", "signal": 92, "time": 1690526339894}
{"device": "device_32", "deviceType": "kafka", "signal": 82, "time": 1690526341895}
{"device": "device_74", "deviceType": "bigdata", "signal": 71, "time": 1690526343896}
{"device": "device_93", "deviceType": "bigdata", "signal": 25, "time": 1690526345896}
{"device": "device_10", "deviceType": "db", "signal": 49, "time": 1690526347897}
{"device": "device_81", "deviceType": "bigdata", "signal": 91, "time": 1690526349897}
{"device": "device_42", "deviceType": "route", "signal": 75, "time": 1690526351898}
{"device": "device_54", "deviceType": "bigdata", "signal": 97, "time": 1690526353898}
{"device": "device_74", "deviceType": "bigdata", "signal": 16, "time": 1690526355899}
{"device": "device_51", "deviceType": "bigdata", "signal": 70, "time": 1690526357900}
{"device": "device_21", "deviceType": "bigdata", "signal": 34, "time": 1690526359900}
```

图6-20 文件6-9的运行结果

从图6-20可以看出，根据指定格式模拟物联网设备生成数据成功。打开虚拟机Hadoop1中启动的Kafka消费者，查看Kafka消费者是否消费数据，如图6-21所示。

从图6-21可以看出，Kafka消费者消费的数据与PyCharm控制台输出的数据保持一致，说明模拟生成的物联网设备数据被Kafka消费者成功消费。

需要注意的是，由于采用的是随机生成的数据，所以用户在操作时生成的数据可能会不一致。

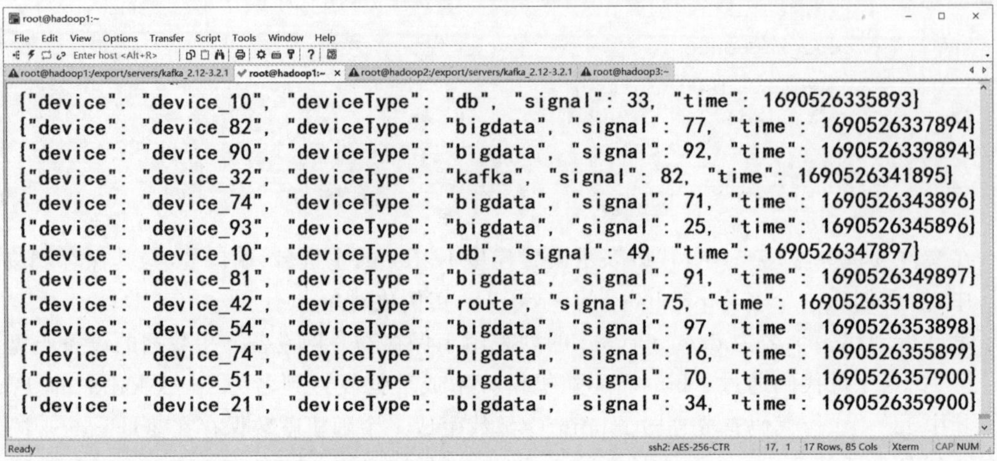
root@hadoop1:~
File Edit View Options Transfer Script Tools Window Help
Enter host <Alt+R>
root@hadoop1:/export/servers/kafka_2.12-3.2.1
root@hadoop1:~
root@hadoop2:/export/servers/kafka_2.12-3.2.1
root@hadoop3:~
{"device": "device_10", "deviceType": "db", "signal": 33, "time": 1690526335893}
{"device": "device_82", "deviceType": "bigdata", "signal": 77, "time": 1690526337894}
{"device": "device_90", "deviceType": "bigdata", "signal": 92, "time": 1690526339894}
{"device": "device_32", "deviceType": "kafka", "signal": 82, "time": 1690526341895}
{"device": "device_74", "deviceType": "bigdata", "signal": 71, "time": 1690526343896}
{"device": "device_93", "deviceType": "bigdata", "signal": 25, "time": 1690526345896}
{"device": "device_10", "deviceType": "db", "signal": 49, "time": 1690526347897}
{"device": "device_81", "deviceType": "bigdata", "signal": 91, "time": 1690526349897}
{"device": "device_42", "deviceType": "route", "signal": 75, "time": 1690526351898}
{"device": "device_54", "deviceType": "bigdata", "signal": 97, "time": 1690526353898}
{"device": "device_74", "deviceType": "bigdata", "signal": 16, "time": 1690526355899}
{"device": "device_51", "deviceType": "bigdata", "signal": 70, "time": 1690526357900}
{"device": "device_21", "deviceType": "bigdata", "signal": 34, "time": 1690526359900}
Ready
ssh2: AES-256-CTR
17, 1
17 Rows, 85 Cols
Xterm
CAP NUM

图 6-21　查看 Kafka 消费者是否消费数据

6.5.2　分析数据

由于 Structured Streaming 是基于 Spark SQL 的流计算引擎，所以使用 Structured Streaming 同样可以采用 DSL 风格和 SQL 风格分析数据。在本案例中，需要分析的数据指标如下。

(1) 信号强度大于 30 的设备。

(2) 各种设备类型的数量。

(3) 各种设备类型的平均信号强度。

基于 DSL 风格分析数据指标时，可以分为以下几个步骤。

① 建立 Structured Streaming 与 Kafka 的连接。通过 SparkSession 对象调用 config() 方法配置 Structured Streaming 与 Kafka 连接的依赖。

② 从 Kafka 中获取数据。从 Kafka 中获取数据时可以使用 spark.read.format("kafka")操作获取 Kafka 中的数据，并通过 option()方法指定 Kafka 的消息代理和 Topic。

③ 解析数据。由于 Kafka 中保存的是 JSON 格式的数据，为了便于后续数据指标的分析，这里需要对 JSON 格式的数据进行解析并对解析后的数据赋予列名。

④ 编写 Structured Streaming 程序基于 DSL 风格分析数据。

⑤ 将数据指标输出到 PyCharm 控制台。

基于 SQL 风格分析数据指标时，可以分为以下几个步骤。

① 建立 Structured Streaming 与 Kafka 的连接。通过 SparkSession 对象调用 config() 方法配置 Structured Streaming 与 Kafka 连接的依赖。

② 从 Kafka 中获取数据。从 Kafka 中获取数据时可以使用 spark.read.format("kafka")操作获取 Kafka 中的数据，并通过 option()方法指定 Kafka 的消息代理和 Topic。

③ 解析数据。由于 Kafka 中保存的是 JSON 格式的数据，为了便于后续数据指标的分析，这里需要对 JSON 格式的数据进行解析并对解析后的数据赋予列名。

④ 将 DataFrame 转换为临时视图。由于解析后的数据保存在 DataFrame 对象中，为了便于使用 SQL 语句进行分析，需要使用 createOrReplaceTempView()方法创建 DataFrame 的临

时视图。

⑤ 编写 Structured Streaming 程序基于 SQL 风格分析数据。

⑥ 将数据指标输出到 PyCharm 控制台。

下面，分别演示如何使用 Structured Streaming 基于 DSL 风格和 SQL 风格分析数据，具体内容如下。

1. 基于 DSL 风格分析数据

在 StructuredStreaming 文件夹中创建名为 DSL_Analyze 的 Python 文件，该文件用于编写 Structured Streaming 程序，实现基于 DSL 风格分析数据，具体代码如文件 6-10 所示。

文件 6-10 DSL_Analyze.py

```
1   from pyspark.sql import SparkSession
2   from pyspark.sql.functions import col, get_json_object, count, avg
3   spark = SparkSession.builder \
4       .appName("dsl_analyze") \
5       .master("local[*]") \
6       .config("spark.jars.packages",
7               "org.apache.spark:spark-sql-kafka-0-10_2.12:3.3.0") \
8       .getOrCreate()
9   KafkaDF = spark.readStream \
10      .format("kafka") \
11      .option("kafka.bootstrap.servers", "hadoop1:9092,hadoop2:9092") \
12      .option("subscribe", "spark-kafka") \
13      .load()
14  data = KafkaDF.select(
15      col("value").cast("string")
16  ).select(
17      get_json_object("value", "$.device").alias("device_id"),
18      get_json_object("value", "$.deviceType").alias("deviceType"),
19      get_json_object("value", "$.signal").cast("double").alias("signal")
20  )
21  result = data.filter(
22      col("signal") > 30
23  ).groupBy("deviceType").agg(
24      count("device_id").alias("counts"),
25      avg("signal").alias("avgsignal")
26  ).select(
27      "deviceType", "counts", "avgsignal"
28  )
29  result.writeStream \
30      .format("console") \
31      .outputMode("complete") \
32      .start() \
33      .awaitTermination()
```

在文件 6-10 中，第 9～13 行代码指定从 Kafka 数据源读取数据，并设置连接 Kafka 的主机名和端口号，以及 Kafka 的 Topic。

第 14～20 行代码用于从 Kafka 读取的 JSON 格式数据中提取名为 device、deviceType 和 signal 字段对应的数据，并将提取到的数据保存在名为 data 的 DataFrame 中对应的 device_id、deviceType 和 signal 列。其中 get_json_object()函数用于从 JSON 格式的数据中提取特定字段对应的数据。

第 21～28 行代码对名为 data 的 DataFrame 进行一系列的转换和聚合操作，并将结果保存在名为 result 的 DataFrame 中。其中使用了 filter 算子过滤了 DataFrame 中 signal 列大于 30 的数据，即只保留信号强度大于 30 的设备，然后使用 groupBy 算子将 DataFrame 按照 deviceType 列进行分组，并使用 agg 函数对分组后的数据进行聚合操作。count("device_id")用于计算各种设备类型的数量，avg("signal")用于计算各种设备类型的平均信号强度。

首先运行文件 6-10，此时控制台还未输出实时处理后的数据，这是因为 Kafka 指定 Topic 中还未接收到数据，然后运行文件 6-9，将实时生成的模拟数据发送到 Kafka 的指定 Topic 中。查看文件 6-10 的 PyCharm 控制台，文件 6-10 的运行结果如图 6-22 所示。

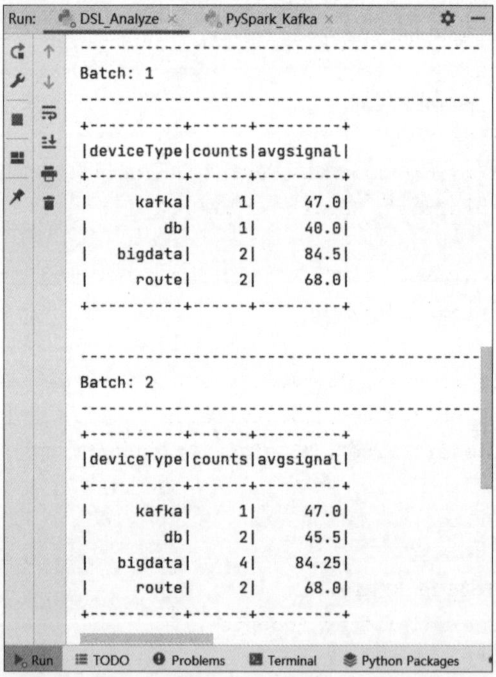

```
Run: DSL_Analyze × PySpark_Kafka ×
-------------------------------------------
Batch: 1
-------------------------------------------
+----------+------+---------+
|deviceType|counts|avgsignal|
+----------+------+---------+
|     kafka|     1|     47.0|
|        db|     1|     40.0|
|   bigdata|     2|     84.5|
|     route|     2|     68.0|
+----------+------+---------+

-------------------------------------------
Batch: 2
-------------------------------------------
+----------+------+---------+
|deviceType|counts|avgsignal|
+----------+------+---------+
|     kafka|     1|     47.0|
|        db|     2|     45.5|
|   bigdata|     4|    84.25|
|     route|     2|     68.0|
+----------+------+---------+
Run  TODO  Problems  Terminal  Python Packages
```

图 6-22 文件 6-10 的运行结果

从图 6-22 可以看出，实时产生的数据已经被成功处理，并且每一次处理数据的结果都不同。

2. 基于 SQL 风格分析数据

在 StructuredStreaming 文件夹中创建名为 SQL_Analyze 的 Python 文件，该文件用于编写 Structured Streaming 程序，实现基于 SQL 风格分析数据，具体代码如文件 6-11 所示。

文件 6-11　SQL_Analyze.py

```
1  from pyspark.sql import SparkSession
2  from pyspark.sql.functions import col, get_json_object
3  spark = SparkSession.builder \
4      .appName("sql_analyze") \
5      .master("local[*]") \
6      .config("spark.jars.packages",
7              "org.apache.spark:spark-sql-kafka-0-10_2.12:3.3.0") \
8      .getOrCreate()
9  KafkaDF = spark.readStream \
10     .format("kafka") \
11     .option("kafka.bootstrap.servers", "hadoop1:9092,hadoop2:9092") \
12     .option("subscribe", "spark-kafka") \
13     .load()
14 data = KafkaDF.select(
15     col("value").cast("string")
16 ).select(
17     get_json_object("value", "$.device").alias("device_id"),
18     get_json_object("value", "$.deviceType").alias("deviceType"),
19     get_json_object("value", "$.signal").cast("double").alias("signal")
20 )
21 data.createOrReplaceTempView("spark_kafka_table")
22 sql = """
23     SELECT
24         deviceType,
25         COUNT(*) AS counts,
26         AVG(signal) AS avgsignal
27     FROM spark_kafka_table
28     WHERE signal > 30 GROUP BY deviceType
29     """
30 result = spark.sql(sql)
31 result.writeStream \
32     .format("console") \
33     .outputMode("complete") \
34     .start() \
35     .awaitTermination()
```

在文件 6-11 中，第 21 行代码使用 createOrReplaceTempView()方法创建一个 DataFrame 临时视图，允许在 DataFrame 上执行 SQL 语句查询。

第 22～29 行代码表示编写查询信号强度大于 30 的设备、各种设备类型的数量以及各种设备类型的平均信号强度的 SQL 语句。

第 30 行代码通过 SparkSession 对象的 sql()方法，执行 SQL 语句查询，查询结果将作为 DataFrame 保存在变量 result 中。

下面，首先运行文件 6-11，此时控制台还未输出实时处理后的数据，这是因为 Kafka 指定 Topic 中还未接收到数据，然后运行文件 6-9，将实时生成的模拟数据发送到 Kafka 的指定 Topic 中。查看文件 6-11 的 PyCharm 控制台，文件 6-11 的运行结果如图 6-23 所示。

从图 6-23 可以看出，实时产生的数据已经被成功处理，并且每一次处理数据结果都不同。

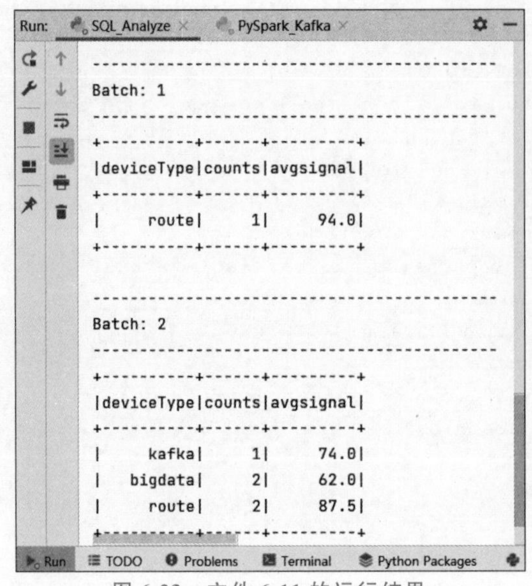

图 6-23　文件 6-11 的运行结果

6.6　本章小结

本章主要讲解了 Structured Streaming 的知识和相关操作。首先，讲解了 Spark Streaming 的不足。其次，讲解了 Structured Streaming 的简介和编程模型。接着，讲解了 Structured Streaming 的 API 操作，包括输入操作、转换操作和输出操作。然后，讲解了时间和窗口操作。最后，通过一个案例讲解了利用 Structured Streaming 进行物联网设备数据分析。通过本章的学习，读者能够掌握 Structured Streaming 的基本概念以及如何使用 Structured Streaming，实现针对不同场景进行实时数据处理，以满足不同的应用场景需求。

6.7　课后习题

一、填空题

1. Structured Streaming 是一个基于________的可扩展且容错性高的流计算引擎。
2. Structured Streaming 具有统一的编程范式、________和________3 个显著的特点。
3. Structured Streaming 支持的数据源有________、Kafka 数据源和 Socket 数据源等。
4. 在流数据处理中，时间分为________、注入时间和________3 种时间概念。
5. Structured Streaming 提供了________、滑动窗口和________3 个窗口操作。

二、判断题

1. Structured Streaming 默认情况下处理数据的方式是微批处理。（　　）
2. Structured Streaming 和 Spark SQL 共用 API。（　　）
3. Structured Streaming 的核心思想是将离线数据看作一个不断追加数据的表。（　　）
4. 在流数据处理中，处理时间是数据自身的属性。（　　）

5. 在 Structured Streaming 滚动窗口操作中，移动的窗口彼此之间不会发生重叠。　(　　)

三、选择题

1. 若使用 Structured Streaming 读取文件数据源，不能加载的数据格式为(　　)。
   A. Text　　B. CSV　　C. Excel　　D. Parquet
2. 下列选项中，可以将处理后的 DataFrame 以表的形式输出到内存中的接收器是(　　)。
   A. File　　B. Kafka　　C. Console　　D. Memory
3. 下列关于 Structured Streaming 接收器的描述，正确的是(　　)(多选)。
   A. File 接收器可以将处理后的 DataFrame 输出到文件接收器中
   B. Console 接收器可以将处理后的 DataFrame 输出到控制台接收器
   C. Foreach 接收器适用于对数据流处理
   D. ForeachBatch 接收器适用于对数据批处理
4. 下列选项中，不属于 Structured Streaming 转换算子的是(　　)。
   A. select　　B. where　　C. groupBy　　D. foreachRDD
5. 下列关于 Structured Streaming 窗口操作的描述，正确的是(　　)。
   A. 滚动窗口包含重叠的数据
   B. 滑动窗口处理的数据不包含重叠的数据
   C. 会话窗口可以动态地调整窗口大小
   D. session_window 算子用于创建滑动窗口

四、简答题

简述 Structured Streaming 的特点。

第 7 章 Spark MLlib机器学习库

学习目标：

- 了解什么是机器学习，能够说出有监督学习、无监督学习和半监督学习之间的区别。
- 了解机器学习的应用，能够说出机器学习常见的应用领域。
- 了解 Spark MLlib 简介，能够说出 Spark MLlib 的算法架构。
- 掌握 Spark MLlib 工作流程，能够叙述机器学习如何处理数据并训练模型。
- 掌握 Spark MLlib 的数据类型，能够使用 Spark MLlib 对本地向量、标记点和本地矩阵进行相关操作。
- 熟悉 Spark MLlib 的基本统计和分类方法，能够使用 Spark MLlib 对数据进行处理和分析。
- 掌握电影推荐系统，能够使用 Spark MLlib 实现电影推荐。

Spark MLlib 是 Spark 提供的可扩展的机器学习库，该库包含了许多机器学习算法，基于 Spark MLlib 开发人员可以不需要深入了解机器学习算法就能开发出相关程序。本章介绍 Spark MLlib 基础知识以及使用方法，并通过构建推荐引擎了解机器学习在实际场景中的应用。

7.1 初识机器学习

7.1.1 什么是机器学习

机器学习是人工智能领域的分支，旨在让计算机从数据中自动学习并不断改进性能，而不需要明确地设定学习规则或指令。它利用统计学、概率论和计算机科学等多门技术，使计算机能够从数据中提取信息，发现数据中的规律和模式，从而进行预测和决策。

随着互联网和各种传感器技术的快速发展，其产生的大量数据被收集并存储在数据库中，然而，对于这些数据却难以直接应用于预判和决策。机器学习通过对这些数据的分析和学习，使得机器能够从中提取有用的信息并作出预测或决策，从而实现更高效的数据处理。通俗地讲，传统计算机工作时需要接收指令，并按照指令逐步执行；而机器学习能够通过算法从数据中学到规律和模式，而不需要显式地编写规则或指令。

机器学习是一种能够赋予机器进行自主学习，不依靠人工干预进行自主判断的技术，它和人类对历史经验归纳的过程有着相似之处。自主学习鼓励个人主动探索和发现知识，培养了独立思考、问题解决和创新的能力。自主学习还能帮助个人适应不断变化的学习和工作环境，提高应对挑战和变化的能力。接下来，通过图7-1来对人类思考过程和机器学习过程进行对比。

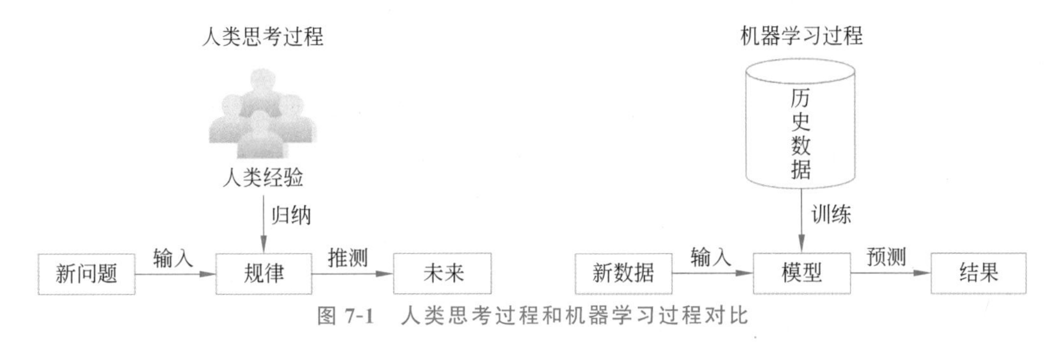

图7-1 人类思考过程和机器学习过程对比

在图7-1中，人类在学习成长的过程中，将积累的经验进行归纳，得到一定的规律，因此当人类遇到新问题时，可以从已有的规律推测未来要发生的问题；而机器学习中的训练和预测过程可以近似看作人类的归纳和推测的过程，机器学习根据历史数据训练得到模型，当接收到新数据时根据训练得到的模型预测对应的结果。

从图7-1中可以发现，机器学习实际上并不复杂，它只是对人类学习过程的模拟。与传统的编程方式不同，机器学习并不是通过明确的因果关系来解决问题，而是通过归纳思维来发现数据中的模型和相关性，从而得出结论。这也可以联想到人类为什么要学习历史，历史实际上是人类对过往经验的总结，俗话说"历史总是惊人的相似"，通过学习历史，可以从中归纳出事物发展的规律，从而指导今后的工作。

根据数据类型和需求的不同，建模方式也会不同。在机器学习领域中，按照学习方式分类，可以让研究人员在建模和算法选择的时候，根据输入数据来选择合适的算法，从而得到更好的效果，通常机器学习可以分为如下3类。

(1) 有监督学习。通过已有的训练样本，即已知数据以及其对应的输出，训练得到一个最优模型，再利用这个模型将所有的输入映射为相应的输出，对输出进行简单的判断从而实现分类的目的。例如，分类、回归和推荐算法都属于有监督学习。

(2) 无监督学习。针对数据类别未知的训练样本，需要直接对数据进行建模，人们无法知道要预测的答案。例如，聚类、降维和文本处理的某些特征提取都属于无监督学习。

(3) 半监督学习。是介于有监督学习与无监督学习之间的一种学习方法。半监督学习使用大量未知的数据，以及同时使用少量已知的数据，来进行模式识别工作。当使用半监督学习时，将会要求人们进行干预，同时，又能够带来比较高的准确性。

7.1.2 机器学习的应用

机器学习强调3个关键词：算法、经验和性能。在数据的基础上，通过算法构建出模型，然后用训练模型测试已有的数据集进行评估，如果评估达到要求，就将模型应用于生产环境中，如果该模型没有很好的表现，那么就需要根据经验不断地优化算法，来提高模型的性能，最终获得一个满意的模型来处理其他的数据。

机器学习技术和方法已经被成功应用到多个领域，以下是机器学习常见的应用领域。

1. 电子商务

机器学习在电商领域的应用主要涉及搜索、广告和推荐3方面，在机器学习的参与下，搜索引擎能够更好地理解语义,对用户搜索的关键词进行匹配,同时它可以对点击率与转化率进行深度分析,有利于用户选择更加符合自己需求的商品。

2. 医疗

普通医疗体系并不能永远保持精准且快速的诊断,在目前的研究阶段中,技术人员利用机器学习对上百万个病例数据库的医学影像进行图像识别及分析,并训练模型,帮助医生作出更为精准、高效的诊断。

3. 金融

机器学习对金融行业产生重大的影响。在金融领域,最常见的应用是过程自动化,该技术可以替代体力劳动,从而提高生产力。摩根大通推出了利用自然语言处理技术的智能合同的解决方案,该解决方案可以从文件合同中提取重要数据,大大节省了人工体力劳动成本。

7.2 Spark MLlib 概述

Spark MLlib 是 Spark 提供的可扩展的机器学习库,其特点是利用分布式计算引擎 Spark 的并行处理能力,使得数据的计算处理速度高于普通的数据处理引擎。接下来,本节针对 Spark MLlib 简介和工作流程进行讲解。

7.2.1 Spark MLlib 简介

Spark MLlib 采用 Scala 语言编写,借助了函数式编程的思想,用户在开发的过程中只需要关注数据,而不需要关注算法本身,要做的就是传递参数和调试参数,并且 Spark MLlib 可以利用 Spark 的分布式计算能力,可以快速地处理大量的数据。

Spark MLlib 提供了多种机器学习算法,包括分类、回归、聚类、协同过滤等,可以满足不同领域的机器学习需求。接下来,通过图 7-2 介绍 Spark MLlib 的算法架构。

在图 7-2 中,Spark MLlib 主要包含两部分,分别是底层基础和算法库。底层基础主要包括基于 RDD/DataFrame 的 API、MLlib 矩阵接口、MLlib 向量接口和 Utilities。其中 MLlib 矩阵接口和 MLlib 向量接口是基于 Netlib 和 BLAS/LAPACK 开发的线性代数库 Breeze;Utilities 是 Spark MLlib 中提供的一系列辅助工具和实用程序,它可以帮助用户训练高质量的机器学习模型并优化数据处理时的性能。算法库包括分类、回归、聚类、协同过滤、梯度下降和特征提取等算法。

在 Spark MLlib 中,提供了基于 RDD 和 DataFrame 两种 API,前者使用的是基础的数据模型实现 Spark MLlib,而后者使用的是更高层次的数据模型实现 Spark MLlib,在数据处理时,DataFrame 提供了比 RDD 更友好的 API,包括 SQL 语句查询和 Catalyst 优化。从 Spark 2.0 开始基于 RDD 实现 Spark MLlib 的 API 将进入维护模式,后续 Spark MLlib 将不会基于 RDD 的 API 实现的新功能,而是基于 DataFrame 的 API 实现的新功能。本节介绍基于 DataFrame 的 API 实现 Spark MLlib。

7.2.2 Spark MLlib 工作流程

Spark MLlib 在处理数据时的流程分为数据准备阶段、训练模型评估阶段以及部署预

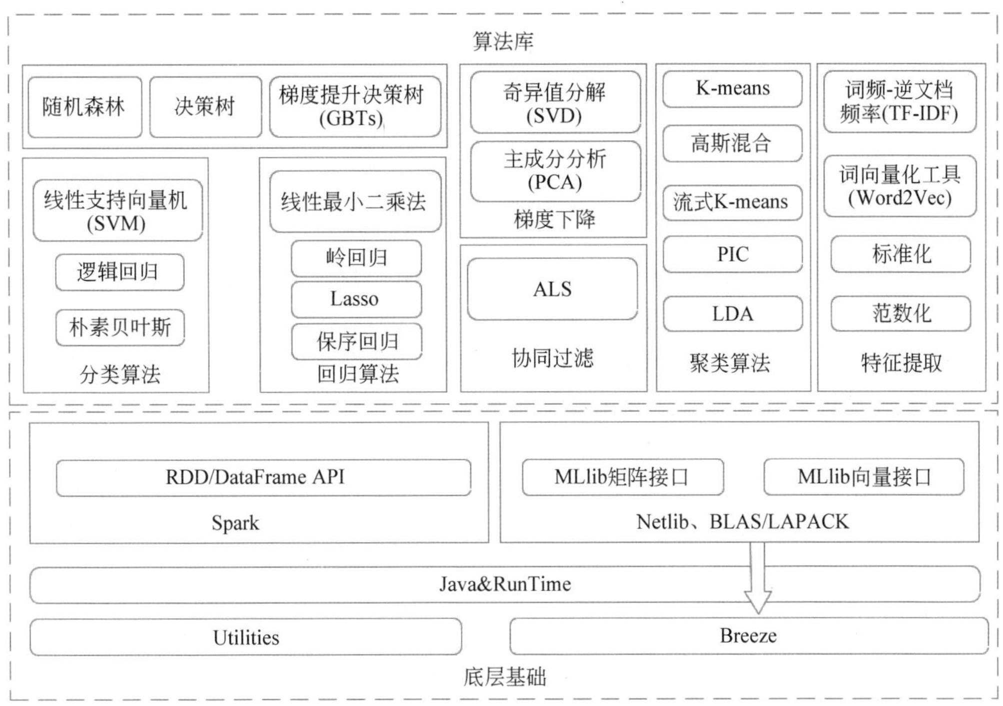

图 7-2 Spark MLlib 的算法架构

测阶段。关于这 3 个阶段的介绍如下。

1. 数据准备阶段

在数据准备阶段，需要将数据采集系统采集的原始数据进行数据清洗，然后对清洗后的数据提取特征字段与标签字段，从而生产机器学习所需的数据格式。数据准备阶段的流程如图 7-3 所示。

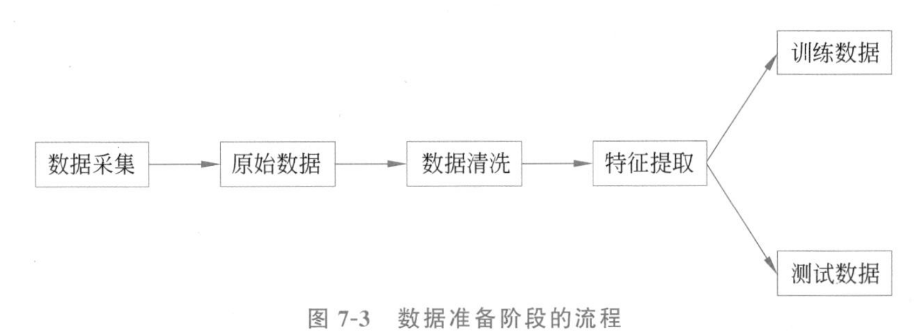

图 7-3 数据准备阶段的流程

从图 7-3 可以看出，数据准备阶段的流程主要经历数据采集→原始数据→数据清洗→特征提取，其中经过特征提取后会将数据主要分为两个模块，即训练数据模块和测试数据模块。

2. 训练模型评估阶段

在训练模型评估阶段，Spark MLlib 库中的相关算法会将数据准备阶段准备好的训练数据进行模型训练，然后通过测试数据测试模型得到测试结果，如果测试结果符合预期，则认为该模型为最佳模型，如果不符合预期，则反复进行模型训练得到最佳模型。训练模型评估阶段的流程如图 7-4 所示。

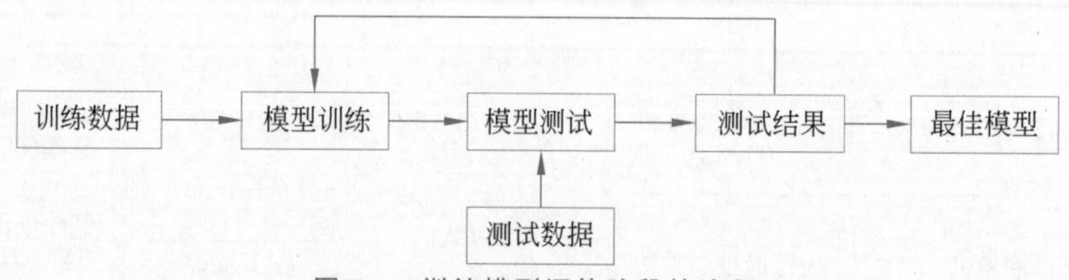

图 7-4 训练模型评估阶段的流程

从图 7-4 可以看出,训练模型评估阶段的流程主要经历训练数据→模型训练→模型测试→测试结果,经过测试数据反复训练模型得到最佳模型。在使用得到最佳模型时,要避免出现过拟合的问题,如果使用训练数据得到模型训练的准确率很高,而使用测试数据得到模型训练的准确率很低,说明可能出现过拟合的问题。

3. 部署预测阶段

部署预测阶段是 Spark MLlib 处理数据的最后一个阶段,该阶段得到的预测结果会被应用于生产环境中。部署预测阶段的流程如图 7-5 所示。

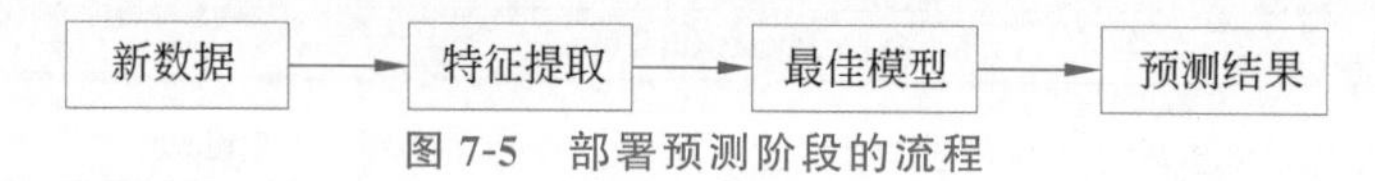

图 7-5 部署预测阶段的流程

从图 7-5 可以看出,部署预测阶段中的新数据经过特征提取产生数据特征,然后使用最佳模型进行预测,最终得到预测结果。

7.3 数据类型

对数据保持真实和准确的态度是操作数据时应该遵循的原则。通过遵循这一原则,能够更好地应用数据,并取得长期的成功和可持续的发展。Spark MLlib 的数据类型主要包括本地向量、标记点和本地矩阵,其中本地向量和本地矩阵具有简单的数据模型,常用作公共接口,底层由线性代数库 Breeze 支持;标记点在监督学习中被用来表示训练样本。关于 Spark MLlib 的数据类型的介绍如下。

1. 本地向量

本地向量(local vector)分为密集(Dense)向量和稀疏(Sparse)向量,密集向量是由 Double 类型的数组构成,而稀疏向量是由向量长度和两个并列的数组(索引,值)构成。例如,向量(3.0,0.0,4.0)的密集向量表示的格式为[3.0,0.0,4.0],稀疏向量表示的格式为(3,[0,2],[3.0,4.0]),其中 3 是向量(3.0,0.0,4.0)的长度,[0,2]是向量中非零元素的索引,[3.0,4.0]是索引对应的值。

Spark MLlib 定义了 Vectors 类,该类提供了 dense()静态方法和 sparse()静态方法创建本地向量中的密集向量和稀疏向量,语法格式如下。

```
# 创建密集向量
Vectors.dense([list])
# 创建稀疏向量
Vectors.sparse(size, [index1, index2, ...],[value1, value2, ...])
```

上述语法格式中，dense()静态方法接收 1 个 Python 列表作为参数用于创建密集向量，sparse()静态方法接收 3 个参数用于创建稀疏向量，参数 size 为稀疏向量的长度，参数[index1, index2, ...]是列表形式，为稀疏向量中非零元素的索引，参数[value1, value2, ...]是列表形式，为稀疏向量中索引对应的值。

接下来，在虚拟机 Hadoop1 中通过 PySpark 演示如何创建密集向量和稀疏向量。首先启动 Hadoop 集群，然后基于 YARN 集群的运行模式启动 PySpark。在虚拟机 Hadoop1 的目录/export/servers/sparkOnYarn/spark-3.3.0-bin-hadoop3 中执行如下命令。

```
$ bin/pyspark --master yarn
```

分别创建向量为(3.0,0.0,4.0)的密集向量和稀疏向量，具体代码如下。

```
>>> from pyspark.ml.linalg import Vectors
>>> dv = Vectors.dense([3.0, 0.0, 4.0])
>>> sv = Vectors.sparse(3, [0, 2], [3.0, 4.0])
>>> print(dv)
>>> print(sv)
```

上述代码中，首先通过 Vectors 类的 dense()静态方法和 sparse()静态方法创建一个密集向量和稀疏向量，并将其分别保存到变量 dv 和 sv 中，然后通过 print()函数进行输出。

按 Enter 键运行上述代码，运行结果如下。

```
[3.0,0.0,4.0]
(3,[0,2],[3.0,4.0])
```

需要注意的是，当运行导入创建密集向量所需的模块的代码时，如果出现"ModuleNotFoundError: No module named 'numpy'"提示信息，说明当前环境中缺少 numpy 模块，此时先退出 PySpark，执行如下命令安装 numpy 模块(1.26.4 版本)。

```
$ pip3 install numpy==1.26.4
```

上述命令执行完成，若出现 Successfully installed numpy 的提示信息，说明 numpy 模块安装成功。若执行上述命令时，提示 pip 命令未找到，则需要执行 yum install python3-pip -y 命令安装 pip。

numpy 模块安装成功后，重新启动 PySpark，运行创建密集向量的代码即可。

2. 标记点

标记点(labeled point)是一种带有标签的本地向量，在 Spark MLlib 中，标记点通常被用于监督学习中。其中标签表示样本点的类别或者是回归问题中的数值，可以通过 Double 类型的数据表示标签。

Spark MLlib 定义了 LabeledPoint 类，该类提供了对应的构造方法用于创建标记点，语法格式如下。

```
LabeledPoint(label, features)
```

上述语法格式中,LabeledPoint 类的构造方法接收两个参数,参数 label 为标记点的标签,参数 features 为本地向量。

接下来,分别创建标签为 1.0,密集向量为[3.0,0.0,4.0]的标记点和标签为 0.0,稀疏向量为(3,[0,2],[3.0,4.0])的标记点,具体代码如下。

```
>>> from pyspark.mllib.linalg import Vectors
>>> from pyspark.mllib.regression import LabeledPoint
# 创建标签为 1.0,密集向量为[3.0,0.0,4.0]的标记点
>>> dv_lp = LabeledPoint(1.0,Vectors.dense([3.0, 0.0, 4.0]))
# 创建标签为 0.0,稀疏向量为(3,[0,2],[3.0,4.0])的标记点
>>> sv_lp = LabeledPoint(0.0,Vectors.sparse(3, [0, 2], [3.0, 4.0]))
>>> print(dv_lp)
>>> print(sv_lp)
```

上述代码中,通过 LabeledPoint 类的构造方法分别创建标签为 1.0,密集向量为[3.0,0.0,4.0]的标记点和标签为 0.0,稀疏向量为(3,[0,2],[3.0,4.0])的标记点,并将其保存到变量 dv_lp 和变量 sv_lp 中,然后通过 print()函数进行输出。

按 Enter 键运行上述代码,运行结果如下。

```
(1.0,[3.0,0.0,4.0])
(0.0,(3,[0,2],[3.0,4.0]))
```

3. 本地矩阵

本地矩阵(local matrix)是指具有 Int 类型的行和列索引值以及 Double 类型的数值,Spark MLlib 支持密集矩阵和稀疏矩阵,密集矩阵将所有数值存储在一个列优先的列表中,而稀疏矩阵则将非 0 数值以列优先存储到稀疏列(CSC)格式中。

Spark MLlib 定义了 Matrices 类,该类提供了 dense()静态方法和 sparse()静态方法创建密集矩阵和稀疏矩阵,语法格式如下。

```
# 创建密集矩阵
Matrices.dense(numRows, numCols, [list])
# 创建稀疏矩阵
Matrices.sparse(numRows, numCols, colPtrs, rowIndices, [list])
```

上述语法格式中,dense()静态方法接收 3 个参数创建密集矩阵,参数 numRows 为密集矩阵的行数,参数 numCols 为密集矩阵的列数,参数[list]是以 Python 列表形式对应密集矩阵行与列的值。sparse()静态方法接收 5 个参数创建稀疏矩阵,参数 numRows 为稀疏矩阵的行数,参数 numCols 为稀疏矩阵的列数,参数 colPtrs 为非零元素的列指针数组,长度为列数+1,表示每一列元素的开始索引值,数组的最后一个元素表示所有非零元素的总数,参数 rowIndices 为非零元素的行索引数组,参数[list]是以 Python 列表形式对应稀疏矩阵行与列的值。

接下来,分别创建 3 行 2 列的密集矩阵和稀疏矩阵,具体代码如下。

```
>>> from pyspark.ml.linalg import Matrices
# 创建 3 行 2 列的密集矩阵
>>> dm = Matrices.dense(3, 2, [1.1, 3.3, 5.5, 2.2, 4.4, 6.6])
```

```
# 创建 3 行 2 列的稀疏矩阵
>>> sm = Matrices.sparse(3,2,[0, 1, 3], [0, 2, 1], [9.0, 6.0, 8.0])
>>> print(dm)
>>> print(sm)
```

上述代码中，首先通过 Matrices 类的 dense()静态方法和 sparse()静态方法创建 3 行 2 列的密集矩阵和稀疏矩阵，并将其保存到变量 dm 和变量 sm 中，然后通过 print()函数进行输出。

按 Enter 键运行上述代码，运行结果如下。

```
DenseMatrix([[1.1, 2.2],
             [3.3, 4.4],
             [5.5, 6.6]])
3 X 2 CSCMatrix
(0,0) 9.0
(2,1) 6.0
(1,1) 8.0
```

可以看出，创建的密集矩阵的第 1 列值为 1.1、3.3、5.5，第 2 列的值为 2.2、4.4、6.6。创建的稀疏矩阵表示 9.0 所在的位置为(0,0)，6.0 所在的位置为(2,1)，8.0 所在的位置为(1,1)。

7.4　Spark MLlib 基本统计

Spark MLlib 提供了诸多统计方法，包含摘要统计、相关统计、分层抽样、假设检验、随机数生成等统计方法，利用这些统计方法可以帮助用户更好地对结果数据进行处理和分析。接下来，本节针对常用的摘要统计、相关统计和分层抽样这 3 种统计方法进行讲解。

7.4.1　摘要统计

在 Spark MLlib 中，摘要统计指的是对数据进行基本计算得到统计信息，如均值、方差、最大值、最小值等。这些统计信息可以帮助我们更好地了解数据的特性，为后续的数据处理和建模提供基础。Spark MLlib 定义了 Summarizer 类，该类提供了用于实现摘要统计的方法，如表 7-1 所示。

表 7-1　Summarizer 类提供的用于实现摘要统计的方法

方　法	说　明	方　法	说　明
count()	统计数据的行数	max()	统计每列数据的最大值
mean()	统计每列数据的平均值	min()	统计每列数据的最小值
variance()	统计每列数据的方差	numNonzeros()	统计每列数据非零数值的数量

表 7-1 列举了 Summarizer 类提供的用于实现摘要统计的方法。

接下来，在 Python_Test 项目中创建 MLlib 文件夹，并在该文件夹下创建名为 Sum_Statistics 的 Python 文件，实现通过 Summarizer 类提供的 numNonzeros()方法统计每列数据非零数值的数量,具体代码如文件 7-1 所示。

文件 7-1 Sum_Statistics.py

```
1   from pyspark.ml.stat import Summarizer
2   from pyspark.sql import SparkSession
3   from pyspark.ml.linalg import Vectors
4   # 创建 SparkSession 对象,指定 Spark 程序的配置信息
5   spark = SparkSession.builder.master("local[*]") \
6           .appName("Sum_Statistics").getOrCreate()
7   data = [(Vectors.dense([1.0, 1.0, 1.0]),),
8           (Vectors.dense([1.0, 0.0, 3.0]),)]
9   # 将列表创建为 DataFrame,指定 DataFrame 中的列名为 features
10  df = spark.createDataFrame(data, ["features"])
11  df.select(Summarizer.numNonZeros(df.features)).show()
12  # 停止 SparkSession 对象,释放占用的资源
13  spark.stop()
```

在文件 7-1 中,第 7、8 行代码利用元组创建一个名为 data 的列表,每个元组表示密集向量。

第 11 行代码通过 Summarizer 类提供的 numNonZeros()方法统计每列数据非零数值的数量,然后使用 select()方法选择统计信息的列,并通过 show()方法展示最终结果。

文件 7-1 的运行结果如图 7-6 所示。

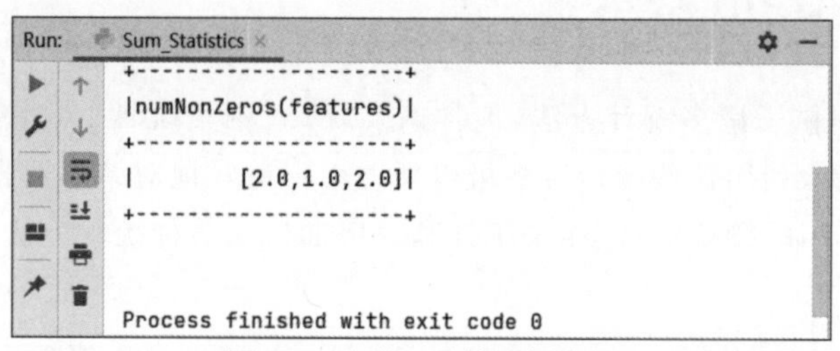

图 7-6 文件 7-1 的运行结果

从图 7-6 可以看出,输出最终结果为[2.0,1.0,2.0],表示第 1 列数据非零数值的数量为 2,第 2 列数据非零数值的数量为 1,第 3 列数据非零数值的数量为 2。

在文件 7-1 中,只展示了 numNonZeros()方法的使用效果,若读者想要体验其他方法的使用效果,只需要将 numNonZeros()方法修改为对应的方法,然后重新运行文件 7-1 即可。需要注意的是,在运行文件 7-1 时,若控制台出现“No module named 'numpy'”的错误信息,则需要在 Python_Test 项目中安装 numpy 模块(1.26.4 版本),具体安装步骤可参考 1.7 节内容。

7.4.2 相关统计

相关统计是一种用于计算数据集中本地向量之间的相关性的统计学方法,在相关统计中,相关系数是反映两个变量之间相关关系密切程度的统计指标,也是统计学中常用的统计方式。Spark MLlib 提供了计算数据集中多个本地向量之间相关性的方法,默认采用皮尔森相关系数计算方法。

皮尔森相关系数（Pearson Correlation Coefficient）也称为皮尔森积矩相关系数（Pearson Product-Moment Correlation Coefficient），它是一种线性相关系数，计算公式如下。

$$r=\frac{1}{n-1}\sum_{i=1}^{n}\left(\frac{X_i-\overline{X}}{\sigma_x}\right)\left(\frac{Y_i-\overline{Y}}{\sigma_y}\right)$$

关于上述计算公式的相关介绍如下。

（1）r 表示相关系数，它描述的是变量间线性相关强弱的程度，取值范围介于 -1 到 1 之间；若 $0<r<1$，表明两个变量是正相关，即一个变量的值越大，另一个变量的值也会越大；若 $-1<r<0$，表明两个变量是负相关，即一个变量的值越大另一个变量的值反而会越小。r 的绝对值越大表明相关性越强，需要注意的是这里并不存在因果关系。若 $r=0$，表明两个变量间不是线性相关，但有可能是其他方式的相关，如二次函数关系、指数函数关系等。

（2）n 表示样本量，即参与相关系数计算的样本个数。

（3）$\overline{X}$ 和 σ_x 分别为样本平均值和样本标准差。

Spark MLlib 定义了 Correlation 类，该类提供了 corr()静态方法计算数据模型为 DataFrame 的数据集中本地向量之间的相关性，语法格式如下。

```
Correlation.corr(df, column, method)
```

上述语法格式中，corr()静态方法接收 3 个参数，参数 df 表示数据模型为 DataFrame 的数据集，参数 column 表示需要计算相关性的 DataFrame 列名，参数 method 用于指定进行相关统计的方法，支持的有 Pearson（皮尔森相关系数）和 Spearman（斯皮尔曼相关系数）。

接下来，在 MLlib 文件夹中创建名为 Corr 的 Python 文件，实现计算数据模型为 DataFrame 的数据集中本地向量之间的相关性，具体代码如文件 7-2 所示。

文件 7-2　Corr.py

```
1   from pyspark.ml.linalg import Vectors
2   from pyspark.ml.stat import Correlation
3   from pyspark.sql import SparkSession
4   import numpy as np
5   np.set_printoptions(formatter={'float': lambda x: "{:.8f}".format(x)})
6   spark = SparkSession.builder.master("local[*]") \
7           .appName("Corr").getOrCreate()
8   data = [(Vectors.dense([1.0, 0.0, 0.0, -2.0, -3.0]),),
9           (Vectors.dense([4.0, 5.0, 0.0, 3.0, 4.0]),),
10          (Vectors.dense([6.0, 7.0, 0.0, 8.0, 5.0]),)
11          ]
12  df = spark.createDataFrame(data, ["features"])
13  correlation = Correlation.corr(df, "features", "pearson").collect()[0][0]
14  print(str(correlation))
15  spark.stop()
```

在文件 7-2 中，第 5 行代码设置显示浮点数的 8 位小数位，否则输出的浮点数会以科学记数法或不显示小数位进行展示。

第 13 行代码通过 Correlation 类的 corr()静态方法指定使用皮尔森相关系数计算数据

模型为 DataFrame 的数据集中本地向量之间的相关性。

文件 7-2 的运行结果如图 7-7 所示。

```
Run:    Corr ×
DenseMatrix([[1.00000000, 0.99186978, nan, 0.99339927, 0.95718597],
             [0.99186978, 1.00000000, nan, 0.97072534, 0.98624138],
             [nan, nan, 1.00000000, nan, nan],
             [0.99339927, 0.97072534, nan, 1.00000000, 0.91766294],
             [0.95718597, 0.98624138, nan, 0.91766294, 1.00000000]])

Process finished with exit code 0
```

图 7-7　文件 7-2 的运行结果

从图 7-7 可以看出,控制台以 5×5 矩阵的方式输出数据模型为 DataFrame 的数据集中本地向量之间的相关性。这是因为数据集中的每个密集向量包含 5 个元素,皮尔森相关系数计算的是这 5 个元素两两之间的相关性,所以输出结果是一个 5×5 的矩阵。

如果读者想要体验使用斯皮尔曼相关系数计算数据模型为 DataFrame 的数据集中本地向量之间的相关性,只需要将文件 7-2 中 corr()静态方法的参数值""pearson""修改为""spearman"",然后重新运行文件 7-2 即可。

7.4.3　分层抽样

分层抽样法也叫作类型抽样法,它是先将总体数据集按照某种特征分为若干次层级,然后再从每一层级内进行独立取样,组成一个样本的统计学计算方法。例如,某手机生产厂家估算当地潜在用户,可以将当地居民消费水平作为分层基础,减少样本中的误差,如果不采取分层抽样,仅在消费水平较高的用户中做调查,就不能准确地估算出潜在的用户。

Spark MLlib 可以通过 DataFrame 的 sampleBy()方法对数据集进行分层抽样,语法格式如下。

```
sampleBy(col, fractions, seed)
```

上述语法格式中,sampleBy()方法接收 3 个参数,参数 col 用于指定对 DataFrame 分层抽样的列名,参数 fractions 指定对 DataFrame 抽样的比例,参数 seed 为分层抽样时的随机种子,随机种子的作用是确定每个分层层级的抽样方式。需要说明的是,如果在分层抽样过程中使用相同的随机种子,对于相同的分层层级,无论执行多少次抽样操作,都会得到相同的结果。这可能会导致数据集分层抽样的固定性,不利于捕捉数据的全面性和随机性,为了体现分层抽样时的随机性可以不对参数 seed 传值或每次分层抽样时对参数 seed 传入不同的值。

接下来,在 MLlib 文件夹中创建名为 Stratified_Sampling 的 Python 文件,实现对数据模型为 DataFrame 的数据集进行分层抽样,具体代码如文件 7-3 所示。

文件 7-3　Stratified_Sampling.py

```
1  from pyspark.sql import SparkSession
2  spark = SparkSession.builder.master("local[*]") \
```

```
3           .appName("Stratified_Sampling").getOrCreate()
4   data = [(1, "a"), (1, "b"), (2, "c"), (2, "d"), (2, "e"), (3, "f")]
5   columns = ["key", "value"]
6   df = spark.createDataFrame(data, columns)
7   fractions = {1: 0.3, 2: 0.5, 3: 0.2}
8   approxSample = df.sampleBy("key", fractions)
9   approxSample.show()
10  spark.stop()
```

在文件 7-3 中，第 7 行代码创建一个名为 fractions 的字典，用于定义分层抽样时的抽样比例。如整数 1 对应的抽样比例为 0.3，整数 2 对应的抽样比例为 0.5，整数 3 对应的抽样比例为 0.2。

第 8 行代码通过 sampleBy()方法对 DataFrame 进行分层抽样，指定分层抽样的列为 key。

文件 7-3 的运行结果如图 7-8 所示。

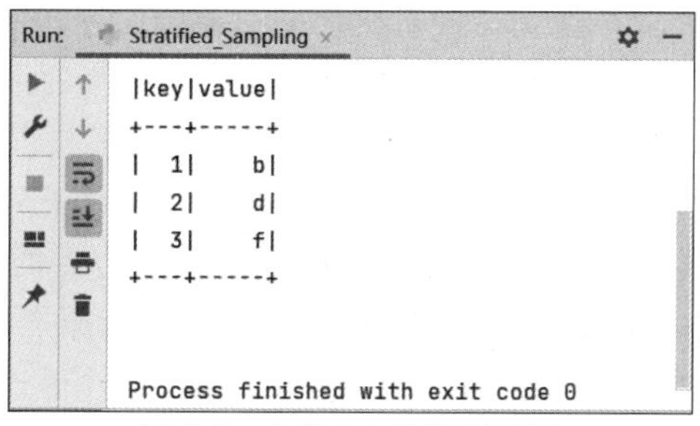

图 7-8 文件 7-3 的运行结果

从图 7-8 可以看出，分层抽样结果整数 1 对应的是 b，整数 2 对应的是 d，整数 3 对应的是 f。

需要注意的是，由于在文件 7-3 中并未向 sampleBy()方法中传入随机种子，所以每次文件 7-3 的运行结果可能会不同。

7.5 分类

分类通常是指将事物分成不同的类别，最常见的分类类型是二元分类，二元分类有两个类别，通常称为正例和反例。如果有两个以上的类别，则被称为多类别分类。

在 Spark MLlib 中，较为常用的分类方法有线性支持向量机(SVM)和逻辑回归。其中线性支持向量机仅支持二元分类，逻辑回归既支持二元分类也支持多元分类。本节针对 Spark MLlib 中线性支持向量机和逻辑回归进行详细讲解。

7.5.1 线性支持向量机

线性支持向量机在机器学习领域中是一种常见的判别方法，是一个有监督学习模型，通常用来进行模式识别、分类以及回归分析。关于线性支持向量机有着大量理论支撑，本书不作讨论。

Spark MLlib 定义了 LinearSVC 类,该类提供了对应的构造方法用于创建 LinearSVC 对象,通过调用该对象的 fit()方法可以用于训练线性支持向量机模型,语法格式如下。

```
# 创建 LinearSVC 对象
LinearSVC(maxIter, regParam)
# 训练线性支持向量机模型
fit(training)
```

上述语法格式中,LinearSVC 类的构造方法接收两个参数,参数 maxIter 用于指定最大迭代次数。参数 regParam 用于指定正则化参数,可以用于控制模型的复杂度。fit()方法接收 1 个参数,参数 training 表示数据格式为 DataFrame 的数据集。

线性支持向量机模型训练完成后,Spark MLlib 定义了 LinearSVCModel 类,该类提供了 coefficients 属性和 intercept 属性进一步操作线性支持向量机模型,关于这两种属性的介绍如下。

(1) coefficients 属性:获取线性支持向量机模型的系数。

(2) intercept 属性:获取线性支持向量机模型的截距。

在线性支持向量机中,系数表示数据的特征对于分类决策的重要性或权重,系数分为正系数、负系数和 0。正系数表示数据的特征对于分类决策是正向影响,负系数则表示数据的特征对于分类决策是负向影响,而系数为 0 表示数据的特征对于分类决策没有影响,系数的绝对值越大表示对于分类的影响越大。截距表示分类决策边界的位置,可以将其理解为决策边界所在的平面与原点的距离,截距越大,决策边界越靠近原点,通过调整截距,可以改变线性支持向量机模型的基准预测位置,从而更好地适应数据并得到更准确的预测。

接下来,在 MLlib 文件夹中创建名为 Svm 的 Python 文件,实现使用数据模型为 DataFrame 的数据集训练线性支持向量机模型并获取线性支持向量机模型的系数和截距,具体代码如文件 7-4 所示。

文件 7-4 Svm.py

```
1  from pyspark.ml.classification import LinearSVC
2  from pyspark.sql import SparkSession
3  spark = SparkSession.builder.master("local[*]") \
4      .appName("Svm").getOrCreate()
5  training = spark.read \
6      .format("libsvm").load("D:\\sample_libsvm_data.txt")
7  lsvc = LinearSVC(maxIter=10, regParam=0.1)
8  # 训练线性支持向量机模型
9  lsvcModel = lsvc.fit(training)
10 print("线性支持向量机模型的系数: " + str(lsvcModel.coefficients))
11 print("线性支持向量机模型的截距: " + str(lsvcModel.intercept))
12 spark.stop()
```

在文件 7-4 中,第 5、6 行代码用于从指定目录下读取 LIBSVM 格式的数据文本文件创建 DataFrame。

第 7 行代码通过 LinearSVC 类创建 LinearSVC 对象,这里指定最大迭代次数为 10,正则化参数为 0.1。

第 9 行代码通过 fit()方法训练线性支持向量机模型。

文件 7-4 的运行结果如图 7-9 所示。

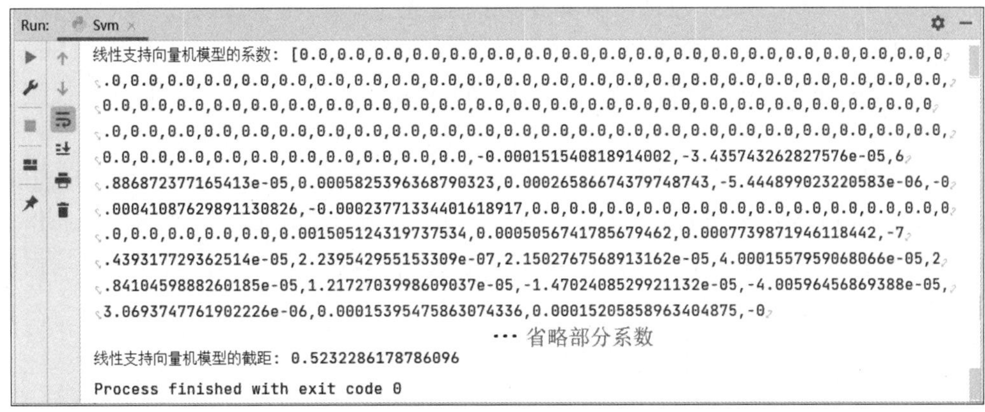

图 7-9　文件 7-4 的运行结果

从图 7-9 可以看出,PyCharm 控制台输出线性支持向量机模型的系数和截距。在输出的线性支持向量机模型的系数结果中,0.0 表示对应数据的特征对于分类决策没有影响,−0.000151540818914002 表示对应数据的特征对于分类决策是负向影响,6.886872377165413e−05 表示对应数据的特征对于分类决策是正向影响。输出的线性支持向量机模型的截距表示决策边界所在的平面与原点的距离为 0.5232286178786096。

由于线性支持向量机模型的系数较多,所以图中只展示部分结果。

7.5.2　逻辑回归

逻辑回归是一个分类算法,常用于数据挖掘、疾病自动诊断以及经济预测等领域。例如在流行病学研究中,探索引发某一疾病的危险因素,根据模型预测在不同的自变量,包括年龄、性别、饮食习惯等情况下,推测发生某一疾病的概率。

在 Spark MLlib 中,逻辑回归支持两种类型,分别是二项式逻辑回归(binary logistic regression)和多项式逻辑回归(multinomial logistic regression)。其中二项式逻辑回归是一种用于处理二分类的逻辑回归模型,它通常有两个类别,标签为 0 和 1,二项式逻辑回归模型可以基于输入的数据特征推测每个数据属于类别 0 或 1 的概率。而多项式逻辑回归是一种用于处理多分类的逻辑回归模型,在多项式逻辑回归中,类别标签是从"0,1,2,…,$K-1$"中选择,其中 K 是类别的总数,多项式逻辑回归模型可以基于输入的数据特征推测每个数据属于每个类别的概率。

Spark MLlib 定义了 LogisticRegression 类,该类提供了对应的构造方法用于创建 LogisticRegression 对象,通过调用该对象的 fit()方法可以用于训练二项式逻辑回归模型或多项式逻辑回归模型,语法格式如下。

```
# 创建 LogisticRegression 对象
LogisticRegression(maxIter, regParam, family)
# 训练二项式逻辑回归模型或多项式逻辑回归模型
fit(training)
```

上述语法格式中,LogisticRegression 类的构造函数接收 3 个参数,参数 maxIter 用于指定最大迭代次数。参数 regParam 用于指定正则化参数,可以用于控制模型的复杂度。参数 family 用于指定二项式逻辑回归模型或多项式逻辑回归模型,可选的参数值有 auto, binomial 和 multinomial,其中参数值为 auto 表示自动判断合适的模型,参数值为 binomial 表示指定二项式逻辑回归模型,参数值为 multinomial 表示指定多项式逻辑回归模型。fit()方法接收 1 个参数,参数 training 表示数据格式为 DataFrame 的数据集。

二项式逻辑回归模型或多项式逻辑回归模型训练完成后,Spark MLlib 定义了 LogisticRegressionModel 类,该类提供了 coefficients 属性和 intercept 属性进一步操作二项式逻辑回归模型以及 coefficientMatrix 属性和 interceptVector 属性进一步操作多项式逻辑回归模型,关于上述属性的介绍如下。

(1) coefficients 属性:获取二项式逻辑回归模型的系数。

(2) intercept 属性:获取二项式逻辑回归模型的截距。

(3) coefficientMatrix 属性:获取多项式逻辑回归模型的系数。

(4) interceptVector 属性:获取多项式逻辑回归模型的截距。

二项式逻辑回归模型和多项式逻辑回归模型的系数和截距,与线性支持向量机中的系数和截距作用相同,这里不再赘述。

接下来,在 MLlib 文件夹中创建名为 Logistic_Regression 的 Python 文件,实现使用数据模型为 DataFrame 的数据集训练二项式逻辑回归模型和多项式逻辑回归模型,并获取其系数和截距,具体代码如文件 7-5 所示。

文件 7-5　Logistic_Regression.py

```
1  from pyspark.sql import SparkSession
2  from pyspark.ml.classification import LogisticRegression
3  spark = SparkSession.builder.master("local[*]") \
4      .appName("Logistic_Regression").getOrCreate()
5  training1 = spark.read.format("libsvm") \
6      .load("D:\\sample_binary_classification_data.txt")
7  training2 = spark.read.format("libsvm") \
8      .load("D:\\sample_multiclass_classification_data.txt")
9  lr = LogisticRegression(maxIter=10, regParam=0.1, family="binomial")
10 lrModel = lr.fit(training1)
11 print("二项式逻辑回归模型的系数: " + str(lrModel.coefficients))
12 print("二项式逻辑回归模型的截距: " + str(lrModel.intercept))
13 mlr = LogisticRegression(maxIter=10, regParam=0.1, family="multinomial")
14 mlrModel = mlr.fit(training2)
15 print("多项式逻辑回归模型的系数: " + str(mlrModel.coefficientMatrix))
16 print("多项式逻辑回归模型的截距:  " + str(mlrModel.interceptVector))
17 spark.stop()
```

在文件 7-5 中,第 9 行代码通过 LogisticRegression 类的构造方法创建 LogisticRegression 对象,这里指定最大迭代次数为 10,正则化参数为 0.1,模型为二项式逻辑回归模型。

第 10 行代码通过 fit()方法训练二项式逻辑回归模型。

第 13 行代码通过 LogisticRegression 类的构造方法创建 LogisticRegression 对象,这里

指定最大迭代次数为 10，正则化参数为 0.1，模型为多项式逻辑回归模型。

第 14 行代码通过 fit()方法训练多项式逻辑回归模型。

文件 7-5 的运行结果如图 7-10 所示。

```
Run:  Logistic_Regression
二项式逻辑回归模型的系数: (692,[95,96,97,98,99,100,101,102,119,120,121,122,123,124,125,126,127,128,129,130,131,
 132,133,146,147,148,149,150,151,152,153,154,155,156,157,158,159,160,161,162,163,164,174,175,176,177,178,
 179,180,181,182,183,184,185,186,187,188,189,190,191,192,202,203,204,205,206,207,208,209,210,211,212,213,
 214,215,216,217,218,219,220,229,230,231,232,233,234,235,236,237,238,239,240,241,242,243,244,245,246,247,
 248,257,258,259,260,261,262,263,264,265,266,267,268,269,270,271,272,273,274,275,276,285,286,287,288,289,
 290,291,292,293,294,295,296,297,298,299,300,301,302,303,304,313,314,315,316,317,318,319,320,321,322,323,
 324,325,326,327,328,329,330,331,332,341,342,343,344,345,346,347,348,349,350,351,352,353,354,355,356,357,
 358,359,360,369,370,371,372,373,374,375,376,377,378,379,380,381,382,383,384,385,386,387,388,396,397,398,
 399,400,401,402,403,404,405,406,407,408,409,410,411,412,413,414,415,416,424,425,426,427,428,429,430,431,
 432,433,434,435,436,437,438,439,440,441,442,443,444,452,453,454,455,456,457,458,459,460,461,462,463,464,
 465,466,467,468,469,470,471,472,480,481,482,483,484,485,486,487,488,489,490,491,492,493,494,495,496,497,
 498,499,500,508,509,510,511,512,513,514,515,516,517,518,519,520,521,522,523,524,525,526,527,528,536,537,
 538,539,540,541,542,543,544,545,546,547,548,549,550,551,552,553,554,555,556,564,565,566,567,568,569,570,
 571,572,573,574,575,576,577,578,579,580,581,582,583,592,593,594,595,596,597,598,599,600,601,602,603,604,
 605,606,607,608,609,610,611,614,620,621,622,623,624,625,626,627,628,629,630,631,632,633,634,635,636,637,
 638,649,650,651,652,653,654,655,656,657,658,659,660,661,662,663,664,665,666,678,679,680,681,682,683,684,
 685,686,687,688,689,690,691],[-0.0010866539567686814,-0.0002463668889839925,0.0006134150606300311,0
 .001308146786303132.0.0006789324437660316.4.632246040944919e-05.-0.0014102818682071255.-0
                                 ···省略部分系数
二项式逻辑回归模型的截距: 2.2867103573180514
多项式逻辑回归模型的系数: DenseMatrix([[ 0.79098058, -0.160126  ,  1.02351077,  1.2299924 ],
             [-1.01753616,  1.27274776, -1.1536931 , -1.01955191],
             [ 0.22655558, -1.11262176,  0.13018232, -0.21044049]])
多项式逻辑回归模型的截距:  [0.010566177295409707,-0.45214353444400207,0.44157735714859236]

Process finished with exit code 0
```

图 7-10　文件 7-5 的运行结果

从图 7-10 可以看出，PyCharm 控制台输出二项式逻辑回归模型和多项式逻辑回归模型的系数和截距。在输出的二项式逻辑回归模型的系数结果中，692 表示二项式逻辑回归模型中数据的长度，即有 692 条数据，[95，96，97，98，…]表示数据的特征索引，[－0.0010866539567686814，－0.0002463668889839925，0.0006134150606300311，…] 表示数据的特征对于分类决策的影响。输出的二项式逻辑回归模型的截距表示决策边界所在的平面与原点的距离为 2.2867103573180514。

输出的多项式逻辑回归模型的系数是一个 3×4 的矩阵，表示该模型中有 3 个类别的数据，每行有 4 个数据。[0.79098058，－0.160126，1.02351077，1.2299924]…表示数据的特征对于分类决策的影响。输出的多项式逻辑回归模型的截距具有 3 个结果，分别对应数据的 3 个类别，即每个类别对应的决策边界所在的平面与原点的距离为 0.010566177295409707，－0.45214353444400207 和 0.44157735714859236。

由于二项式逻辑回归模型的系数较多，因此图中只展示部分结果。

7.6 案例——构建电影推荐系统

随着人们生活质量的提高，观看电影逐渐成为了人们的日常生活习惯。但是电影种类的繁多，以及对电影的评分不同，人们往往需要花费大量的时间才能找到符合自己观影标准的电影，这样就会造成用户花费很长的时间去筛选电影，从而造成用户观影体验下降。为了解决这种问题，电影推荐系统应运而生，电影推荐系统是建立在用户日常观看电影习惯的数据基础上的一种智能系统,能够为用户提供符合自身要求的信息服务。本节针对如何利用Spark MLlib 实现电影推荐系统进行讲解。

7.6.1 案例分析

针对电影推荐系统,较为流行的推荐方式是协同过滤(Collaborative Filtering),协同过滤利用大量已有的用户偏好,来估计用户对其未看过的电影的喜好程度。在协同过滤中有两种推荐方式,一种是基于电影的推荐,另一种是基于用户的推荐。关于协同过滤中两个推荐方式的介绍如下。

1. 基于电影的推荐

基于电影的推荐是利用现有用户对电影的偏好或是评级情况,计算电影之间的某种相似度,以用户接触过的电影来表示这个用户,然后寻找出和这些电影相似的电影,并将这些电影推荐给用户。

2. 基于用户的推荐

基于用户的推荐,可以用"志趣相投"一词来表示,通常是对用户的历史行为进行数据分析,如观看、收藏的电影,评论内容或搜索内容,通过某种算法将用户喜好的电影进行打分。根据不同用户对相同电影偏好程度来计算用户之间的关系程度,在有相同喜好的用户之间进行电影推荐。

本案例通过 Spark MLlib 提供的交替最小二乘(ALS)算法实现基于用户推荐的电影推荐系统,该算法用于实现协同过滤,通过观察所有用户给电影的评分来推断每个用户的喜好,并向用户推荐合适的电影。

Spark MLlib 定义了 ALS 类,该类提供了对应的构造方法用于创建 ALS 对象,通过调用该对象的 fit()方法可以用于训练交替最小二乘模型,语法格式如下。

```
# 创建 ALS 对象
ALS(rank, maxIter, userCol, itemCol, ratingCol)
# 训练交替最小二乘模型
fit(df)
```

上述语法格式中,ALS 类的构造方法接收 5 个参数。参数 rank 为模型中潜在因子的数量,能够影响模型的复杂度,值越大模型越准确,计算成本也越高。参数 maxIter 用于指定最大迭代次数。参数 userCol 用于指定用户 ID 所在列的名称。参数 itemCol 用于指定电影 ID 所在列的名称。参数 ratingCol 用于指定等级评价所在列的名称。fit()方法接收 1 个参数,参数 df 表示数据格式为 DataFrame 的数据集。

交替最小二乘模型训练完成后,Spark MLlib 定义了 ALSModel 类,该类提供了 recommendForUserSubset()方法基于用户推荐电影,语法格式如下。

```
result = model.recommendForUserSubset(df, numItems)
```

上述语法格式中,recommendForUserSubset()方法接收两个参数。参数 df 为包含用户 ID 列的 DataFrame,参数 numItems 用于指定为用户推荐相应数量的电影。

7.6.2 案例实现

接下来，本节根据 7.6.1 节讲解的案例分析，利用 Spark MLlib 基于用户推荐电影实现电影推荐系统，具体步骤如下。

1. 准备训练模型数据

MovieLens 是一个历史悠久的推荐系统，由美国明尼苏达大学计算机科学与工程学院的 GroupLens 项目组开发实现，是一个以研究为目的，非商业性质的实验性站点。本案例通过使用 MovieLens 提供的 u.data 和 u.item 两个样本数据集实现电影推荐，其中 u.data 样本数据集为用户评分数据，u.item 样本数据集为电影数据。

将准备好的 u.data 和 u.item 两个样本数据集存放在 D:\ml-100k 目录下，用记事本的方式分别打开 u.data 和 u.item，部分数据如图 7-11 和图 7-12 所示。

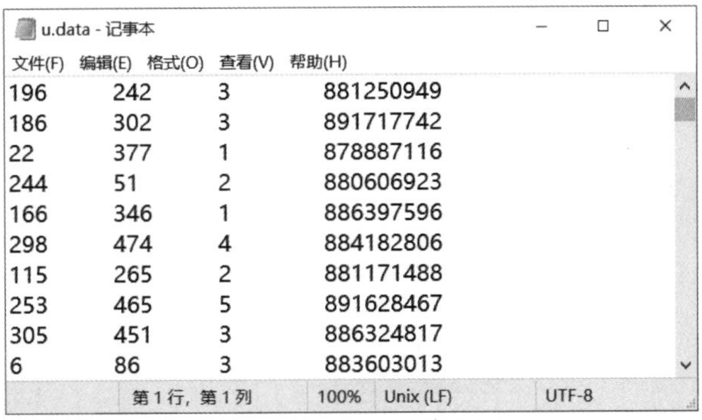

```
u.data - 记事本
文件(F) 编辑(E) 格式(O) 查看(V) 帮助(H)
196	242	3	881250949
186	302	3	891717742
22	377	1	878887116
244	51	2	880606923
166	346	1	886397596
298	474	4	884182806
115	265	2	881171488
253	465	5	891628467
305	451	3	886324817
6	86	3	883603013
第 1 行，第 1 列	100%	Unix (LF)	UTF-8
```

图 7-11　u.data 部分数据

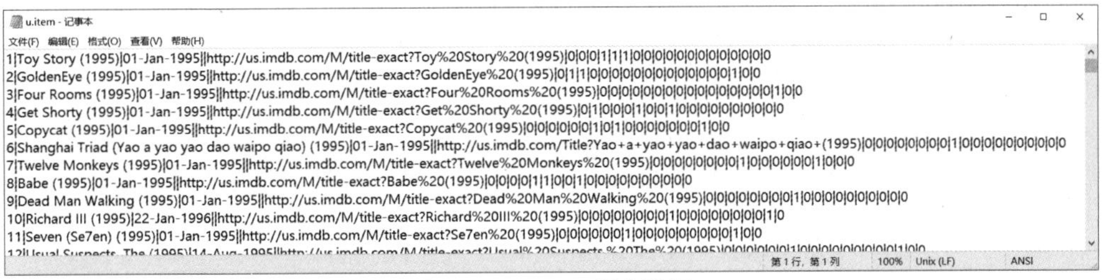

```
u.item - 记事本
文件(F) 编辑(E) 格式(O) 查看(V) 帮助(H)
1|Toy Story (1995)|01-Jan-1995||http://us.imdb.com/M/title-exact?Toy%20Story%20(1995)|0|0|0|1|1|1|0|0|0|0|0|0|0|0|0|0|0|0|0
2|GoldenEye (1995)|01-Jan-1995||http://us.imdb.com/M/title-exact?GoldenEye%20(1995)|0|1|1|0|0|0|0|0|0|0|0|0|0|0|0|0|1|0|0
3|Four Rooms (1995)|01-Jan-1995||http://us.imdb.com/M/title-exact?Four%20Rooms%20(1995)|0|0|0|0|0|0|0|0|0|0|0|0|0|0|0|0|1|0|0
4|Get Shorty (1995)|01-Jan-1995||http://us.imdb.com/M/title-exact?Get%20Shorty%20(1995)|0|1|0|0|0|1|0|0|1|0|0|0|0|0|0|0|0|0|0
5|Copycat (1995)|01-Jan-1995||http://us.imdb.com/M/title-exact?Copycat%20(1995)|0|0|0|0|0|0|1|0|1|0|0|0|0|0|0|0|1|0|0
6|Shanghai Triad (Yao a yao yao dao waipo qiao) (1995)|01-Jan-1995||http://us.imdb.com/Title?Yao+a+yao+yao+dao+waipo+qiao+(1995)|0|0|0|0|0|0|0|0|1|0|0|0|0|0|0|0|0|0|0
7|Twelve Monkeys (1995)|01-Jan-1995||http://us.imdb.com/M/title-exact?Twelve%20Monkeys%20(1995)|0|0|0|0|0|0|0|0|1|0|0|0|0|0|0|1|0|0|0
8|Babe (1995)|01-Jan-1995||http://us.imdb.com/M/title-exact?Babe%20(1995)|0|0|0|0|1|1|0|0|1|0|0|0|0|0|0|0|0|0|0
9|Dead Man Walking (1995)|01-Jan-1995||http://us.imdb.com/M/title-exact?Dead%20Man%20Walking%20(1995)|0|0|0|0|0|0|0|0|1|0|0|0|0|0|0|0|0|0|0
10|Richard III (1995)|22-Jan-1996||http://us.imdb.com/M/title-exact?Richard%20III%20(1995)|0|0|0|0|0|0|0|0|1|0|0|0|0|0|0|0|0|1|0
11|Seven (Se7en) (1995)|01-Jan-1995||http://us.imdb.com/M/title-exact?Se7en%20(1995)|0|0|0|0|0|0|1|0|0|0|0|0|0|0|0|0|1|0|0
第 1 行，第 1 列	100%	Unix (LF)	ANSI
```

图 7-12　u.item 部分数据

图 7-11 展示了 u.data 样本数据集中的部分数据，u.data 样本数据集中有 4 列，每列字段分别表示用户 ID、电影 ID、电影评级和时间戳，每个字段之间以制表符进行分隔。本案例主要使用 u.data 样本数据集中的第 1 列、第 2 列和第 3 列数据。

图 7-12 展示了 u.item 样本数据集中的部分数据，u.item 样本数据集中具有多个列，每个列之间以“|”进行分隔，其中第 1 列为电影 ID，第 2 列为电影名称，本案例主要使用 u.item 样本数据集中的第 1 列和第 2 列数据。

2. 训练模型，实现基于用户推荐电影

在 MLlib 文件夹中创建名为 Movies 的 Python 文件，演示如何训练交替最小二乘模型，并利用该模型基于用户推荐电影，具体代码如文件 7-6 所示。

文件 7-6 Movies.py

```
1  from pyspark import Row
2  from pyspark.ml.recommendation import ALS
3  from pyspark.sql import SparkSession
4  from pyspark.sql.functions import col
5  spark = SparkSession.builder.master("local[*]") \
6      .appName("Movies") \
7      .getOrCreate()
8  #指定 u.data 文件的路径
9  data_path = "D:\\ml-100k\\u.data"
10 #读取 u.data 文件创建 DataFrame,并选择 DataFrame 的前 3 列
11 data = spark.read.csv(data_path, sep="\t", inferSchema=True) \
12     .select(
13         col("_c0").alias("user") \
14         ,col("_c1").alias("item") \
15         ,col("_c2").alias("rating")
16     )
17 als = ALS(rank=10, maxIter=10,
18           userCol="user", itemCol="item",
19           ratingCol="rating"
20           )
21 #训练交替最小二乘模型
22 model = als.fit(data)
23 #预测指定用户和物品的评分
24 predictedRating = model.transform(
25     spark.createDataFrame([Row(user=100, item=200)])
26 ).collect()[0]["prediction"]
27 print(f"对用户 ID 为 100、电影 ID 为 200 的数据评级为:{predictedRating}")
28 #为 ID 为 100 的用户推荐两部电影
29 topRecoPro = model.recommendForUserSubset(
30     spark.createDataFrame([Row(user=100)]), 2
31 ).collect()[0]["recommendations"]
32 print(f"为 ID 为 100 的用户推荐 2 部电影:\n{topRecoPro}")
33 #指定 u.item 文件的路径
34 movies_path = "D:\\ml-100k\\u.item"
35 #读取 u.data 文件创建 DataFrame,并选择 DataFrame 的前 2 列
36 movies = spark.read.csv(movies_path, sep="|", inferSchema=True) \
37     .select(col("_c0").alias("item"),col("_c1").alias("title"))
38 titles = dict(
39     movies.select("item", "title") \
40         .rdd.map(lambda row: (row["item"], row["title"])) \
41         .collect())
42 broadcast_titles = spark.sparkContext.broadcast(titles)
43 #输出推荐电影对应的电影名称和评级
44 for result in topRecoPro:
45     print(f"对应的电影名称为 {broadcast_titles.value[result.item]}, "
46           f"评级为:{result.rating}")
47 spark.stop()
```

在文件 7-6 中,第 11～16 行代码通过 csv()方法读取指定目录下的 u.data 样本数据集

创建 DataFrame，指定分隔符为“\t”并允许 Spark 自动推断每列的实际数据的类型。然后使用 select 算子选择 DataFrame 的前 3 列，并依次重命名为 user、item 和 rating。

第 17～20 行代码通过 ALS 类创建 ALS 对象，指定潜在因子的数量为 10，最大迭代次数为 10，用户 ID 所在列的名称为 user，电影 ID 所在列的名称为 item，电影评级所在列的名称为 rating。

第 24～26 行代码通过 transform()方法基于交替最小二乘模型对用户 ID 为 100、电影 ID 为 200 的数据进行评级，并获取名为 prediction 的列，该列表示对指定用户和电影的评级。

第 29～31 行代码通过 recommendForUserSubset()方法为 ID 为 100 的用户推荐 2 部电影，并获取名为 recommendations 的列，该列表示推荐的电影的 ID 和评级。

第 36、37 行代码通过 csv()方法读取指定目录下的 u.item 样本数据集创建 DataFrame，指定分隔符为“|”并允许 Spark 自动推断每列的实际数据的类型。然后使用 select 算子选择 DataFrame 的前 2 列，并依次重命名为 item 和 title。

第 38～41 行代码首先获取电影 ID(item)和电影名称(title)，然后通过 map 算子将每一行转换为一个包含（item，title）键值对的元组。最后将收集到的键值对列表转换为 Python 字典，该字典将 item 映射到对应的 title。

第 42 行代码广播字典 titles 以显著减少网络传输的开销，并提高效率，避免了 Spark 的每个任务反复传输同一份数据，导致重复的网络传输和性能瓶颈。

文件 7-6 的运行结果如图 7-13 所示。

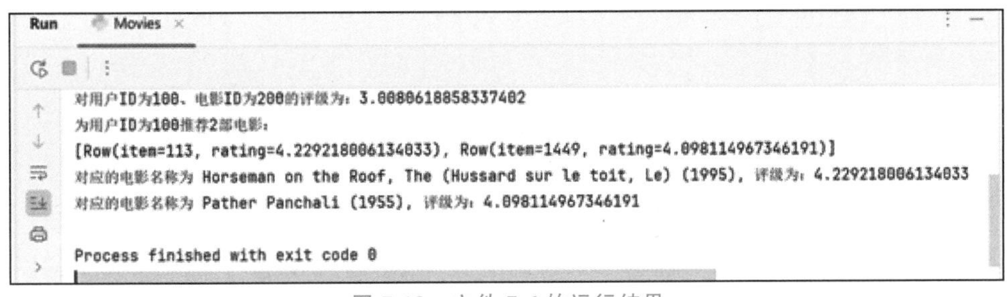

图 7-13　文件 7-6 的运行结果

从图 7-13 可以看出，成功输出对指定用户和电影的评级，并且输出为用户推荐的电影及其对应的电影名称和评级，说明成功利用 Spark MLlib 基于用户推荐电影实现电影推荐系统。需要注意的是，由于创建 ALS 对象时未指定随机种子(seed)，每次运行文件 7-6 时为用户推荐的电影和评级都可能有所不同。这是因为 ALS 算法在训练过程中涉及随机初始化等操作，如果没有设置固定的种子，每次运行的结果都会受到随机因素的影响。如果读者希望每次运行文件 7-6 时为用户推荐的电影和评级都保持一致，那么需要在创建 ALS 对象时添加一个参数 seed，并为其指定一个整数值，例如，seed=42。这样可以确保每次运行时随机数生成器的初始状态相同，从而保证结果的一致性。

7.7　本章小结

本章主要讲解了 Spark MLlib 的知识和相关操作。首先，讲解了机器学习的基础知识。其次，讲解了 Spark MLlib 的基础知识。接着，讲解了 Spark MLlib 的数据类型。再次，讲解了 Spark MLlib 基本统计,包括摘要统计、相关统计和分层抽样。然后,讲解了 Spark MLlib 中的分类,包括线性支持向量机和逻辑回归。最后,通过一个案例讲解了利用 Spark MLlib 实现电影推荐。通过本章的学习,读者能够了解机器学习的基本知识,以及如何利用 Spark MLlib 构建简单的机器学习模型,并通过 Spark MLlib 实现电影推荐系统。

7.8 课后习题

一、填空题

1. Spark MLlib 采用________语言编写。
2. 机器学习可以分为________、无监督学习和________。
3. Spark MLlib 定义了________类用于创建本地向量。
4. Spark MLlib 的数据类型主要包括________、标记点和本地矩阵。
5. 在 Spark MLlib 中,________类提供了用于实现摘要统计的方法。

二、判断题

1. 机器学习中的训练和预测过程可以看作人类的归纳和推测的过程。 ( )
2. 在 Spark MLlib 中,本地向量分为密集向量和稀疏向量。 ( )
3. 在 Spark MLlib 中,标记点是一种带有标签的本地向量,通常用于监督学习中。( )
4. 在 Spark MLlib 中,可以通过 sampleBy()方法对 DataFrame 进行分层抽样。 ( )
5. 在 Spark MLlib 中,逻辑回归支持二项式逻辑回归和多项式逻辑回归。 ( )

三、选择题

1. 下列选项中,对于机器学习的理解错误的是( )。
   A. 机器学习是一种让计算机利用数据来进行各种工作的方法
   B. 机器学习是研究如何使用机器人来模拟人类学习活动的一门学科
   C. 机器学习是一种使用计算机指令来进行各种工作的方法
   D. 机器学习就是让机器能像人一样有学习、理解、认识的能力
2. 下列选项中,不属于 Spark MLlib 中有监督学习的是( )。
   A. 分类算法 B. 回归算法 C. 推荐算法 D. 聚类算法
3. 下列选项中,不属于 Spark MLlib 工作流程的是( )。
   A. 数据分析阶段 B. 数据准备阶段
   C. 训练模型评估阶段 D. 部署预测阶段
4. 关于 Spark MLlib 中数据准备阶段经历的流程,下列选项正确的是( )。
   A. 数据可视化→数据清洗→特征工程
   B. 数据采集→数据挖掘→特征提取
   C. 数据清洗→特征提取→模型训练
   D. 数据采集→原始数据→数据清洗→特征提取
5. 下列方法中,属于 Summarizer 类提供的用于实现摘要统计的有( )(多选)。
   A. count() B. max() C. variance() D. numNonzeros()

四、简答题

简述 Spark MLlib 的工作流程。

第 8 章 综合案例——在线教育学生学习情况分析系统

学习目标：

- 了解系统概述，能够说出系统的背景和流程。
- 了解 Redis 存储系统，能够完成 Redis 的安装和启动。
- 了解构建项目结构模块开发，能够独立构建好项目结构。
- 掌握在线教育数据的生成模块开发，能够通过 Python 编程实现在线教育数据的生成并发送到 Kafka 中。
- 掌握实时分析学生答题情况模块开发，能够使用 Structured Streaming 对 Kafka 中的数据进行实时分析。
- 掌握实时推荐题目模块开发，能够基于推荐模型实现实时推荐题目。
- 掌握离线分析学生答题情况模块开发，能够使用 Spark SQL 对实时推荐的题目进行离线分析。
- 掌握数据可视化模块开发，能够使用 FineBI 对离线分析结果进行可视化展示。

本章主要通过 Spark 生态系统开发在线教育学生学习情况分析系统，该系统主要功能是实时分析学生答题情况并推荐题目，对于推荐题目将进一步进行离线分析，然后通过 FineBI 将离线分析结果进行展示。通过学习并开发本系统，读者可以理解大数据实时和离线计算架构的开发流程，掌握 Spark 生态系统在实际生活中的应用。

8.1 系统概述

8.1.1 系统背景介绍

创新是引领科技变革的重要因素，通过不断探索和创新，可以推动技术的进步和应用，为经济发展注入新的动力。在互联网的带动下，学习教育逐渐从线下走向线上，在线教育已经成为越来越受欢迎的学习方式。然而，由于在线教育涉及大量的学生和课程，很难对学生的学习情况进行监测和分析，所以，需要一种在线教育学生学习情况实时分析与答题情况离线分析系统充分利用现有数据，对数据进行价值挖掘，找出影响学生学习效果与考试成绩的关键因素，并加以提升或改进，以提高教学效果，提升学生考试成绩。

在线教育学生学习情况分析系统可以通过监测学生的答题情况来实时分析学生的学习

情况。通过这种方式,教师可以及时了解学生的学习状态,对学生进行个性化教学和及时干预,提高教学效果。同时,该系统还可以对学生的答题情况进行离线分析,找出学生在学习中存在的问题和难点,提供更加精准的教学辅助。

在该系统中,实时分析需要系统每时每刻读取数据、分析数据、推荐数据以及保存数据,离线分析则需要对保存的数据进行离线处理并展示,本章通过已学的 Spark 相关知识对某个在线教育产生的数据进行分析。

8.1.2 系统流程分析

在开始学习新知识前,通过预先剖析核心内容,合理安排学习步骤、时间、资源和设置个人期望,可以更高效地掌握所需知识,从而提升学习效果和效率。不仅如此,这样的前期准备和规划还能有力地培养我们的责任感和自我管理能力,使我们在面对复杂或挑战性的任务时,拥有更充足的信心和准备。

为了让读者更清晰地了解本案例的分析流程,下面通过图 8-1 来描述在线教育学生学习情况分析系统的实现流程。

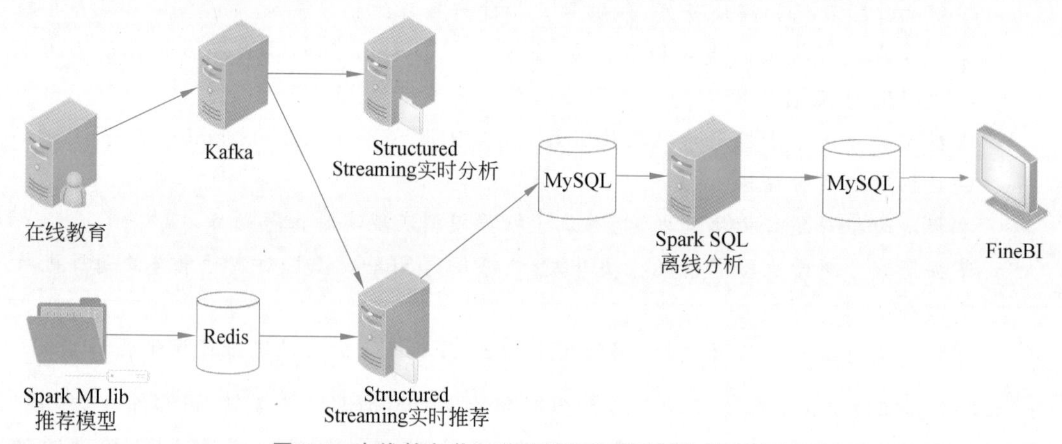

图 8-1 在线教育学生学习情况分析系统的实现流程

从图 8-1 可以看出,在线教育学生学习情况分析系统的实现流程如下。

(1) 将在线教育产生的数据发送到 Kafka 中。

(2) 根据实际业务逻辑编写 Structured Streaming 程序对 Kafka 中的数据进行实时分析。

(3) 通过 Spark MLlib 得到推荐模型并将其缓存到 Redis 中。

(4) 根据实际业务逻辑编写 Structured Streaming 程序结合推荐模型对 Kafka 中的数据进行实时推荐,并将推荐结果保存到 MySQL 中。

(5) 根据实际业务逻辑编写 Spark SQL 程序对 MySQL 中保存的推荐结果进行离线分析,并将分析结果保存到 MySQL 中。

(6) 通过 FineBI 将离线分析结果进行报表展示。

8.2　Redis 的安装和启动

数据经过 Spark MLlib 处理完成后会获得一个训练好的推荐模型，如果将训练好的推荐模型保存到本地文件系统中，每次使用推荐模型就需要从本地文件系统中读取，增加了本地磁盘读取的次数，这样导致后续实时推荐运行效率低，那么如何解决这样的问题呢？为了解决此问题，Redis 无疑是最好的选择。Redis 是一个开源的、基于内存的存储系统，它通过提供多种键值对数据类型适应不同场景下的存储需求。本案例将推荐模型存储到 Redis 中，减少实时推荐时读取本地磁盘中推荐模型的次数，提高程序的运行效率。

通过访问 Redis 官网下载 Redis 安装包，本节选用的 Redis 版本为 6.2.8，下载完成后，得到名为 redis-6.2.8.tar.gz 的安装包。接下来演示如何在虚拟机 Hadoop1 中安装 Redis，具体操作步骤如下。

（1）执行 rz 命令将安装包上传到虚拟机 Hadoop1 的/export/software 目录下，然后将其解压至/export/servers 目录下，在/export/software 目录执行如下命令。

```
$ tar -zxvf redis-6.2.8.tar.gz -C /export/servers
```

上述命令执行完成后，会在/export/servers 下生成 Redis 安装目录 redis-6.2.8，不过此时 Redis 还并不能使用，需要对 Redis 进行编译。

（2）由于 Redis 是由 C 语言开发，因此需要安装 C 语言编译器对 Redis 进行编译，具体命令如下。

```
$ yum install -y gcc
```

（3）进入 Redis 安装目录 redis-6.2.8，对 Redis 进行编译，具体命令如下。

```
$ make
$ make PREFIX=/export/servers/redis install
```

上述命令中，make 命令用于编译 Redis，make PREFIX=/export/servers/redis install 命令表示编译完 Redis 后将 Redis 安装到/export/servers/redis 目录中。

上述命令执行完成后，Redis 安装效果如图 8-2 所示。

从图 8-2 可以看出，出现 INSTALL 提示信息则代表 Redis 安装成功。Redis 安装完成后，会在/export/servers 目录下生成 redis 目录。

（4）在启动 Redis 服务之前，需要使用 redis.conf 配置文件来设置 Redis 服务启动时加载的配置参数。由于安装后生成的 redis 目录中并不存在 redis.conf 配置文件，因此需要将/export/servers/redis-6.2.8 目录下的 redis.conf 配置文件复制到/export/servers/redis/bin 目录，在 redis-6.2.8 目录执行如下命令。

```
$ cp redis.conf /export/servers/redis/bin
```

（5）进入/export/servers/redis/bin 目录，执行 vi redis.conf 命令编辑 redis.conf 配置

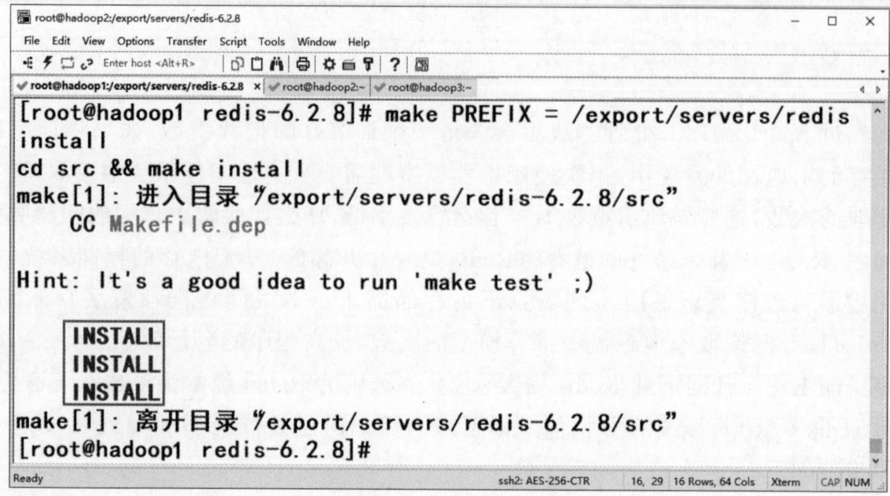

图 8-2　Redis 安装效果

文件,在配置文件底部添加 Redis 服务的 IP 地址,具体内容如下。

```
bind 192.168.88.161
```

Redis 服务的 IP 地址添加完成后,保存并退出 redis.conf 配置文件。至此 Redis 配置完成。

(6) 在/export/servers/redis/bin 目录启动 Redis 服务,具体命令如下。

```
$ ./redis-server ./redis.conf
```

上述命令执行完成后,Redis 服务启动效果如图 8-3 所示。

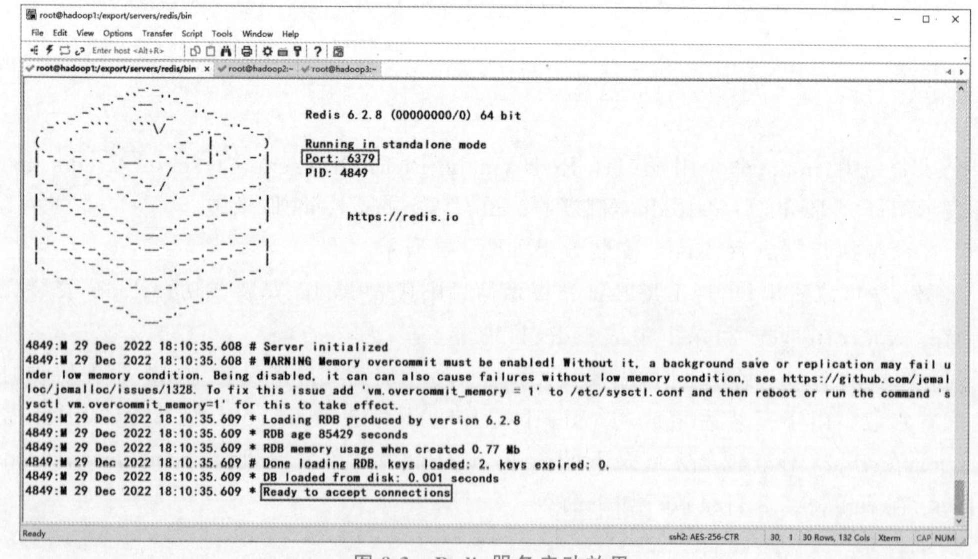

图 8-3　Redis 服务启动效果

从图 8-3 可以看出,Redis 服务启动后输出了日志信息,从日志信息中可以看出 Redis

服务的端口号为 6379，Ready to accept connections 提示信息说明 Redis 服务已经启动成功。

8.3　模块开发——构建项目结构

由于本系统是基于 PyCharm 实现的，所以在实现本系统之前需要在 PyCharm 中构建项目结构，这样有助于区分不同模块的代码。接下来，讲解如何在 PyCharm 中构建项目结构。

打开 PyCharm 开发工具，在个人计算机 D 盘根目录下新建一个名称为 Online_Edu_Spark 的项目。在该项目中依次创建 analysis、jar、model、producer 和 utils 文件夹。构建好的项目结构如图 8-4 所示。

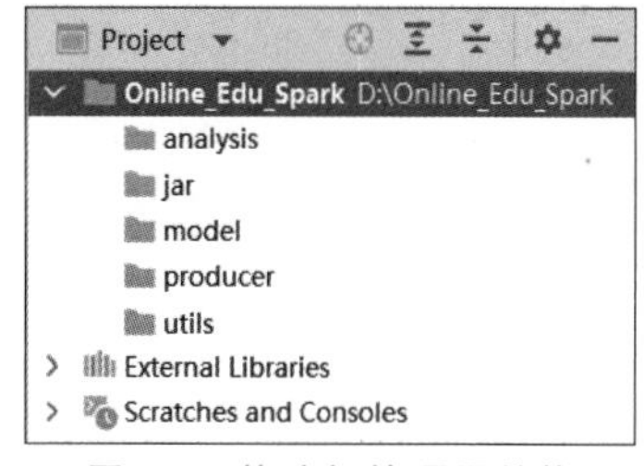

图 8-4　构建好的项目结构

图 8-4 所示的项目结构中，analysis 文件夹用于存放实时分析学生答题情况、实时推荐题目以及离线分析学生答题情况的 Python 文件，jar 文件夹用于存放本案例所需的依赖，model 文件夹用于存放 Spark MLlib 训练推荐模型的 Python 文件以及训练好的推荐模型，producer 文件夹用于存放模拟生成数据发送到 Kafka 的 Python 文件，utils 文件夹用于存放连接 Redis 服务的 Python 文件。

8.4　模块开发——在线教育数据的生成

在本案例中，利用 Python 语言模拟生成数据并将其发送到 Kafka 中。接下来，本节针对如何模拟生成数据以及将数据发送到 Kafka 进行讲解。

8.4.1　模拟生成数据

在线教育系统生成的数据通常由学生 ID、教材 ID、年级 ID、科目 ID、章节 ID 等多个字段组成，数据中的字段越多，提供给分析人员可分析的维度就越多。接下来，在 producer 文件夹中创建名为 Simulator_Data 的 Python 文件，实现模拟生成数据，具体代码如文件 8-1 所示。

文件 8-1　Simulator_Data.py

```
1   import json
2   from dataclasses import dataclass, asdict
3   from datetime import datetime
4   from random import choice, randint
5   # 创建数据类 Answer，用于映射学生的答题信息
6   @dataclass
7   class Answer:
8       student_id: str
9       textbook_id: str
```

```
10      grade_id: str
11      subject_id: str
12      chapter_id: str
13      question_id: str
14      score: int
15      answer_time: str
16      ts: int
17  class Simulator:
18      # 存储生成的学生ID
19      list1 = []
20      # 生成学生ID
21      for i in range(1, 51):
22          list1.append(f"学生ID_{i}")
23      # 随机生成数据时可选的教材ID
24      list2 = ["教材ID_1", "教材ID_2"]
25      # 随机生成数据时可选的年级ID
26      list3 = ["年级ID_1", "年级ID_2", "年级ID_3",
27              "年级ID_4", "年级ID_5", "年级ID_6"]
28      # 随机生成数据时可选的科目ID
29      list4 = ["科目ID_1_数学", "科目ID_2_语文", "科目ID_3_英语"]
30      # 随机生成数据时可选的章节ID
31      list5 = ["章节ID_chapter_1", "章节ID_chapter_2", "章节ID_chapter_3"]
32      # 存储教材ID、年级ID、科目ID 和章节ID 组合对应的题目ID 列表
33      question_map = {}
34      for textbookID in list2:
35          for gradeID in list3:
36              for subjectID in list4:
37                  for chapterID in list5:
38                      key = f"{textbookID}{gradeID}{subjectID}{chapterID}"
39                      # 存储生成的题目ID
40                      questionArr = []
41                      # 生成题目ID
42                      for i in range(1, 21):
43                          questionArr.append(f"题目ID_{i}")
44                      question_map[key] = questionArr
45      # 指定日期时间格式为"年-月-日 时:分:秒"
46      sdf = '%Y-%m-%d %H:%M:%S'
47      @classmethod
48      def question(cls) -> dict:
49          # 随机选择教材ID
50          textbookID_random = choice(cls.list2)
51          # 随机选择年级ID
52          gradeID_random = choice(cls.list3)
53          # 随机选择科目ID
54          subjectID_random = choice(cls.list4)
55          # 随机选择章节ID
56          chapterID_random = choice(cls.list5)
57          # 将随机选择的教材ID、年级ID、科目ID 和章节ID 拼接在一起
58          key1 = f"{textbookID_random}" \
59                 f"{gradeID_random}" \
```

```
60                  f"{subjectID_random}" \
61                  f"{chapterID_random}"
62          # 获取题目ID
63          questionArr = cls.question_map[key1]
64          # 随机选择题目ID
65          questionID_random = choice(questionArr)
66          # 随机生成 0~10 自然整数作为题目得分
67          deduct_score_random = randint(0, 10)
68          # 随机选择学生ID
69          studentID = choice(cls.list1)
70          # 获取当前系统时间
71          ts = int(datetime.now().timestamp())
72          # 将当前系统时间作为学生答题时间
73          answerTime = datetime.fromtimestamp(ts).strftime(cls.sdf)
74          # 返回数据类 Answer 对象
75          answer = Answer(
76              studentID, textbookID_random, gradeID_random,
77              subjectID_random, chapterID_random, questionID_random,
78              deduct_score_random, answerTime, ts
79          )
80          return asdict(answer)
81  if __name__ == '__main__':
82      with open(
83              "D:\Online_Edu_Spark\question_info.json",
84              "w",
85              encoding="utf-8"
86      ) as f:
87          # 生成 2000 条学生的答题信息
88          for i in range(1, 2001):
89              print(f"第{i}条")
90              question = Simulator.question()
91              json_data = json.dumps(question, ensure_ascii=False)
92              print(json_data)
93              f.write(json_data + "\n")
```

在文件 8-1 中，第 17～80 行代码创建了一个 Simulator 类，其中第 47～80 行代码通过@classmethod 装饰器创建一个名为 question 的类方法用于模拟生成学生的答题信息。

第 81～93 行代码通过循环生成学生的答题信息，这些学生的答题信息以 JSON 格式写入指定路径下的 question_info.json 中。

上述代码运行完成后，文件 8-1 的运行结果如图 8-5 所示。

从图 8-5 可以看出，数据模拟成功。打开本地计算机的 D:\Online_Edu_Spark\目录，如图 8-6 所示。

从图 8-6 可以看出，在指定路径下已经生成了数据文件。数据文件中的数据格式如下。

```
Run:  Simulator_Data
第1999条
{"student_id": "学生ID_29", "textbook_id": "教材ID_1", "grade_id": "年级ID_1", "subject_id": "科目ID_2_语文",
"chapter_id": "章节ID_chapter_1", "question_id": "题目ID_12", "score": 8, "answer_time": "2023-08-07
13:50:23", "ts": 1691387423}
第2000条
{"student_id": "学生ID_4", "textbook_id": "教材ID_2", "grade_id": "年级ID_1", "subject_id": "科目ID_1_数学",
"chapter_id": "章节ID_chapter_3", "question_id": "题目ID_2", "score": 5, "answer_time": "2023-08-07
13:50:23", "ts": 1691387423}

Process finished with exit code 0
```

图 8-5 文件 8-1 的运行结果

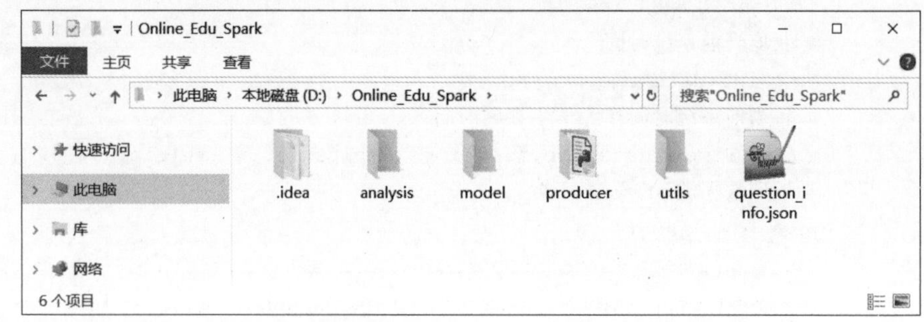

图 8-6 打开本地计算机的 D:\Online_Edu_Spark\目录

```
{"student_id": "学生ID_4", "textbook_id": "教材ID_2", "grade_id": "年级ID_1",
"subject_id": "科目ID_1_数学", "chapter_id": "章节ID_chapter_3", "question_id":
"题目ID_2", "score": 5, "answer_time": "2023-08-07 13:50:23", "ts": 1691387423}
```

8.4.2 向 Kafka 发送数据

数据模拟生成完成后,需要将生成的数据发送到 Kafka 中,具体实现步骤如下。

1. 启动 Kafka 服务

分别进入虚拟机 Hadoop1 和 Hadoop2 的 Kafka 安装目录,执行如下命令启动 Kafka 服务。

```
$ bin/kafka-server-start.sh config/server.properties
```

需要注意的是,启动 Kafka 时需要确保 ZooKeeper 正常运行。

2. 创建 Kafka 主题

克隆虚拟机 Hadoop1 的会话,用于创建一个名为 spark-edu 的 Topic,设置 Topic 的分区数为 3,分区的副本数为 2,指定消息代理的主机名为 hadoop1 和 hadoop2,端口号为 9092。具体命令如下所示。

```
$ kafka-topics.sh --create \
--topic spark-edu \
--partitions 3 \
--replication-factor 2 \
--bootstrap-server hadoop1:9092,hadoop2:9092
```

3. 启动 Kafka 消费者

为了确保模拟生成的数据成功发送到 Kafka 指定的 Topic 中，可以启动 Kafka 消费者消费指定 Topic 中的数据进行验证。在虚拟机 Hadoop1 中启动 Kafka 消费者的命令如下。

```
$ kafka-console-consumer.sh \
--bootstrap-server hadoop1:9092,hadoop2:9092 \
--from-beginning \
--topic spark-edu
```

4. 实时向 Kafka 发送数据

在 producer 文件夹下创建名为 KafkaProducer 的 Python 文件，用于实时向 Kafka 指定 Topic 发送数据，具体代码如文件 8-2 所示。

文件 8-2　KafkaProducer.py

```
1   from confluent_kafka import Producer
2   import json
3   from producer import Simulator_Data
4   # 设置连接 Kafka 的主机名、端口号
5   conf = {
6       "bootstrap.servers": "hadoop1:9092,hadoop2:9092"
7   }
8   Pro = Producer(conf)
9   while True:
10      question = Simulator_Data.Simulator.question()
11      data = json.dumps(question, ensure_ascii=False)
12      Pro.produce(
13          topic="spark-edu",
14          value=data
15      )
16      Pro.flush()
17      print("数据发送成功:{}".format(data))
```

在文件 8-2 中，第 9～17 行代码通过 while 循环将学生的答题信息发送到 Kafka 中名为 spark-edu 的 Topic。

运行文件 8-2，查看在虚拟机 Hadoop1 启动的 Kafka 消费者，如图 8-7 所示。

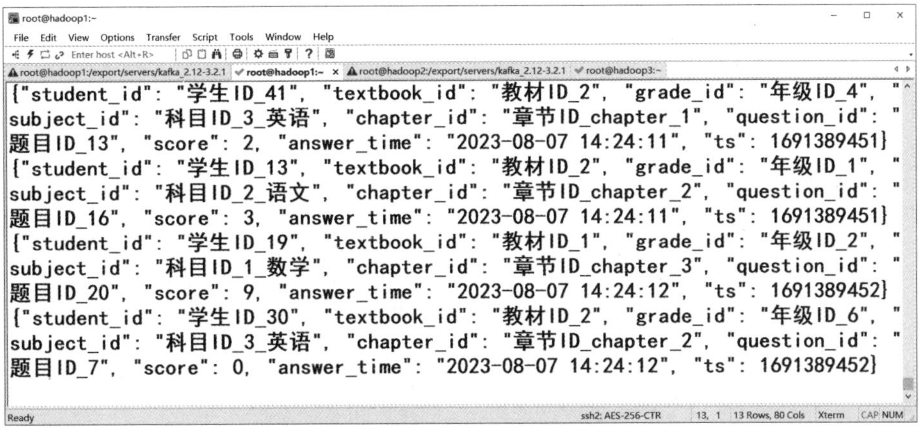

```
root@hadoop1:~
File  Edit  View  Options  Transfer  Script  Tools  Window  Help
{"student_id": "学生ID_41", "textbook_id": "教材ID_2", "grade_id": "年级ID_4", "subject_id": "科目ID_3_英语", "chapter_id": "章节ID_chapter_1", "question_id": "题目ID_13", "score": 2, "answer_time": "2023-08-07 14:24:11", "ts": 1691389451}
{"student_id": "学生ID_13", "textbook_id": "教材ID_2", "grade_id": "年级ID_1", "subject_id": "科目ID_2_语文", "chapter_id": "章节ID_chapter_2", "question_id": "题目ID_16", "score": 3, "answer_time": "2023-08-07 14:24:11", "ts": 1691389451}
{"student_id": "学生ID_19", "textbook_id": "教材ID_1", "grade_id": "年级ID_2", "subject_id": "科目ID_1_数学", "chapter_id": "章节ID_chapter_3", "question_id": "题目ID_20", "score": 9, "answer_time": "2023-08-07 14:24:12", "ts": 1691389452}
{"student_id": "学生ID_30", "textbook_id": "教材ID_2", "grade_id": "年级ID_6", "subject_id": "科目ID_3_英语", "chapter_id": "章节ID_chapter_2", "question_id": "题目ID_7", "score": 0, "answer_time": "2023-08-07 14:24:12", "ts": 1691389452}
Ready
```

图 8-7　Kafka 消费者会话框

从图 8-7 可以看出,Kafka 消费者成功消费学生的答题信息,说明模拟生成的数据成功发送到 Kafka 指定的 Topic 中。

8.5 模块开发——实时分析学生答题情况

针对发送到 Kafka 指定 Topic 中的数据,本节通过 Structured Streaming 程序对其进行实时分析得出学生答题情况。分析的指标如下。

(1) 统计 Top10 热点题(Top10_Hot_Question):该指标可以反映学生对题目的关注度。

(2) 统计答题最活跃的年级(Active_Grade):该指标可以反映哪个年级参与答题的活跃度最高。

(3) 统计每个科目的 Top10 热点题(Subject_id):该指标可以反映每个科目中题目的关注度。

(4) 统计每位学生得分最低的题(Minscore):该指标可以反映每位学生哪些题目答题较差。

接下来,在 analysis 文件夹下创建名为 Std_Analysis 的 Python 文件,实现实时分析指标,具体代码如文件 8-3 所示。

文件 8-3 Std_Analysis.py

```
1  from pyspark.sql import SparkSession
2  from pyspark.sql.functions import col, from_json, \
3      desc, first, count, min
4  from pyspark.sql.types import StructType, StructField, \
5      StringType, IntegerType, TimestampType
6  # 创建 SparkSession 对象,配置 Structured Streaming 程序
7  spark = SparkSession.builder.master("local[*]") \
8      .appName("Std_Analysis") \
9      .config("spark.jars.packages",
10             "org.apache.spark:spark-sql-kafka-0-10_2.12:3.3.0") \
11     .config("spark.driver.extraJavaOptions",
12             "-Dfile.encoding=UTF-8") \
13     .getOrCreate()
14 # 读取 Kafka 指定 Topic 中的数据
15 kafkaDF = spark.readStream \
16     .format("kafka") \
17     .option("kafka.bootstrap.servers", "hadoop1:9092,hadoop2:9092") \
18     .option("subscribe", "spark-edu") \
19     .load()
20 valueDS = kafkaDF.select(col("value").cast("string"))
21 answerSchema = StructType([
22     StructField("student_id", StringType()),
23     StructField("textbook_id", StringType()),
24     StructField("grade_id", StringType()),
25     StructField("subject_id", StringType()),
26     StructField("chapter_id", StringType()),
```

```
27     StructField("question_id", StringType()),
28     StructField("score", IntegerType()),
29     StructField("answer_time", StringType()),
30     StructField("ts", TimestampType())
31 ])
32 answerDF = valueDS.withColumn(
33     "answer",
34     from_json(col("value"), answerSchema)
35 ).select("answer.*")
36 result1 = answerDF.groupBy(
37     col("question_id").alias("Top10_Hot_Question")
38 ).count().orderBy(desc("count")).limit(10)
39 result2 = answerDF.groupBy(
40     col("grade_id").alias("Active_Grade")
41 ).count().orderBy(desc("count")).limit(1)
42 result3 = answerDF.groupBy("question_id") \
43     .agg(
44     first("subject_id").alias("Subject_id"),
45     count("question_id").alias("count")
46 ).orderBy(desc("count")).limit(10)
47 result4 = answerDF.groupBy("student_id") \
48     .agg(
49     min("score").alias("Minscore"),
50     first("question_id").alias("question_id")
51 ).orderBy("Minscore").limit(1)
52 # 将分析得到的指标以完整输出模式输出到控制台
53 query1 = result1.writeStream \
54     .format("console") \
55     .outputMode("complete") \
56     .start()
57 query2 = result2.writeStream \
58     .format("console") \
59     .outputMode("complete") \
60     .start()
61 query3 = result3.writeStream \
62     .format("console") \
63     .outputMode("complete") \
64     .start()
65 query4 = result4.writeStream \
66     .format("console") \
67     .outputMode("complete") \
68     .start()
69 query1.awaitTermination()
70 query2.awaitTermination()
71 query3.awaitTermination()
72 query4.awaitTermination()
```

在文件 8-3 中,第 20～35 行代码用于解析从 Kafka 指定 Topic 读取的数据。首先将 kafkaDF 中的 value 列转换为字符串类型,保存到名为 valueDF 的 DataFrame 中,然后定义一个结构化的数据类型 answerSchema,用于解析 JSON 格式的数据,最后使用 from_json()函数将 JSON 格式的字符串解析为结构化的数据,并使用 select()方法选取 answer 列所有字段,保存在名为 answerDF 的 DataFrame 中。

第 36～51 行代码对 answerDF 进行一系列的数据分析操作,得到 Top10 热点题、答题最活跃的年级、每个科目的 Top10 热点题和每位学生得分最低的题项指标。

首先运行文件 8-2 用于实时向 Kafka 指定 Topic 中发送数据,然后运行文件 8-3 用于实时分析得出学生答题情况,文件 8-3 的运行结果如图 8-8 所示。

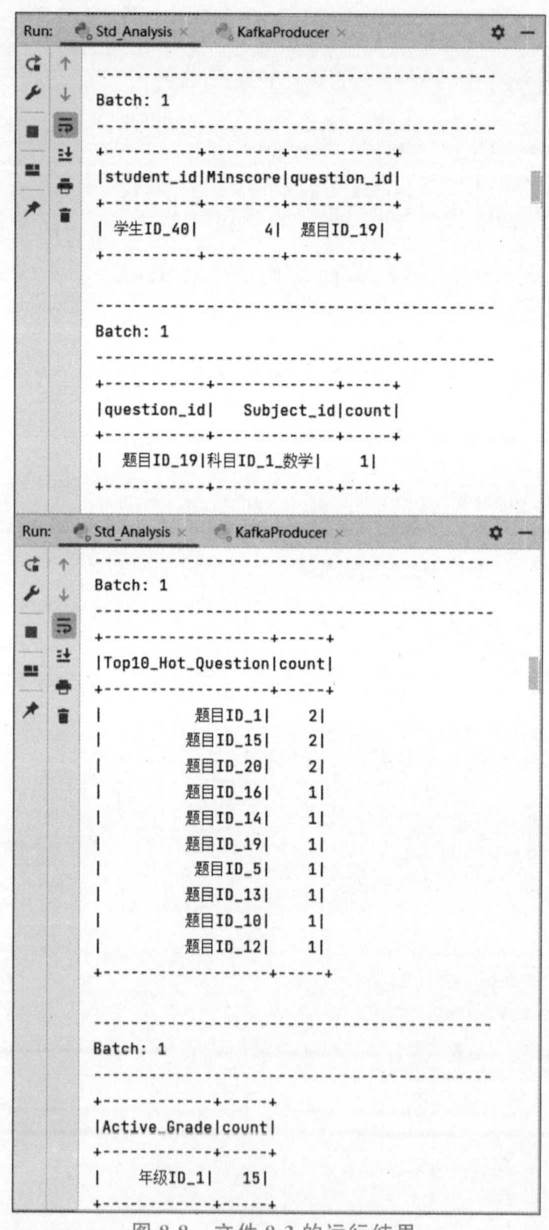

图 8-8 文件 8-3 的运行结果

从图 8-8 可以看出,成功分析 Top10 热点题、答题最活跃的年级、每个科目的 Top10 热点题和每位学生得分最低的题。随着文件 8-2 和文件 8-3 的运行，每个分析指标将会不断更新输出。

8.6　模块开发——实时推荐题目

实时推荐题目需要经过训练数据得到推荐模型和基于推荐模型推荐题目两部分实现，其中训练数据得到推荐模型是指通过 Spark MLlib 对 8.4.1 节中模拟生成的数据进行训练并测试，得出推荐模型。基于推荐模型推荐题目是指利用推荐模型针对每位同学得分最低的题目实时推荐。接下来，本节逐步讲解如何实现实时推荐题目。

1. 编写代码，配置 Redis

在 PyCharm 中编写代码实现配置 Redis 之前，需要在 PyCharm 中安装 redis 模块(5.0.8 版本)，安装步骤可以参考 1.7 节内容，这里不再赘述。

redis 模块安装完成后，在 utils 文件夹下创建名为 RedisUtil 的 Python 文件，用于实现配置 Redis，具体代码如文件 8-4 所示。

文件 8-4　RedisUtil.py

```
1   import redis
2   from redis.exceptions import ConnectionError
3   pool = redis.ConnectionPool(
4       host="hadoop1",
5       port=6379,
6       max_connections=100
7   )
8   def get_redis_conn():
9       try:
10          conn = redis.Redis(connection_pool=pool)
11          return conn
12      except ConnectionError as e:
13          print(f"Redis Error: {e}")
14          return None
```

在文件 8-4 中，第 3～7 行代码通过 ConnectionPool()方法创建一个名为 pool 的 Redis 连接池，指定了连接 Redis 的主机名(host)、端口号(port)和最大连接数(max_connections)。

第 8～14 行代码定义一个名为 get_redis_conn()的函数用于获取 Redis 连接对象。在函数体中使用 try-except 语句捕获连接 Redis 时可能出现的异常，如果连接成功，则返回通过 Redis()方法创建的连接对象，否则输出错误信息，并返回 None。

2. 训练数据得到推荐模型

在 model 文件夹下创建名为 ALSModeling 的 Python 文件，实现训练数据得到推荐模型，具体代码如文件 8-5 所示。

文件 8-5　ALSModeling.py

```
1   from pyspark.sql import SparkSession
2   from pyspark.ml.recommendation import ALS
```

```
3  from pyspark.ml.evaluation import RegressionEvaluator
4  from datetime import datetime
5  from dataclasses import dataclass
6  from utils import RedisUtil
7  # 创建数据类 Answer,用于映射学生的答题信息
8  @dataclass
9  class Answer:
10     student_id: str
11     textbook_id: str
12     grade_id: str
13     subject_id: str
14     chapter_id: str
15     question_id: str
16     score: int
17     answer_time: str
18     ts: int
19 # 创建数据类 Rating,用于映射训练模型的评分信息
20 @dataclass
21 class Rating:
22     student_id: int
23     question_id: int
24     rating: float
25 # 创建 SparkSession 对象
26 spark = SparkSession.builder.master("local[ * ]") \
27     .appName("alsmodeling") \
28     .getOrCreate()
29 def parse_answer_info(json):
30     json_dict = json.asDict()
31     answer = Answer(**json_dict)
32     student_id = int(answer.student_id.split("_")[1])
33     question_id = int(answer.question_id.split("_")[1])
34     rating = answer.score
35     rating_fix = 3 if rating <= 3 else (2 if 3 < rating <= 8 else 1)
36     return Rating(student_id, question_id, rating_fix)
37 def main():
38     path = "D:\\Online_Edu_Spark\\question_info.json"
39     answer_info = spark.read.json(path).rdd.map(parse_answer_info).toDF()
40     answer_info.cache()
41     random_splits = answer_info.randomSplit([0.8, 0.2])
42     als = ALS(
43         rank=20,
44         maxIter=15,
45         userCol="student_id",
46         itemCol="question_id",
47         ratingCol="rating"
48     )
49     model = als.fit(random_splits[0].cache())
50     recommend = model.recommendForAllUsers(20)
51     predictions = model.transform(random_splits[1].cache())
52     evaluator = RegressionEvaluator(
```

```
53            metricName="rmse",
54            labelCol="rating",
55            predictionCol="prediction"
56        )
57        ass_result = evaluator.evaluate(predictions)
58    recommend.foreach(lambda row: print(
59      "学生ID:", row.student_id,
60        ", 推荐题目:", [r.question_id for r in row.recommendations]
61    ))
62        print("推荐模型误差评估:", ass_result)
63        if ass_result <= 1.5:
64            current_time = datetime.now().strftime("%Y-%m-%d-%H-%M-%S")
65            path1 = "D:\\Online_Edu_Spark\\model\\alsmodel" + current_time
66            model.save(path1)
67            redis_conn = RedisUtil.get_redis_conn()
68            if redis_conn:
69                redis_conn.hset(
70                    "model",
71                    "recommended_question_id",
72                    path1
73                )
74                print("模型路径信息已保存到 Redis")
75        answer_info.unpersist()
76        random_splits[0].unpersist()
77        random_splits[1].unpersist()
78    if __name__ == "__main__":
79        main()
```

在文件8-5中，第29～36行代码定义一个名为parse_answer_info()的函数，接收一个参数json，用于解析JSON格式的数据。在函数体中，首先通过asDict()方法将JSON格式的数据转换成字典格式的数据保存在变量json_dict中，并通过**将字典格式的数据的键值对拆分与数据类Answer中的字段进行映射，将其保存在名为answer的数据类Answer对象中，然后从answer对象中通过相应操作获取学生ID、题目ID和分数，通过三元表达式将不同分数范围映射为离散的整数值，目的是构建推荐模型时进行模型训练和评估，并返回一个Rating对象。

第37～84行代码定义一个名为main()的函数，用于构建推荐模型、模型评估并将模型保存到Redis数据库中。其中第38～41行代码从指定路径读取JSON格式的学生答题信息，通过调用自定义parse_answer_info()函数将每一行的JSON数据解析成Rating对象，并使用toDF()方法将其转换成名为answer_info的DataFrame。然后使用cache()方法将其缓存到内存和磁盘中，提高后续数据处理效率，randomSplit()方法的作用是将answer_info中的DataFrame拆分为训练集和测试集，比例为80%训练集和20%测试集。

第42～51行代码使用ALS算法构建一个推荐模型将其保存在变量als中，ALS算法中参数rank设置推荐模型的特征数量，参数maxIter设置推荐模型的最大迭代次数，参数userCol指定表示学生的列名，参数itemCol指定了表示题目的列名，参数ratingCol指定了表示题目得分的列名。通过fit()方法使用训练集数据进行训练，得到一个训练好的模型

model,并通过 recommendForAllUsers()方法使用训练好的模型 model 对所有学生推荐 20 道题目,transform()方法使用训练好的模型 model 对测试集数据进行预测。

第 52～62 行代码通过 RegressionEvaluator 类的构造方法对模型进行评估,参数 metricName 设置评估使用的指标为均方根误差,参数 labelCol 设置实际标签列的名称为 rating,表示真实的评分值,参数 predictionCol 设置预测值列的名称为 prediction,表示模型生成的预测评分值。然后通过 evaluate()方法对 predictions 中的预测结果进行评估。最后输出对所有学生推荐的题目和模型误差评估。

第 63～78 行代码首先判断模型误差评估是否小于或等于 1.5,如果满足条件,则获取当前时间并格式化为字符串,创建一个模型保存的路径 path1,并使用 save()方法将训练好的模型保存到指定路径,然后调用 get_redis_conn()方法获取 Redis 连接,如果连接成功,则将模型路径信息保存到 Redis 中,最后通过 unpersist()方法释放之前缓存的数据,以便后续终止程序时释放资源。

上述代码运行完成后,文件 8-5 的运行结果如图 8-9 所示。

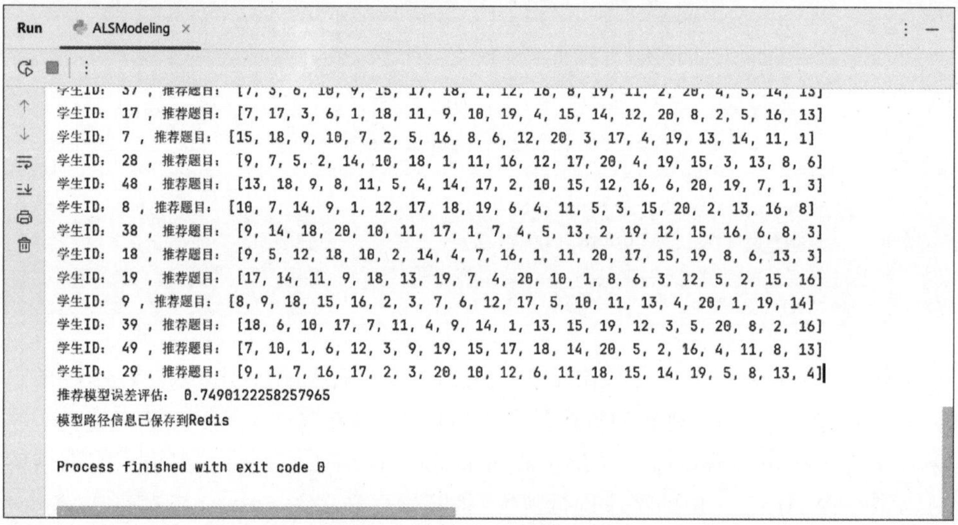

```
Run   ALSModeling ×
学生ID: 37 , 推荐题目: [7, 3, 6, 10, 9, 15, 17, 18, 1, 12, 16, 8, 19, 11, 2, 20, 4, 5, 14, 13]
学生ID: 17 , 推荐题目: [7, 17, 3, 6, 1, 18, 11, 9, 10, 19, 4, 15, 14, 12, 20, 8, 2, 5, 16, 13]
学生ID: 7 , 推荐题目: [15, 18, 9, 10, 7, 2, 5, 16, 8, 6, 12, 20, 3, 17, 4, 19, 13, 14, 11, 1]
学生ID: 28 , 推荐题目: [9, 7, 5, 2, 14, 10, 18, 1, 11, 16, 12, 17, 20, 4, 19, 15, 3, 13, 8, 6]
学生ID: 48 , 推荐题目: [13, 18, 9, 8, 11, 5, 4, 14, 17, 2, 10, 15, 12, 16, 6, 20, 19, 7, 1, 3]
学生ID: 8 , 推荐题目: [10, 7, 14, 9, 1, 12, 17, 18, 19, 6, 4, 11, 5, 3, 15, 20, 2, 13, 16, 8]
学生ID: 38 , 推荐题目: [9, 14, 18, 20, 10, 11, 17, 1, 7, 4, 5, 13, 2, 19, 12, 15, 16, 6, 8, 3]
学生ID: 18 , 推荐题目: [9, 5, 12, 18, 10, 2, 14, 4, 7, 16, 1, 11, 20, 17, 15, 19, 8, 6, 13, 3]
学生ID: 19 , 推荐题目: [17, 14, 11, 9, 18, 13, 19, 7, 4, 20, 10, 1, 8, 6, 3, 12, 5, 2, 15, 16]
学生ID: 9 , 推荐题目: [8, 9, 18, 15, 16, 2, 3, 7, 6, 12, 17, 5, 10, 11, 13, 4, 20, 1, 19, 14]
学生ID: 39 , 推荐题目: [18, 6, 10, 17, 7, 11, 4, 9, 14, 1, 13, 15, 19, 12, 3, 5, 20, 8, 2, 16]
学生ID: 49 , 推荐题目: [7, 10, 1, 6, 12, 3, 9, 19, 15, 17, 18, 14, 20, 5, 2, 16, 4, 11, 8, 13]
学生ID: 29 , 推荐题目: [9, 1, 7, 16, 17, 2, 3, 20, 10, 12, 6, 11, 18, 15, 14, 19, 5, 8, 13, 4]
推荐模型误差评估: 0.7490122258257965
模型路径信息已保存到Redis

Process finished with exit code 0
```

图 8-9 文件 8-5 的运行结果

从图 8-9 可以看出,推荐模型的相关信息已经成功输出,模型误差评估为 0.7490122258257965,并且推荐模型的路径信息被成功保存到了 Redis 中。

3. 实时推荐题目

当得到推荐模型后,便可以利用推荐模型针对每位同学得分低的题目进行实时推荐。在 analysis 文件夹下创建名为 StreamingRecommend 的 Python 文件,用于实现实时推荐题目并将其保存到 MySQL 中,具体代码如文件 8-6 所示。

文件 8-6 StreamingRecommend.py

```
1  from pyspark.sql import SparkSession
2  from pyspark.ml.recommendation import ALSModel
3  from pyspark.sql.functions import col, udf, from_json, \
4      concat, lit, concat_ws, expr
5  from pyspark.sql.types import StructField, StringType, \
```

```
6        IntegerType, StructType, TimestampType
7    from utils import RedisUtil
8    # 连接 MySQL 的 JAR 包路径
9    path = "D:\Online_Edu_Spark\jar\mysql-connector-j-8.1.0.jar"
10   # 创建 SparkSession 对象
11   spark = SparkSession.builder \
12       .appName("streamingrecommend") \
13       .master("local[*]") \
14       .config("spark.driver.extraClassPath", path) \
15       .config("spark.jars.packages",
16               "org.apache.spark:spark-sql-kafka-0-10_2.12:3.3.0") \
17       .config("spark.driver.extraJavaOptions",
18               "-Dfile.encoding=UTF-8") \
19       .getOrCreate()
20   # 读取 Kafka 指定 Topic 中的数据
21   KafkaDF = spark.readStream \
22       .format("kafka") \
23       .option("kafka.bootstrap.servers", "hadoop1:9092,hadoop2:9092") \
24       .option("subscribe", "spark-edu") \
25       .load()
26   # 创建结构化数据类型与解析的 JSON 格式数据映射
27   JSONSchema = StructType([
28       StructField("student_id", StringType()),
29       StructField("textbook_id", StringType()),
30       StructField("grade_id", StringType()),
31       StructField("subject_id", StringType()),
32       StructField("chapter_id", StringType()),
33       StructField("question_id", StringType()),
34       StructField("score", IntegerType()),
35       StructField("answer_time", StringType()),
36       StructField("ts", TimestampType())
37   ])
38   num = 0
39   def process_stream(df, id):
40       global num
41       if not df.isEmpty():
42           redis = RedisUtil.get_redis_conn()
43           path = redis.hget(
44               "model",
45               "recommended_question_id"
46           ).decode("utf-8")
47           model = ALSModel.load(path)
48           answer_df = df.selectExpr("CAST(value AS STRING)")
49           parsed_df = answer_df.select(
50               from_json(col("value"), JSONSchema).alias("parsed")
51           ).select("parsed.*")
52           id_udf = udf(lambda student_id: int(student_id.split("_")[1]))
53           student_id_df = parsed_df.select(
54               id_udf(col("student_id")).alias("student_id")
55           )
```

```
56         recommend_df = model.recommendForUserSubset(student_id_df, 10)
57         recommend_result_df = recommend_df.withColumn(
58             "student_id",
59             col("student_id").cast(IntegerType())
60         )
61         recommend_result_df = recommend_result_df.withColumn(
62             "student_id",
63             concat(
64                 lit("学生 ID_"), col("student_id").cast(StringType())
65             )
66         )
67         tf = "transform(recommendations, " \
68             "x -> concat('题目 ID_', x.question_id))"
69         recommend_result_df = recommend_result_df.withColumn(
70             "recommendations",
71             concat_ws(
72                 ",",
73                 expr(tf)
74             )
75         )
76         all_info_df = parsed_df.join(recommend_result_df, ["student_id"])
77         records_to_write = all_info_df.limit(1000 - num)
78         records_to_write.show(truncate=False)
79         redis.close()
80         if records_to_write.count() > 0:
81             url = "jdbc:mysql://hadoop1:3306/edu_py?" \
82                 "createDatabaseIfNotExist=true&" \
83                 "useUnicode=true&characterEncoding=utf8"
84             pro = {
85                 "user": "itcast",
86                 "password": "Itcast@2023"
87             }
88             records_to_write.write.jdbc(
89                 url,
90                 "t_recommended",
91                 mode="append",
92                 properties=pro
93             )
94             num += records_to_write.count()
95 KafkaDF.writeStream \
96     .foreachBatch(process_stream) \
97     .start() \
98     .awaitTermination()
```

在文件 8-6 中,第 39～94 行代码通过定义一个名为 process_stream()的函数处理从 Kafka 指定 Topic 中获取的数据,通过训练好的推荐模型得到推荐数据,并将其写入 MySQL 数据库中的 t_recommended 数据表中。其中第 41～47 行代码判断 DataFrame 不为空则获取 Redis 连接,并从 Redis 中获取缓存的推荐模型。

第 48～51 行代码通过 selectExpr()方法将 DataFrame 中的名为 value 的列进行数据类型转换,将其转换为字符串类型,并通过 from_json()函数将 value 列中的 JSON 格式的字符串解析为结构化数据。

第 52～56 行代码通过自定义标量函数 id_udf 从 student_id 字段中提取出学生的 ID，将其保存在名为 student_id_df 的 DataFrame 中，并通过 recommendForUserSubset()方法基于学生 ID 为每个学生生成推荐题目列表，每位学生的推荐题目数量为 10 个。

第 57～77 行代码将题目推荐结果 DataFrame 进行一系列转换操作，将学生 ID 和推荐题目信息连接成字符串，并将这些信息与学生答题数据进行连接，保存在名为 records_to_write 的 DataFrame 中。

第 80～94 行代码判断 records_to_write 中是否存在数据，若存在则通过 jdbc()方法将数据保存在 MySQL 数据库的 t_recommended 数据表中。

运行文件 8-6 用于实时推荐题目，同时运行文件 8-2 向 Kafka 中发送数据，查看文件 8-6 的运行结果，如图 8-10 所示。

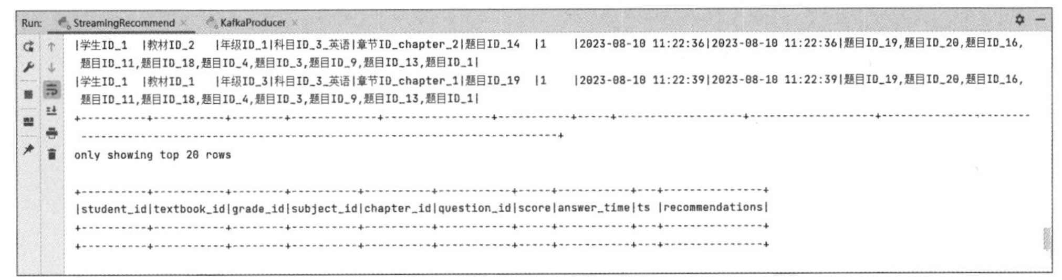

图 8-10　文件 8-6 的运行结果

在图 8-10 中，若 PyCharm 控制台输出结果从有内容到无内容，说明成功将推荐数据保存在 MySQL 数据库的 t_recommended 数据表中。

克隆虚拟机 Hadoop1 会话框，查看 t_recommended 数据表中的数据，具体命令如下。

```
# 登录 MySQL
$ mysql -uroot -pItcast@2022
# 查看数据库 edu 中数据表 t_recommended 中的数据
$ select * from edu_py.t_recommended;
```

上述命令执行完成后，如图 8-11 所示。

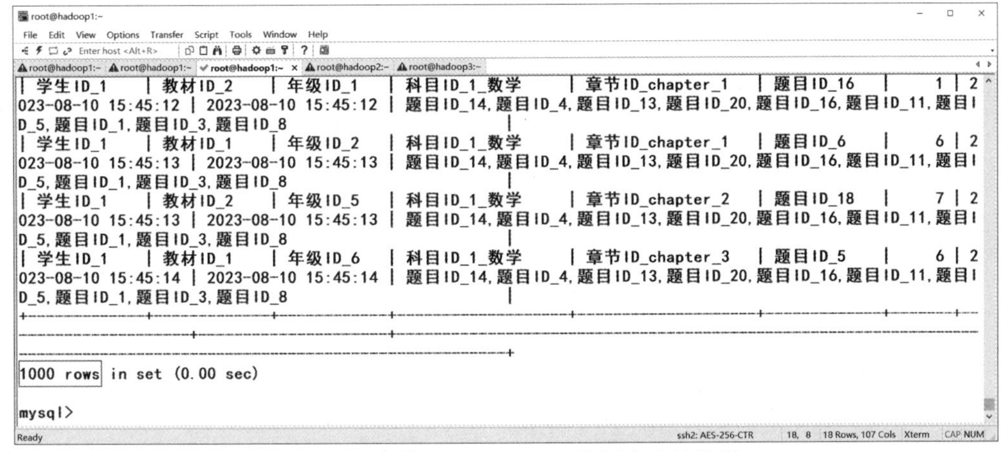

图 8-11　查看 t_recommended 数据表中的数据

从图 8-11 可以看出,t_recommended 数据表中已存在 1000 条推荐数据。

8.7 模块开发——离线分析学生答题情况

8.6 节保存在 MySQL 中的推荐题目数据,可以进一步采用 Spark SQL 进行离线分析,并且将离线分析后的数据进行报表展示。以下是对存储在 MySQL 中的数据进行分析的指标。

(1) 各科目热点题目数量(hot_question_count):该指标可以反映哪些推荐题目是常出现的,说明该题对学生具有挑战性。

(2) 各科目推荐题目数量(frequency):该指标可以反映每个科目推荐题目的数量。

接下来,采用 Spark SQL 对上述两个指标进行离线分析。在 analysis 文件夹下创建名为 Off_Analysis 的 Python 文件,实现采用 Spark SQL 对保存在 MySQL 中的推荐题目数据进行离线分析,具体代码如文件 8-7 所示。

文件 8-7 Off_Analysis.scala

```
1  from pyspark.sql import SparkSession
2  path = "D:\Online_Edu_Spark\jar\mysql-connector-j-8.1.0.jar"
3  # 创建 SparkSession 对象
4  spark = SparkSession.builder.master("local[*]") \
5      .appName("Off_Analysis") \
6      .config("spark.driver.extraClassPath", path) \
7      .getOrCreate()
8  # 指定从 MySQL 中读取数据
9  MySQLDF = spark.read.format("jdbc") \
10     .option("driver", "com.mysql.cj.jdbc.Driver") \
11     .option("url", "jdbc:mysql://hadoop1:3306/edu_py") \
12     .option("dbtable", "t_recommended") \
13     .option("user", "itcast") \
14     .option("password", "Itcast@2023") \
15     .load()
16 MySQLDF.createOrReplaceTempView("answer")
17 sql = """
18     SELECT question_id, COUNT(*) AS frequency
19     FROM answer
20     GROUP BY question_id
21     ORDER BY frequency DESC LIMIT 10
22 """
23 hot_question = spark.sql(sql)
24 hot_question.createOrReplaceTempView("hot_question")
25 sql1 = """
26     SELECT subject_id, COUNT(a.question_id) AS hot_question_count
27     FROM hot_question h
28     JOIN answer a ON h.question_id = a.question_id
29     GROUP BY subject_id
30     ORDER BY hot_question_count DESC
31 """
```

```
32 result1 = spark.sql(sql1)
33 print("各科目热点题目数量")
34 result1.show(truncate=False)
35 fre_question = spark.sql(sql)
36 fre_question.createOrReplaceTempView("fre_question")
37 sql2 = """
38     SELECT DISTINCT (a.question_id),a.recommendations,a.subject_id
39     FROM fre_question f
40     JOIN answer a ON f.question_id = a.question_id
41 """
42 recommendationsDF = spark.sql(sql2)
43 recommendationsDF.createOrReplaceTempView("recommendationsDF")
44 sql3 = """
45     SELECT DISTINCT (subject_id),
46     explode(split(recommendations, ',')) AS question_id
47     FROM recommendationsDF
48 """
49 questionIdDF = spark.sql(sql3)
50 questionIdDF.createOrReplaceTempView("questionIdDF")
51 sql4 = """
52     SELECT q.question_id, a.subject_id
53     FROM questionIdDF q
54     JOIN answer a ON q.question_id = a.question_id
55 """
56 questionAndSubjectDF = spark.sql(sql4)
57 questionAndSubjectDF.createOrReplaceTempView("questionAndSubjectDF")
58 sql5 = """
59     SELECT subject_id, COUNT(*) AS frequency
60     FROM questionAndSubjectDF
61     GROUP BY subject_id
62     ORDER BY frequency DESC
63 """
64 result2 = spark.sql(sql5)
65 print("各科目推荐题目数量")
66 result2.show(truncate=False)
67 url = "jdbc:mysql://hadoop1:3306/edu_py?" \
68       "useUnicode=true&" \
69       "characterEncoding=utf8"
70 pro = {
71     "user": "itcast",
72     "password": "Itcast@2023"
73 }
74 result1.write.jdbc(
75     url,
76     "hot_question",
77     mode="overwrite",
78     properties=pro
79 )
80 result2.write.jdbc(
81     url,
```

```
82      "frequency_question",
83      mode="overwrite",
84      properties=pro
85  )
```

在文件 8-7 中,第 16～34 行代码分析各科目热点题目数量指标,createOrReplaceTempView()方法用于创建对应 DataFrame 的临时视图,变量 sql 中保存的 SQL 语句用于统计出现频率最高的题目,变量 sql1 中保存的 SQL 语句用于获取各科目的热门题目数量。

第 35～66 行代码分析各科目推荐题目数量指标,变量 sql2 中保存的 SQL 语句用于获取推荐题目的相关信息,包括题目 ID、推荐列表和学科 ID,变量 sql3 中保存的 SQL 语句用于提取每个题目的推荐列表,并通过“,”分隔符将推荐的题目拆分成独立的行,变量 sql4 中保存的 SQL 语句用于获取推荐题目和学科的对应关系,变量 sql5 中保存的 SQL 语句用于按照学科进行分组,统计每个学科的推荐题目数量。

第 67～85 行代码将各科目热点题目数量指标和各科目推荐题目数量指标保存在 hot_question 数据表和 frequency_question 数据表中。

上述代码运行完成后,如图 8-12 所示。

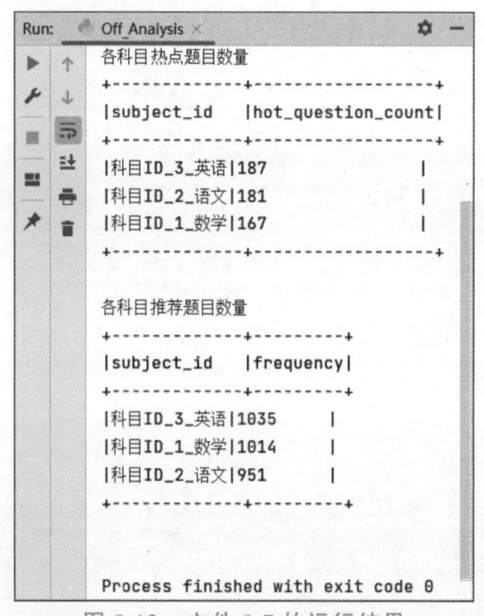

图 8-12　文件 8-7 的运行结果

从图 8-12 可以看出,各科目热点题目数量和各科目推荐题目数量两个指标已经成功被分析。

在连接 MySQL 的虚拟机 Hadoop1 的会话框中分别执行“select * from edu_py.hot_question;”命令和“select * from edu_py.frequency_question;”命令查看 hot_question 数据表和 frequency_question 数据表中的数据,如图 8-13 所示。

从图 8-13 可以看出,通过 Spark SQL 对推荐题目数据分析的各科目热点题目数量和各科目推荐题目数量成功被保存到 hot_question 数据表和 frequency_question 数据表中。

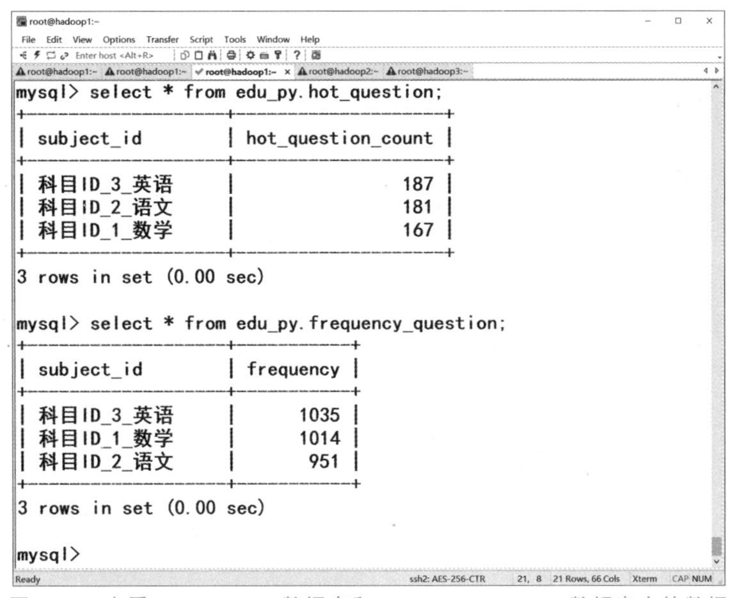

图 8-13　查看 hot_question 数据表和 frequency_question 数据表中的数据

8.8　模块开发——数据可视化

数据可视化是指将数据或信息表示为图形中的可视对象来传达数据或信息的技术，目的是清晰、有效地向用户传达信息，以便用户可以轻松了解数据或信息中的复杂关系。用户可以通过图形中的可视对象直观地看到数据分析结果，从而更容易理解业务变化趋势或发现新的业务模式。数据可视化是数据分析中的一个重要步骤。本节针对如何使用 FineBI 工具实现数据可视化进行详细讲解。

8.8.1　安装、启动与配置 FineBI

FineBI 是帆软软件有限公司推出的一款商业智能(Business Intelligence，BI)分析工具，它提供一套完整的解决方案，用来将企业中现有的数据进行有效整合，快速、准确地提供报表并提出决策依据，帮助企业做出明智的业务经营决策。

本项目使用 FineBI 的数据可视化功能，将各科目热点题目数量和各科目推荐题目数量进行可视化展示。接下来，详细讲解如何安装、启动和配置 FineBI，具体步骤如下。

1. 下载 FineBI

读者可自行访问 FineBI 官网，通过注册免费试用的方式下载适用 Windows 系统的 FineBI 安装包 windows-x64_FineBI5_1-CN.exe。

2. 安装 FineBI

在 Windows 系统中安装 FineBI 的具体步骤如下。

(1) 双击 FineBI 安装包 windows-x64_FineBI5_1-CN.exe，进入“FineBI 安装向导”界面，如图 8-14 所示。

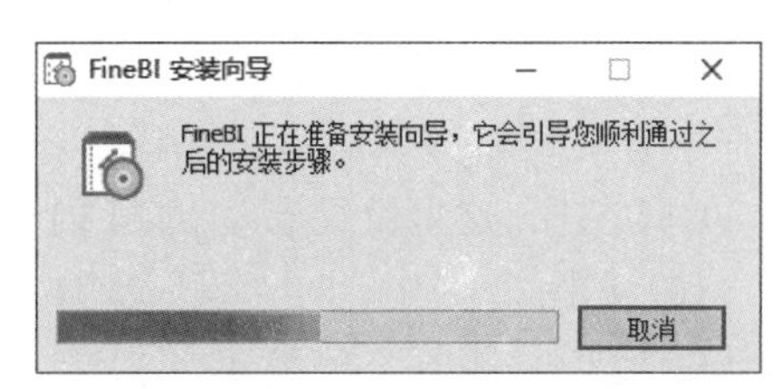

图 8-14　“FineBI 安装向导”界面

(2) 在图 8-14 所示界面等待准备工作完成之后,进入“欢迎使用 FineBI 安装程序向导”界面,如图 8-15 所示。

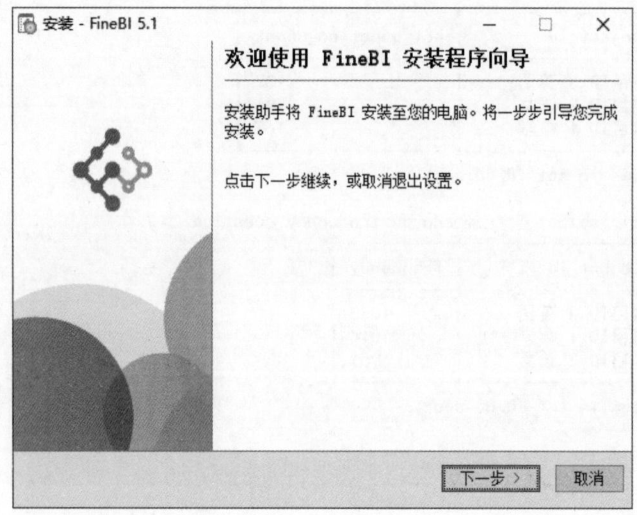

图 8-15　“欢迎使用 FineBI 安装程序向导”界面

(3) 在图 8-15 中,单击“下一步”按钮进入“许可协议”界面,在该界面选中“我接受协议”选项,如图 8-16 所示。

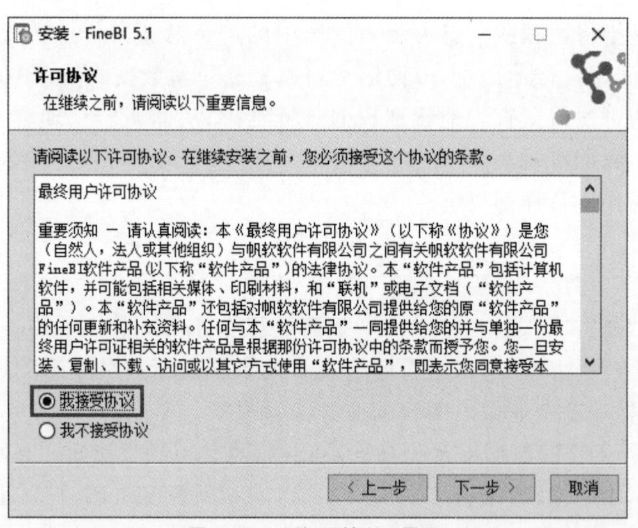

图 8-16　“许可协议”界面

(4) 在图 8-16 中,单击“下一步”按钮进入“选择安装目录”界面,在该界面中配置 FineBI 的安装目录,这里配置 FineBI 的安装目录为 D:\FineBI5.1,如图 8-17 所示。

(5) 在图 8-17 中,单击“下一步”按钮进入“设置最大内存”界面,在“最大 jvm 内存”输入框中输入最大 JVM 内存,读者可以根据实际情况设置,但建议设置最大 JVM 内存至少为 2048(2GB),这里设置最大 JVM 内存为 4096(4GB),如图 8-18 所示。

(6) 在图 8-18 中,单击“下一步”按钮进入“选择开始菜单文件夹”界面,在该界面使用默认配置即可,如图 8-19 所示。

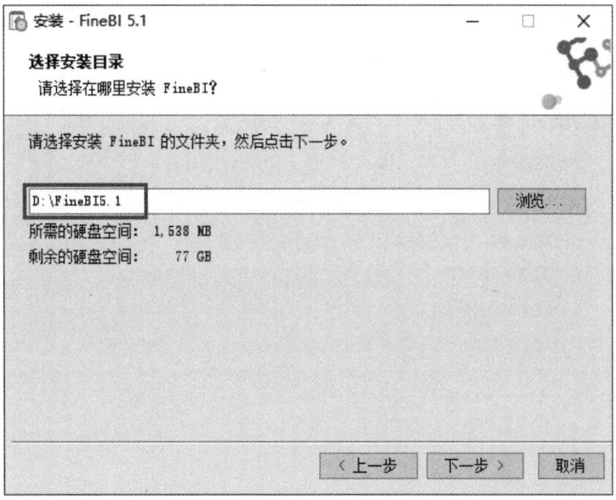

安装 - FineBI 5.1

选择安装目录

请选择在哪里安装 FineBI?

请选择安装 FineBI 的文件夹，然后点击下一步。

D:\FineBI5.1　浏览...

所需的硬盘空间：　1,538 MB

剩余的硬盘空间：　77 GB

< 上一步　下一步 >　取消

图 8-17　“选择安装目录”界面

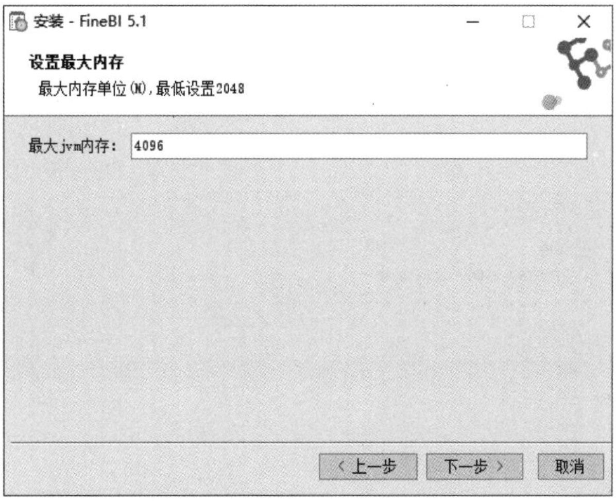

安装 - FineBI 5.1

设置最大内存

最大内存单位(M)，最低设置2048

最大jvm内存：　4096

< 上一步　下一步 >　取消

图 8-18　“设置最大内存”界面

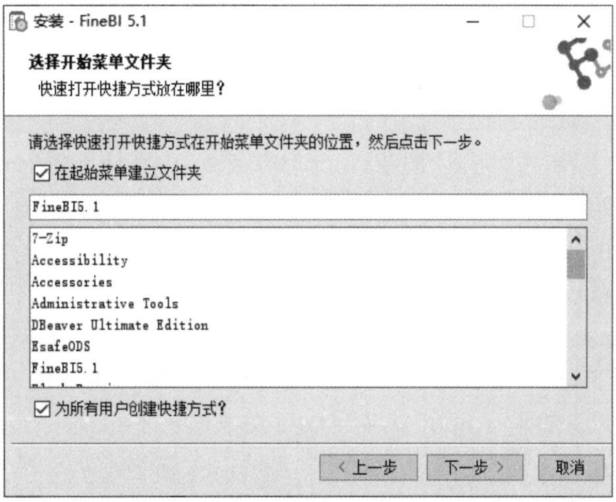

安装 - FineBI 5.1

选择开始菜单文件夹

快速打开快捷方式放在哪里?

请选择快速打开快捷方式在开始菜单文件夹的位置，然后点击下一步。

☑ 在起始菜单建立文件夹

FineBI5.1

7-Zip
Accessibility
Accessories
Administrative Tools
DBeaver Ultimate Edition
EsafeODS
FineBI5.1

☑ 为所有用户创建快捷方式?

< 上一步　下一步 >　取消

图 8-19　“选择开始菜单文件夹”界面

(7) 在图 8-19 中,单击“下一步”按钮进入“选择附加工作”界面,在该界面使用默认配置即可,如图 8-20 所示。

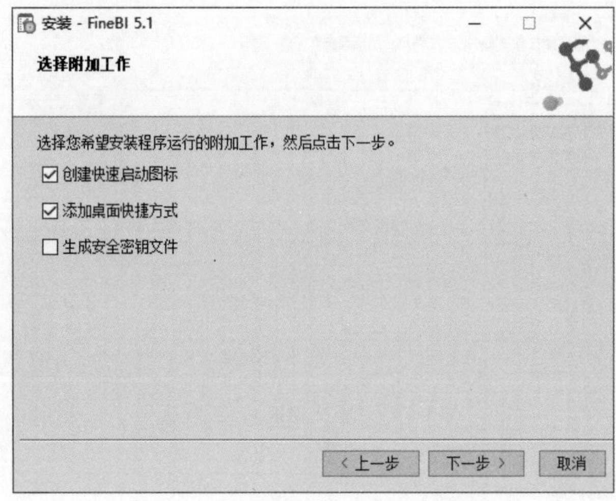

图 8-20 “选择附加工作”界面

(8) 在图 8-20 中,单击“下一步”按钮进入“安装中”界面,在该界面 FineBI 会自动安装,如图 8-21 所示。

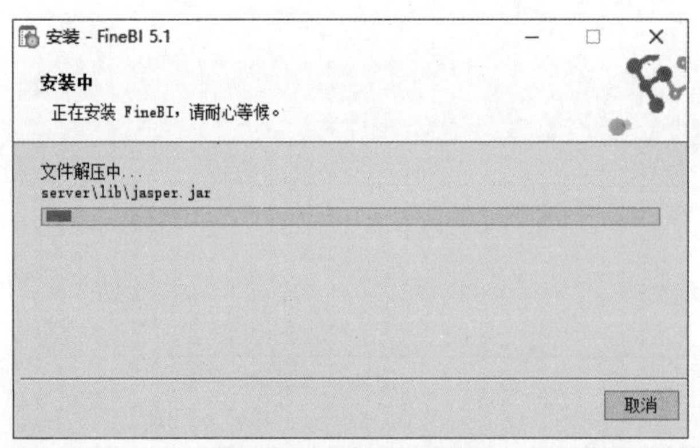

图 8-21 “安装中”界面

(9) 在图 8-21 中,等待 FineBI 安装完成后会进入“完成 FineBI 安装程序”界面,在该界面使用默认配置即可,如图 8-22 所示。

(10) 在图 8-22 中,单击“完成”按钮,由于在图 8-22 中默认配置勾选了“运行 FineBI”选项,所以此时会自动运行 FineBI,FineBI 启动界面如图 8-23 所示。

(11) 等待 FineBI 启动完成后,系统默认配置的浏览器会打开 FineBI 平台,如图 8-24 所示。

从图 8-24 可以看出,FineBI 平台默认的 URL 地址为 http://localhost:37799/webroot/decision/login/initialization。

至此,便完成了 FineBI 的安装与启动,后续可以通过桌面生成的 FineBI 快捷图标启动 FineBI。需要注意的是,如果 FineBI 安装完成后无法进入 FineBI 平台,在弹出的页面会出现提示“内置数据库连接失败”的信息,那么读者可以关闭当前启动的 FineBI,并以系统管理员的身份重新启动 FineBI。

图 8-22　“完成 FineBI 安装程序”界面

图 8-23　FineBI 启动界面

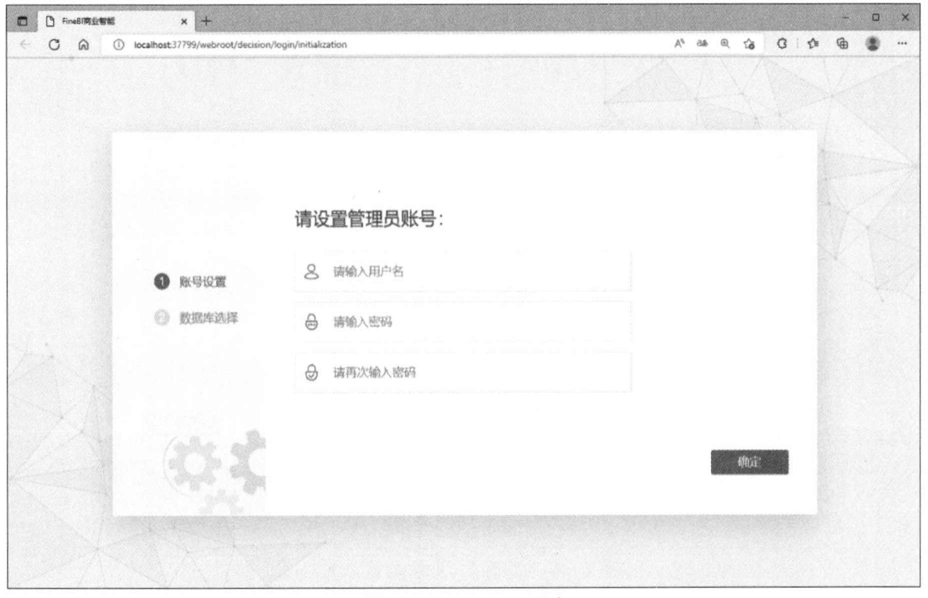

图 8-24　FineBI 平台

3. 配置 FineBI 登录用户

配置 FineBI 登录用户可以为用户提供访问权限控制、个性化用户设置,有助于优化 FineBI 的使用和管理。配置 FineBI 登录用户的具体步骤如下。

(1) 首次使用 FineBI 时需要通过 FineBI 平台进行初始化设置,在图 8-24 中设置管理员账号,这里将用户名设置为 itcast,密码设置为 123456,如图 8-25 所示。

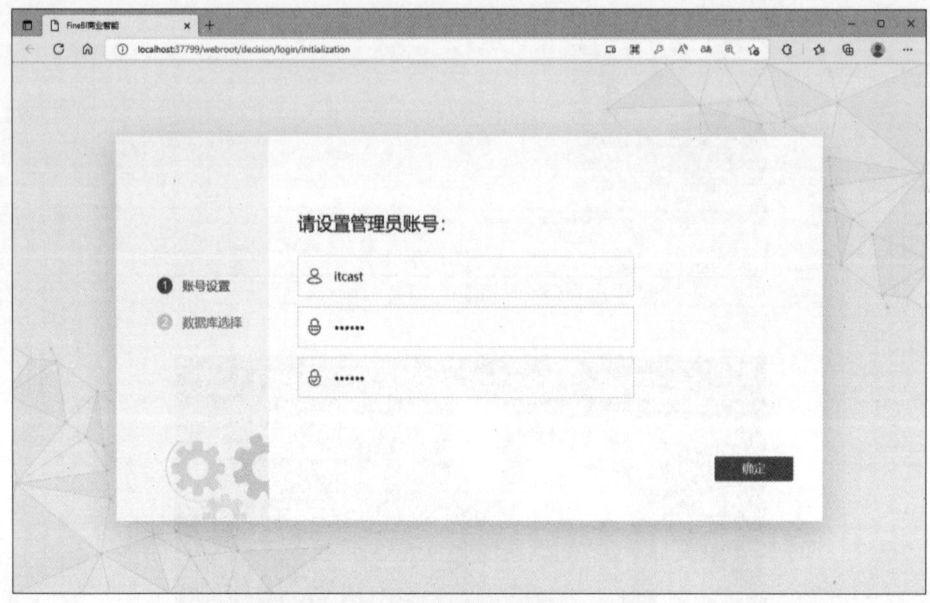

图 8-25　设置管理员账号

(2) 在图 8-25 中,单击"确定"按钮,FineBI 平台会显示"管理员账号设置成功"信息,并且设置的管理员密码会以明文的方式显示,如图 8-26 所示。

图 8-26　管理员账号设置成功

(3) 在图 8-26 中,单击"下一步"按钮选择 FineBI 使用的数据库,如图 8-27 所示。

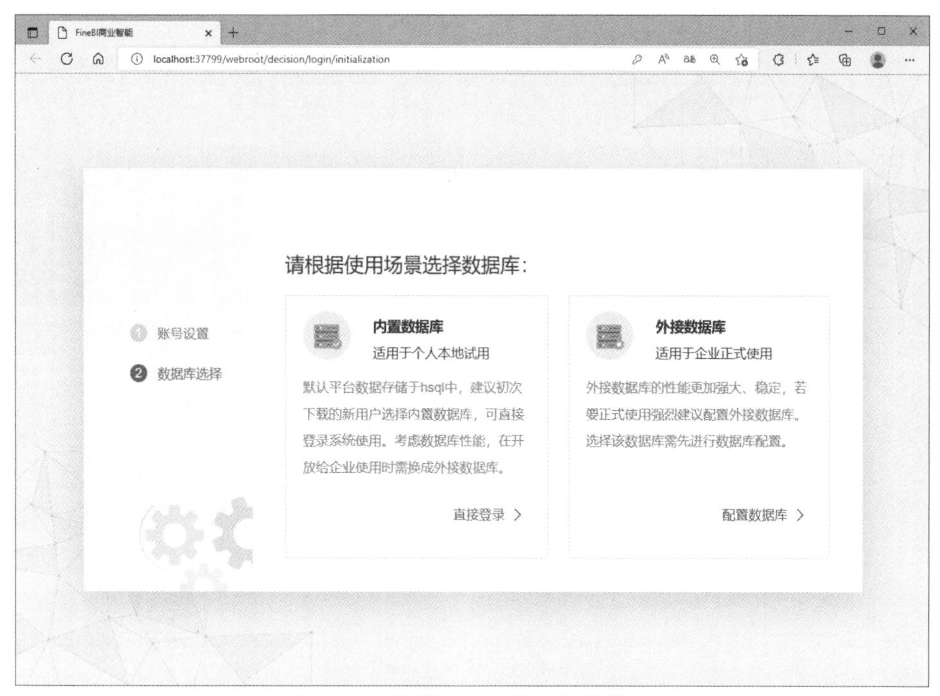

图 8-27　选择 FineBI 使用的数据库

(4) 在图 8-27 中,单击"直接登录"按钮,页面会自动跳转到 FineBI 的登录界面,如图 8-28 所示。

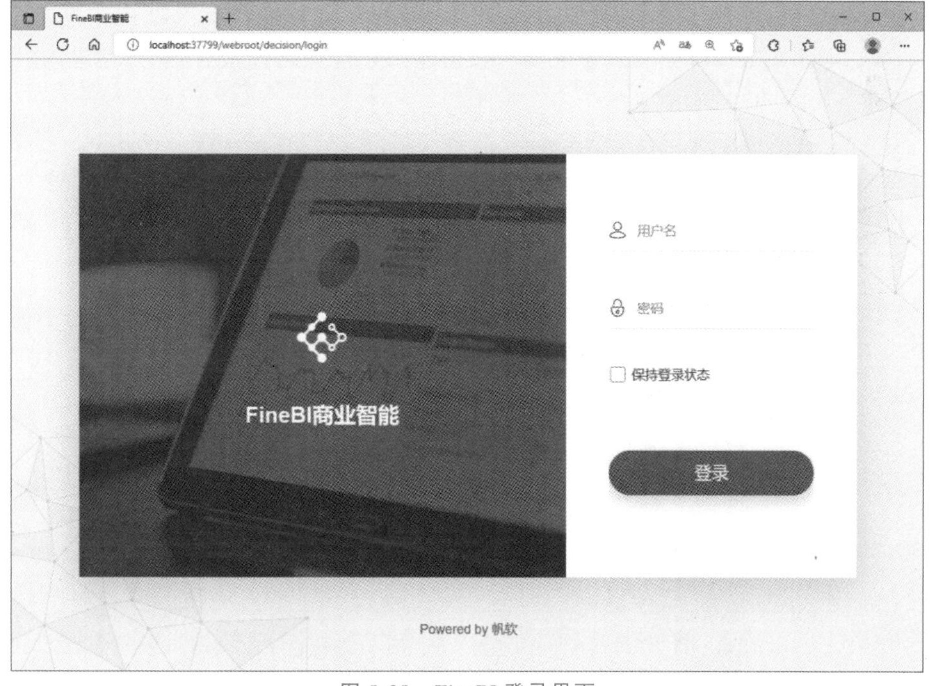

图 8-28　FineBI 登录界面

(5) 在图 8-28 中,输入图 8-27 中设置的用户名 itcast 和密码 123456,单击"登录"按钮登录 FineBI,如图 8-29 所示。

图 8-29　登录 FineBI

至此,便完成了配置 FineBI 登录用户。

4. 配置 FineBI 数据连接

数据连接用于配置 FineBI 使用的数据库,本项目通过 FineBI 获取虚拟机 Hadoop1 中 MySQL 的数据进行可视化展示,有关 FineBI 连接 MySQL 的操作步骤如下。

(1) 依次单击 FineBI 的"管理系统"→"数据连接"→"数据连接管理"按钮进入"数据连接管理"界面,如图 8-30 所示。

图 8-30　"数据连接管理"界面

(2) 在图 8-30 中，单击“新建数据连接”按钮选择 FineBI 使用的数据库，如图 8-31 所示。

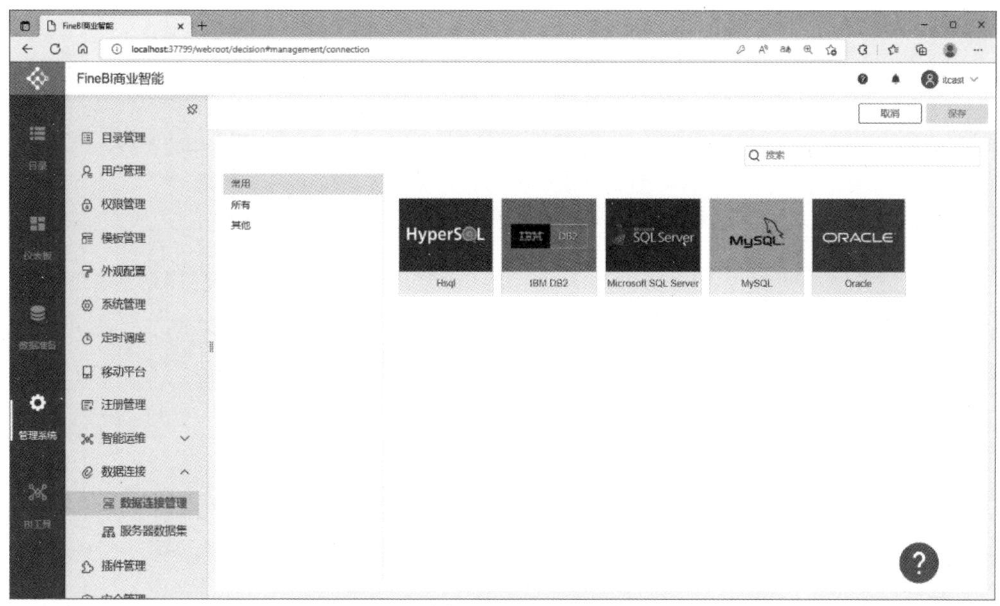

图 8-31　选择 FineBI 使用的数据库

(3) 在图 8-31 展示的数据库列表中选择 MySQL 选项，配置连接 MySQL 的相关信息，完成 MySQL 相关信息配置的效果如图 8-32 所示。

图 8-32　配置 MySQL 相关信息

在图 8-32 中，修改数据连接名称为 Online_Edu_Spark；修改数据库名称为 edu_py；填写端口为 3306，即 MySQL 数据库默认端口；填写主机为 192.168.88.161，即虚拟机 Hadoop1 的 IP 地址；填写用户名 itcast；填写密码 Itcast@2023。

(4) 在图 8-32 中,单击"测试连接"按钮,验证 FineBI 是否可以成功连接虚拟机 Hadoop1 的 MySQL,如图 8-33 所示。

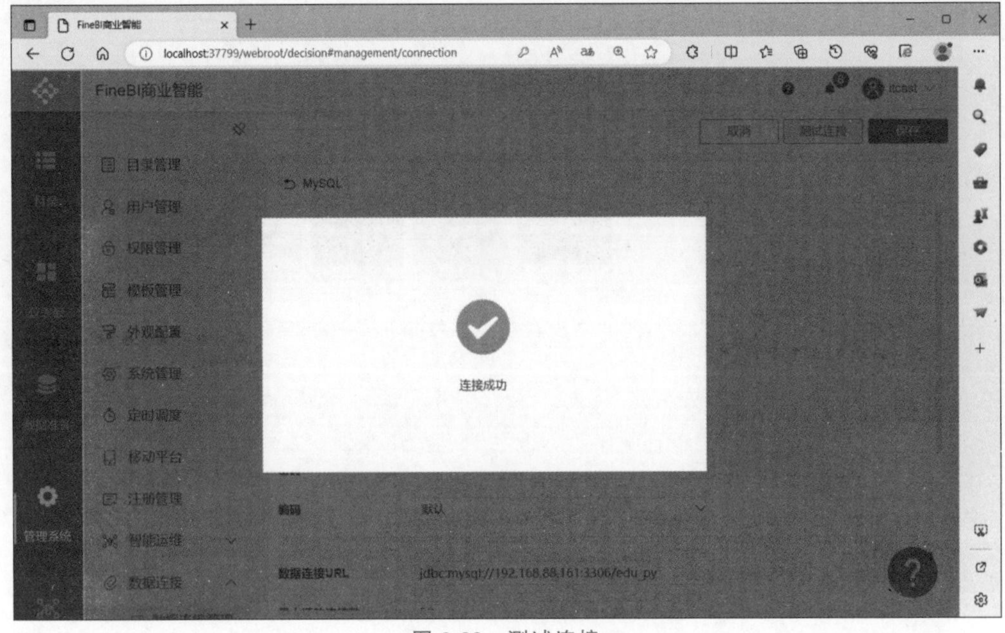

图 8-33 测试连接

从图 8-33 中可以看出,弹出"连接成功"提示信息,说明 FineBI 成功连接虚拟机 Hadoop1 的 MySQL,此时单击图 8-32 中的"保存"按钮即可。

8.8.2 实现数据可视化

通过 8.8.1 小节的操作,我们已经成功完成了 FineBI 的安装、启动和配置,接下来讲解如何通过 FineBI 实现数据可视化。

1. 配置 FineBI 数据准备

数据准备用于配置 FineBI 使用的数据内容,主要是选择数据库中要使用的表,有关 FineBI 数据准备的操作步骤如下。

(1) 在 FineBI 平台选择"数据准备"选项,如图 8-34 所示。

(2) 在图 8-34 中,单击"添加业务包"按钮添加业务,并配置业务名称为 edu_py,如图 8-35 所示。

(3) 在图 8-35 中,单击 edu_py 配置该业务使用的数据内容,如图 8-36 所示。

(4) 在图 8-36 中,依次单击"添加表"→"数据库表"按钮选择需要使用的数据表,这里选择数据表 hot_question 和 frequency_question,如图 8-37 所示。

(5) 在图 8-37 中,单击"确定"按钮添加数据表 hot_question 和 frequency_question,此时页面会跳转到图 8-36 所示的页面,如图 8-38 所示。

(6) 在图 8-38 中,依次单击"业务包更新"→"立即更新该业务包"按钮,更新业务包 edu 中添加的数据表 hot_question 和 frequency_question,否则后续无法使用这两个表的数据进行可视化展示,如图 8-39 所示。

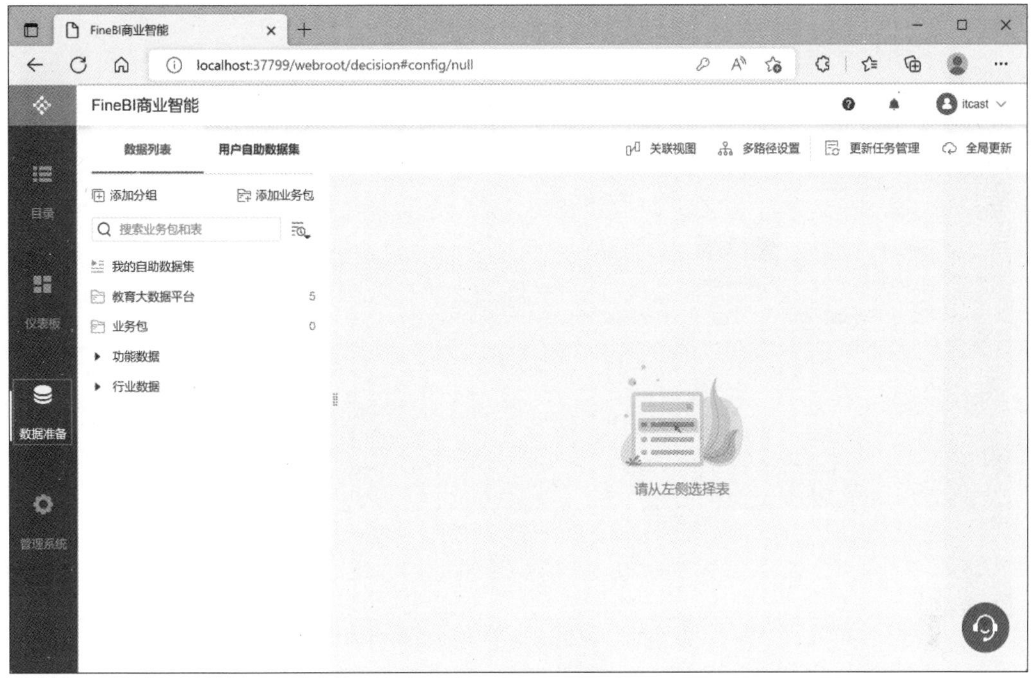

图 8-34　数据准备

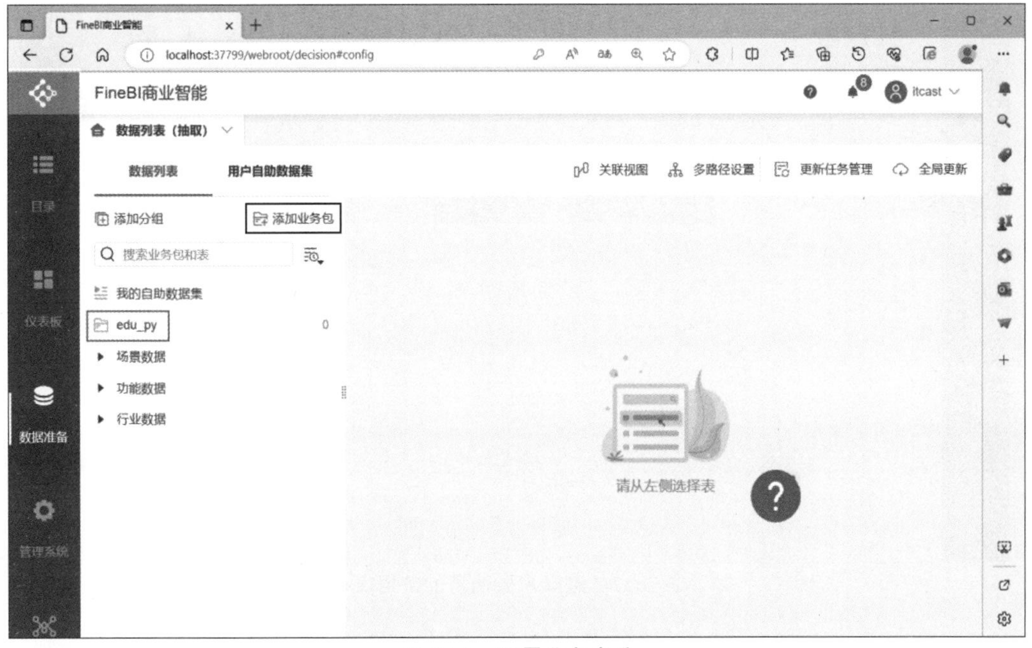

图 8-35　配置业务名称

在图 8-39 中，单击“立即更新该业务包”按钮，等待更新完成后，单击“确定”按钮即可。

2. 配置 FineBI 仪表板

仪表板是用于 FineBI 进行数据可视化展示的画板，有关配置 FineBI 仪表板的操作步骤如下。

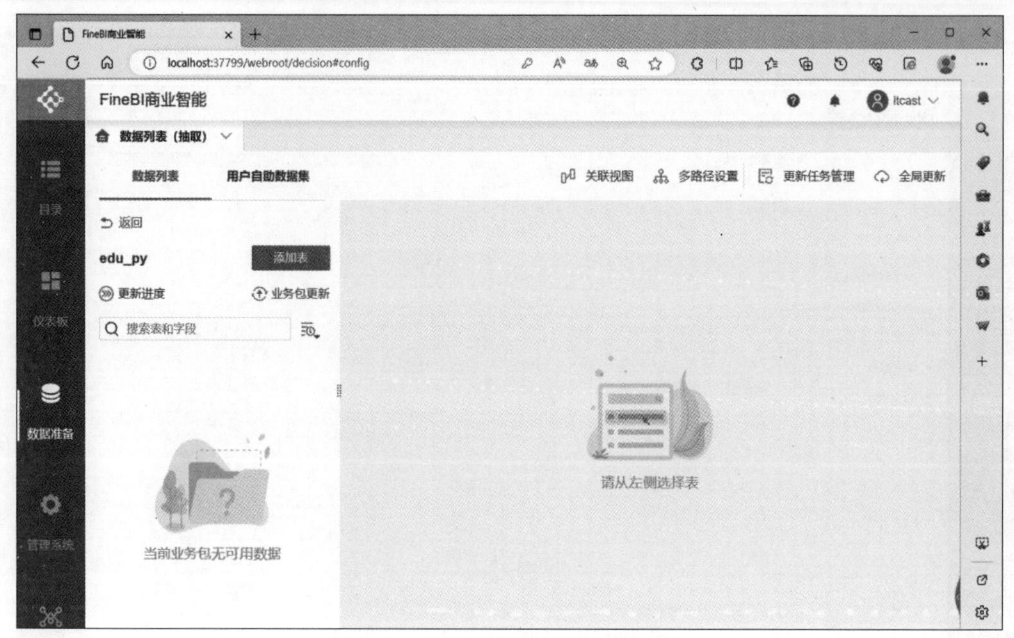

图 8-36 配置业务使用的数据内容

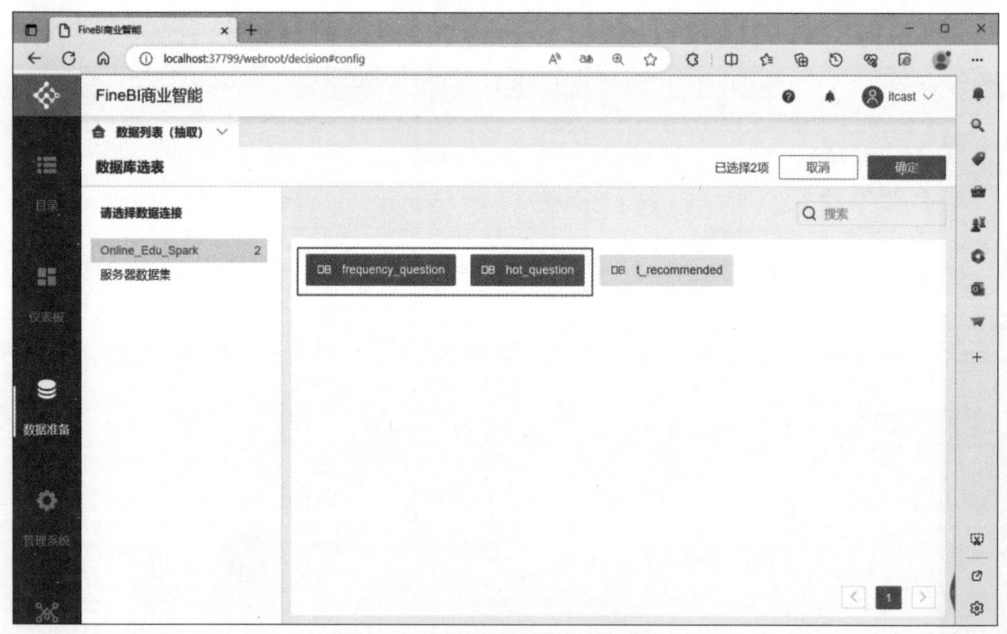

图 8-37 选择需要使用的数据表

(1) 单击 FineBI 的“仪表板”选项进入仪表板管理页面，在该页面单击“新建仪表板”按钮，在弹出窗口的“名称”文本框中输入 edu_py，如图 8-40 所示。

(2) 在图 8-40 中，单击“确定”按钮创建仪表板 edu_py，此时会跳转到该仪表板的配置界面，如图 8-41 所示。

此时，已经完成了配置 FineBI 仪表板的操作。

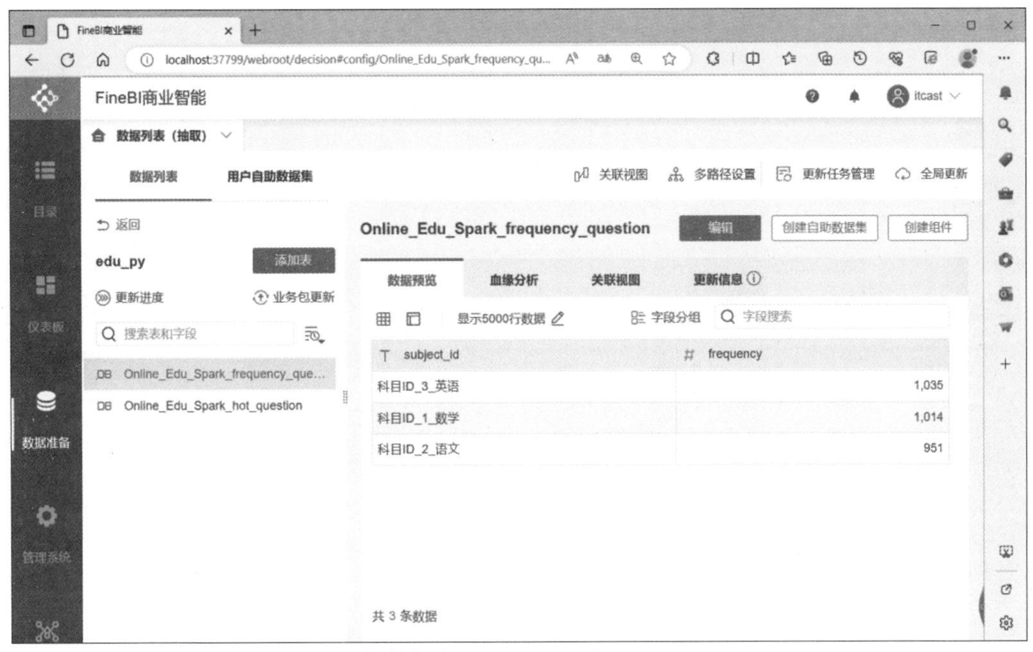

图8-38 添加数据表 hot_question 和 frequency_question

图8-39 业务包更新

3. 实现各科目热点题目数量的可视化

通过 FineBI 提供的折线图，实现各科目热点题目数量的可视化，其操作步骤如下。

(1) 在图 8-41 中，单击“添加组件”按钮，进入添加组件页面，如图 8-42 所示。

(2) 在图 8-42 中，单击 edu_py 业务包，然后在弹出的页面选择数据表 hot_question，如图 8-43 所示。

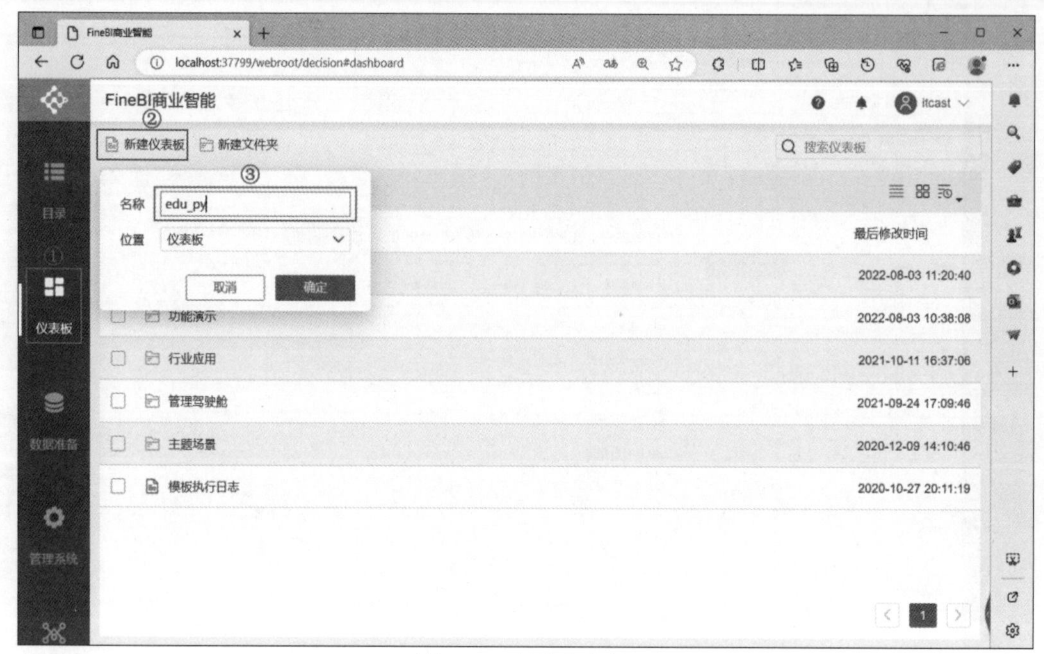

图 8-40 新建仪表板

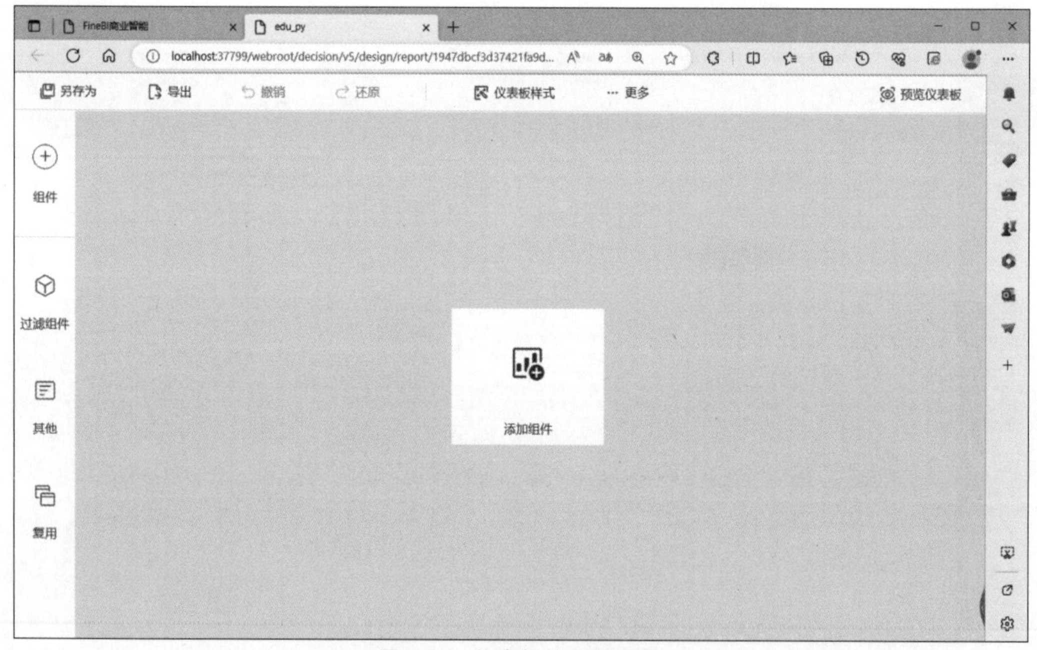

图 8-41 仪表板的配置界面

(3) 在图 8-43 中,单击"确定"按钮,进入组件的配置页面,如图 8-44 所示。

(4) 在图 8-44 中,单击"未命名组件"选项,在弹出的编辑标题页面,指定组件的名称为各科目热点题目数量,如图 8-45 所示。

(5) 在图 8-45 中,单击"确定"按钮,返回至图 8-44 所示页面,在该页面单击"分区折线图"图标使用分区折线图,如图 8-46 所示。

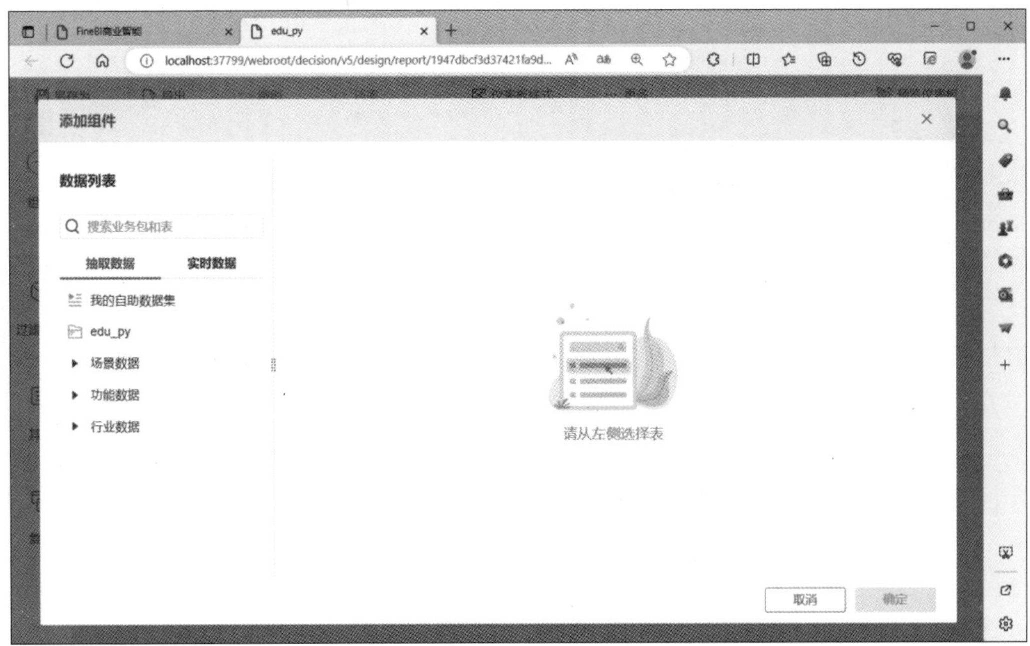

图 8-42　添加组件页面

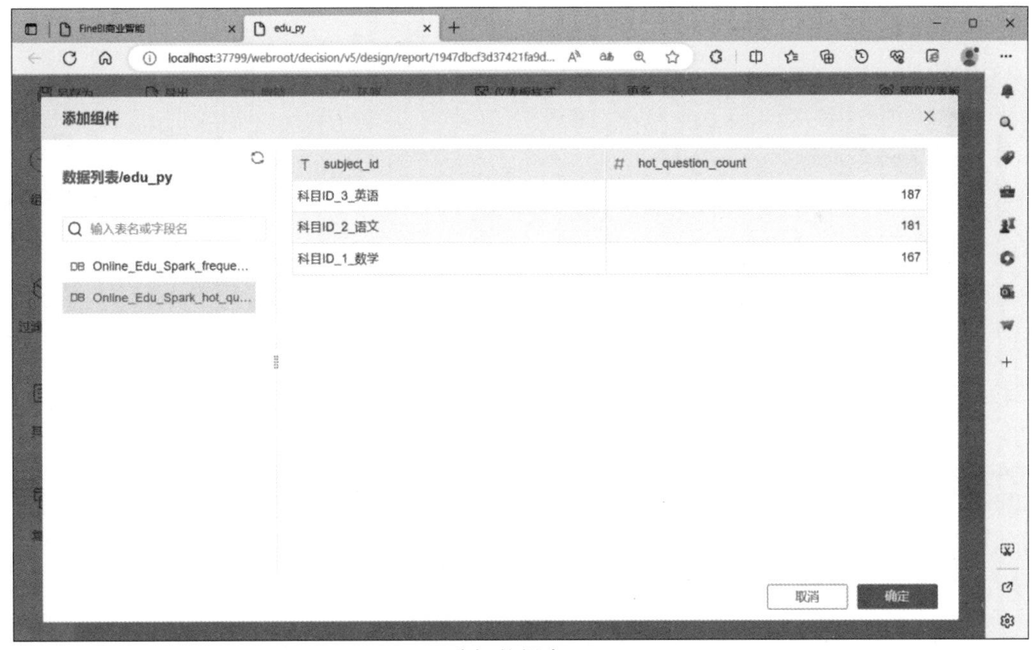

图 8-43　选择数据表 hot_question

(6) 在图 8-46 中，首先将维度一栏中的 subject_id 拖入“横轴”，然后将指标一栏中的 hot_question_count 拖入图形属性中的“标签”和“纵轴”，如图 8-47 所示。

(7) 在图 8-47 中，单击“进入仪表板”按钮，进入仪表板 edu_py，如图 8-48 所示。

至此，便成功在 edu_py 仪表板中添加了各科目热点题目数量的可视化展示组件。

图 8-44 组件的配置页面(1)

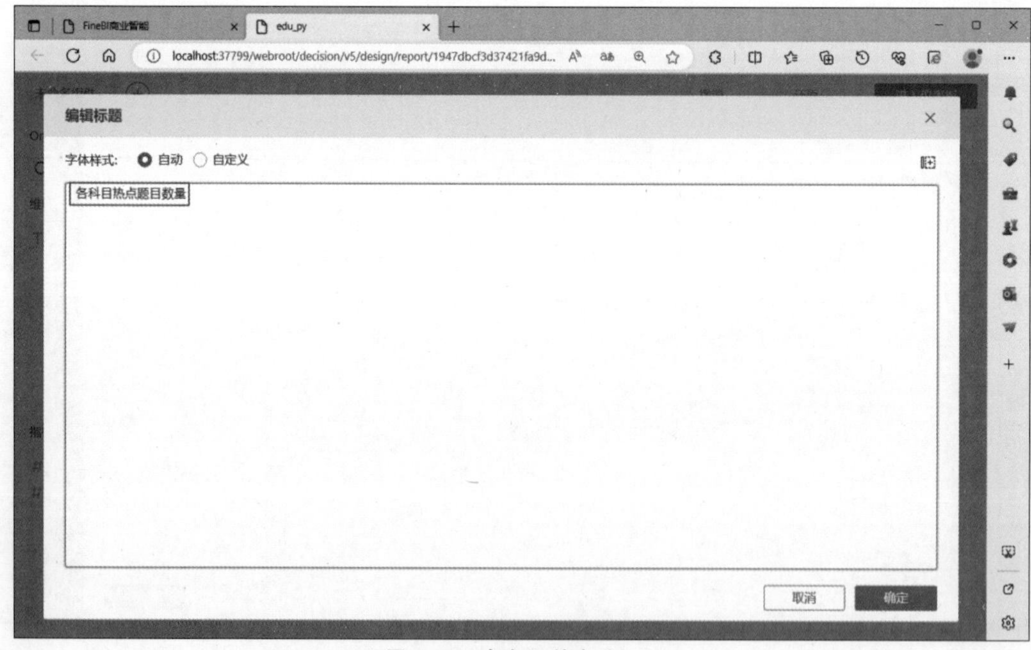

图 8-45 命名组件名称(1)

4. 实现各科目推荐题目数量的可视化

通过 FineBI 提供的柱状图，在 edu_py 仪表板中实现各科目推荐题目数量的可视化，其操作步骤如下。

(1) 在图 8-48 中，单击“组件”按钮，然后在弹出的页面选择数据表 frequency_question，如图 8-49 所示。

图 8-46　使用分区折线图

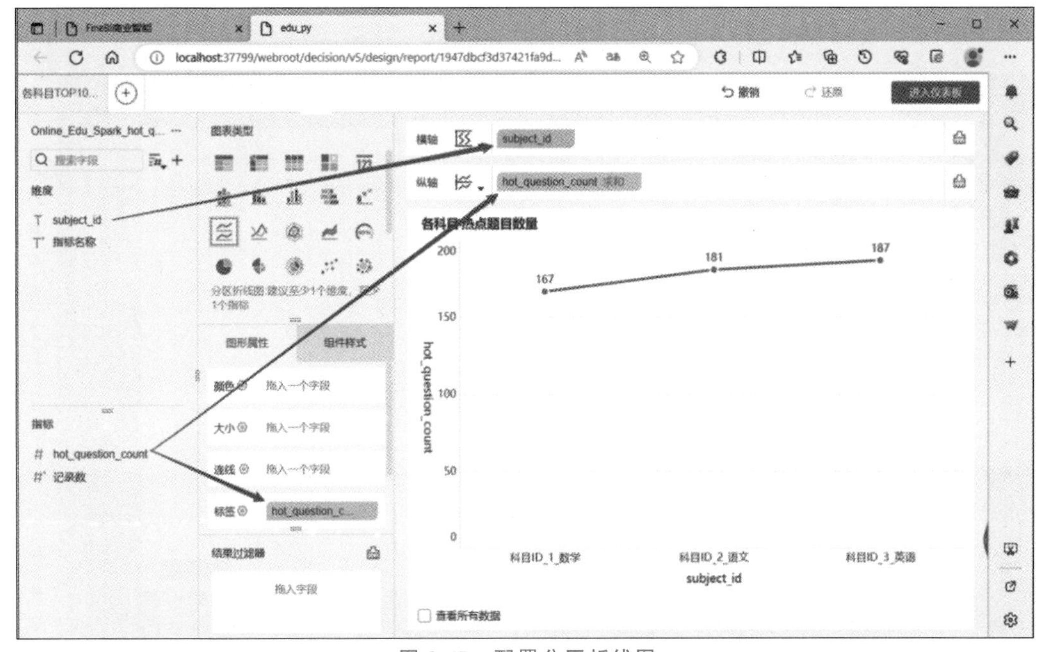

图 8-47　配置分区折线图

（2）在图 8-49 中，单击“确定”按钮，进入组件的配置页面，如图 8-50 所示。

（3）在图 8-50 中，单击“未命名组件”选项，在弹出的编辑标题页面，指定组件的名称为各科目推荐题目数量，如图 8-51 所示。

（4）在图 8-51 中，单击“确定”按钮，返回至图 8-50 所示页面，在该页面单击“多系列柱状图”图标使用多系列柱状图，如图 8-52 所示。

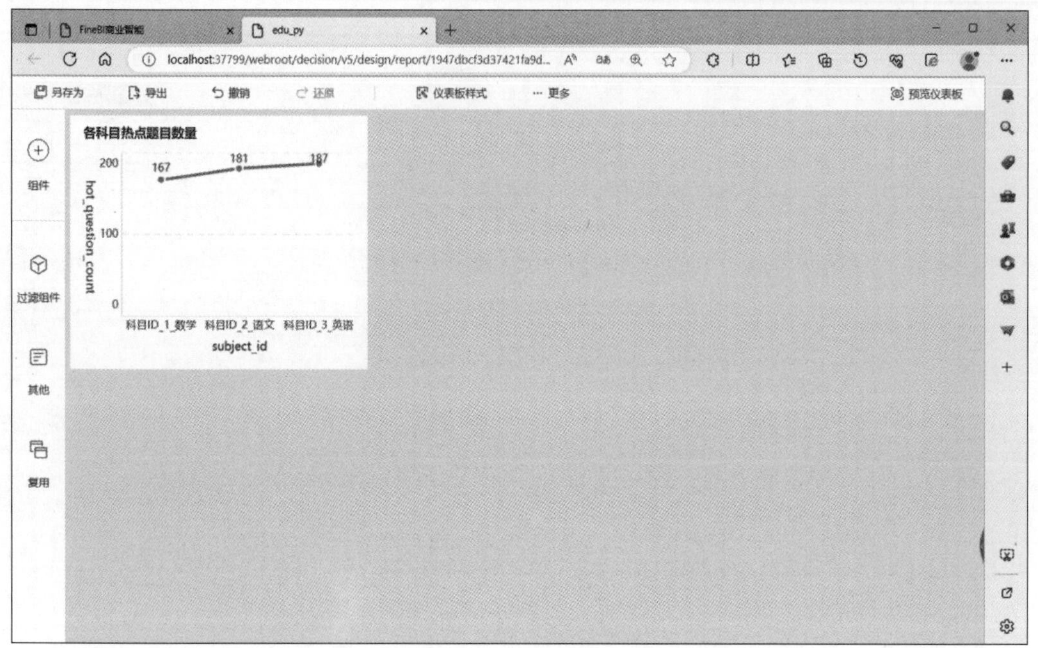

图 8-48　实现各科目热点题目数量的可视化

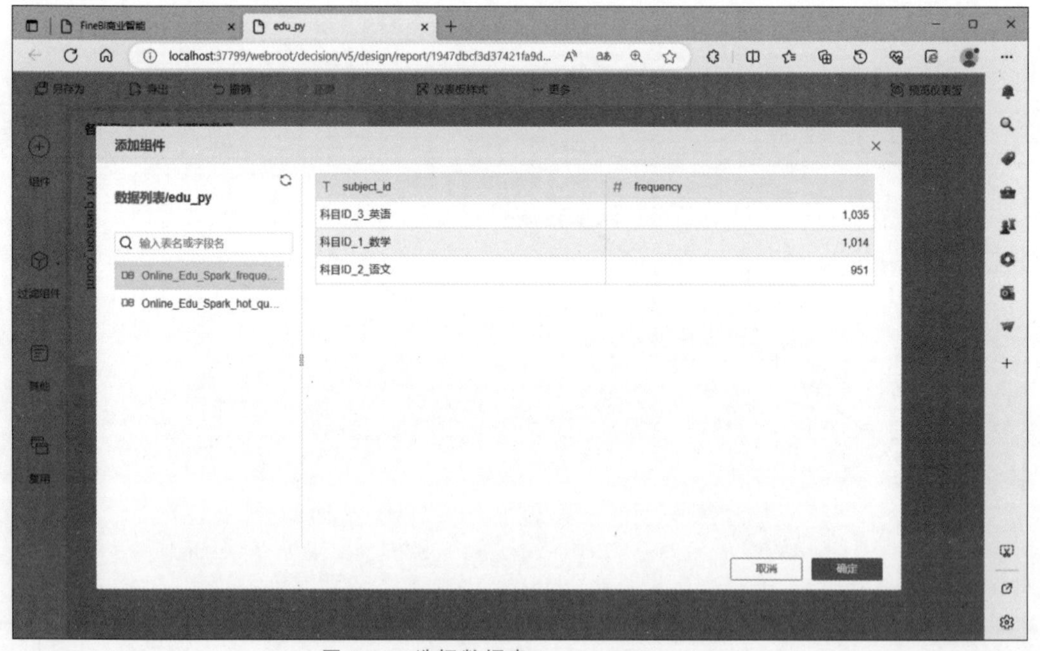

图 8-49　选择数据表 frequency_question

(5) 在图 8-52 中,首先将维度一栏中的 subject_id 拖入"横轴",然后将指标一栏中的 frequency 拖入"纵轴"和图形属性中的"标签",如图 8-53 所示。

(6) 在图 8-53 中,单击"进入仪表板"按钮,进入仪表板 edu_py,如图 8-54 所示。

至此,便成功在 edu_py 仪表板中添加了各科目推荐题目数量的可视化展示组件。

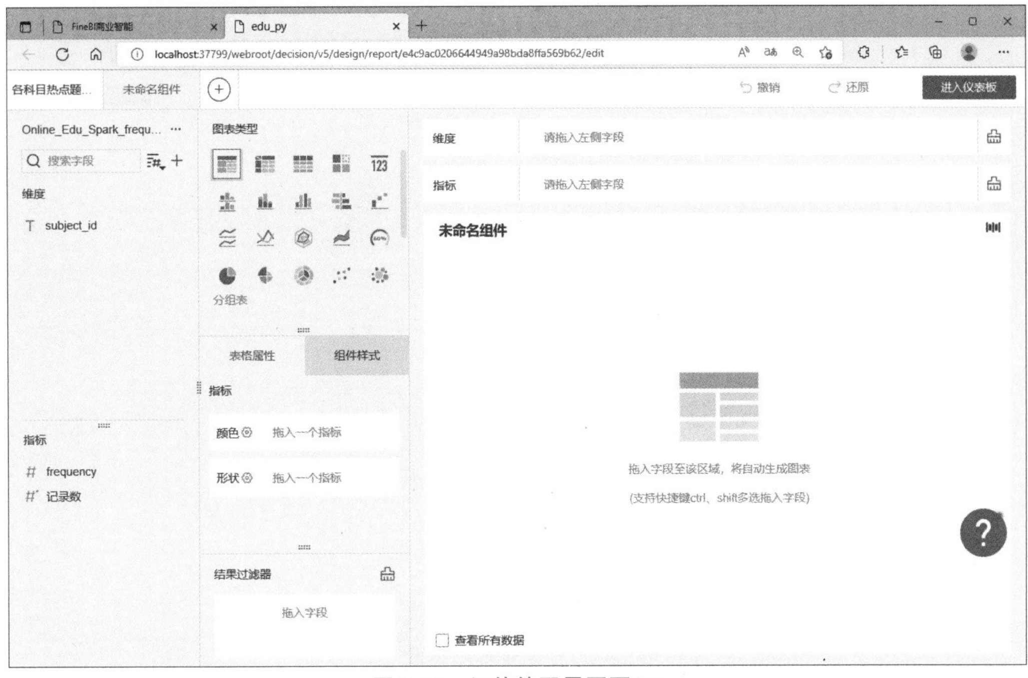

图 8-50　组件的配置页面(2)

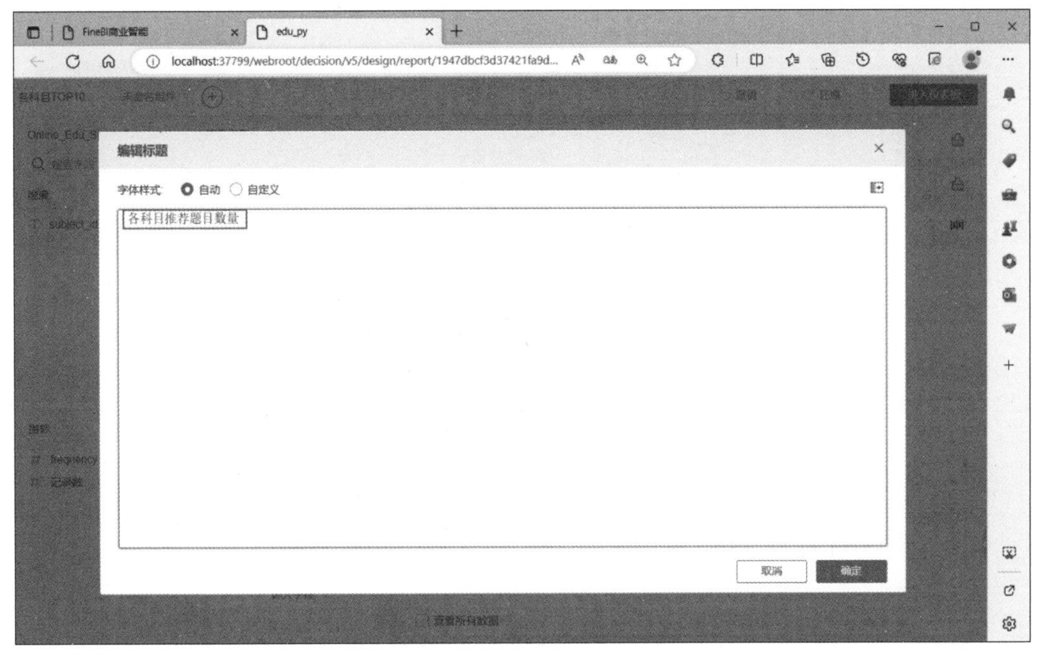

图 8-51　命名组件名称(2)

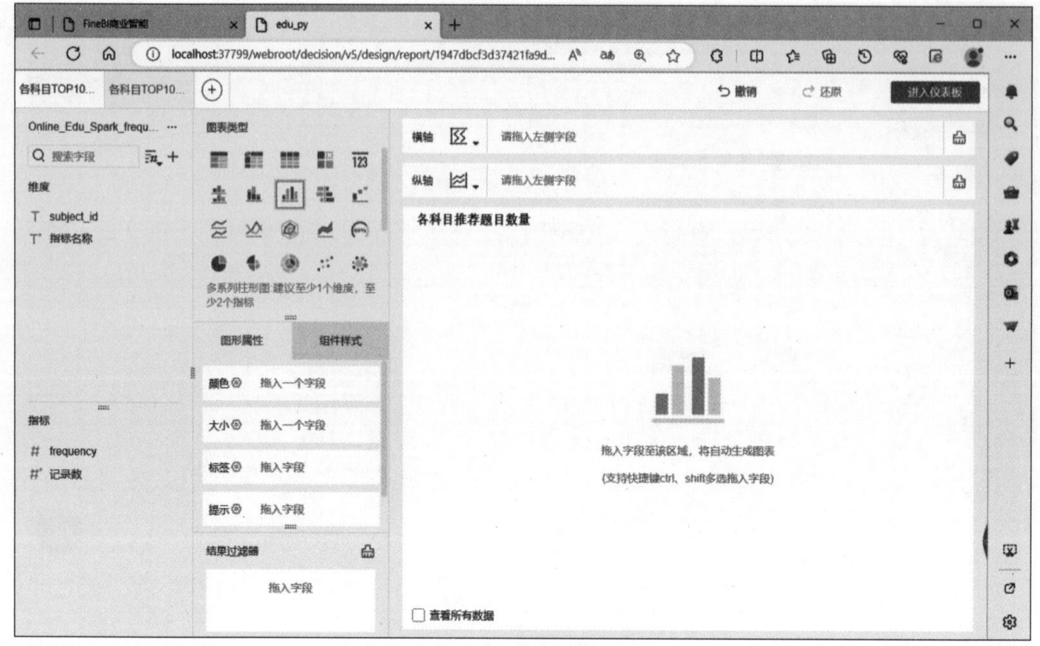

图 8-52 使用多系列柱状图

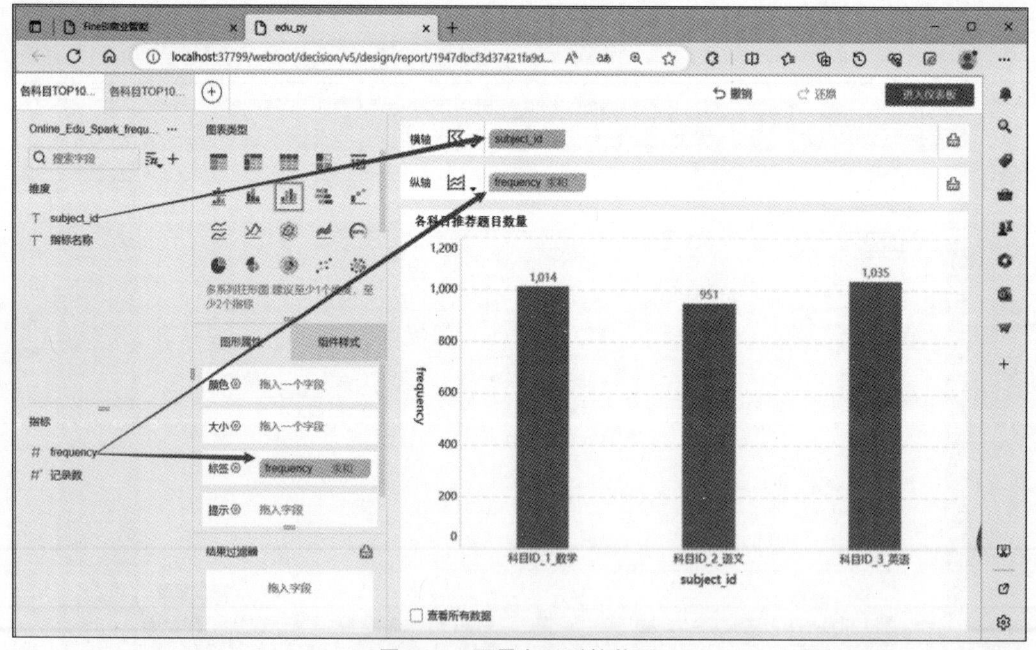

图 8-53 配置多系列柱状图

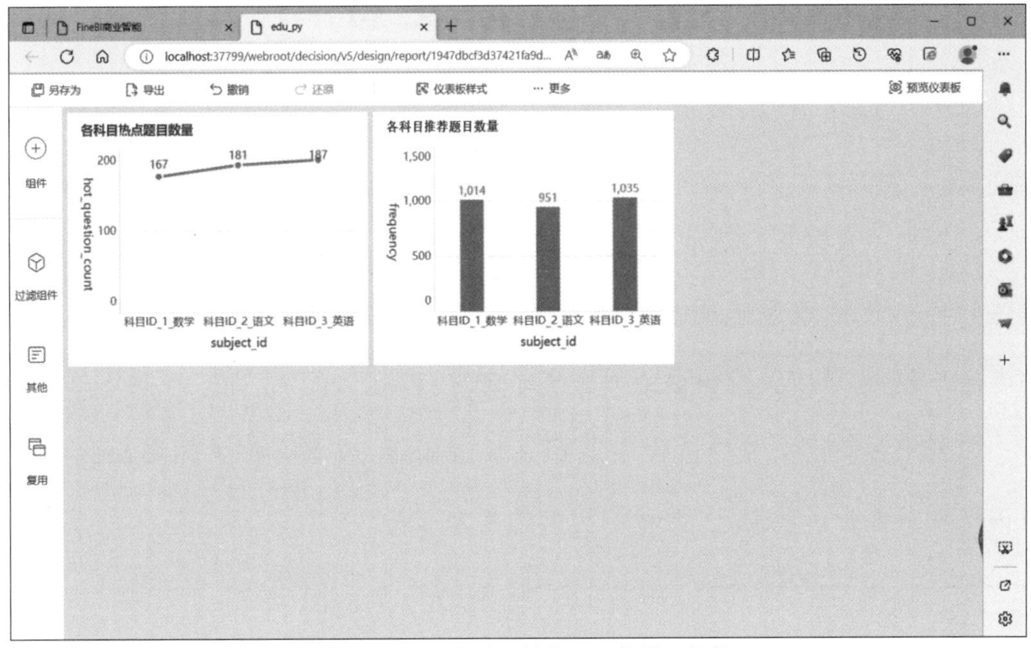

图 8-54　实现各科目推荐题目数量可视化

8.9　本章小结

本章通过开发在线教育学生学习情况分析系统讲解了如何利用 Spark 生态系统的技术解决实际问题。首先介绍了系统概述，包括系统背景介绍和流程分析。其次讲解了 Redis 的安装和启动，然后逐个讲解了各个模块之间的实现方式，包括构建项目结构、在线教育数据的生成、实时分析学生答题情况、实时推荐题目、离线分析学生答题情况和数据可视化。读者需要掌握系统流程分析、Redis 的安装和启动，熟练使用 Spark 生态系统的相关技术，完成系统中各模块的开发，这样才能将本书讲解的 Spark 知识融会贯通。

图书资源支持

感谢您一直以来对清华版图书的支持和爱护。为了配合本书的使用，本书提供配套的资源，有需求的读者请扫描下方的“书圈”微信公众号二维码，在图书专区下载，也可以拨打电话或发送电子邮件咨询。

如果您在使用本书的过程中遇到了什么问题，或者有相关图书出版计划，也请您发邮件告诉我们，以便我们更好地为您服务。

我们的联系方式：

清华大学出版社计算机与信息分社网站：https://www.shuimushuhui.com/

地　　址：北京市海淀区双清路学研大厦 A 座 714

邮　　编：100084

电　　话：010-83470236　010-83470237

客服邮箱：2301891038@qq.com

QQ：2301891038（请写明您的单位和姓名）

资源下载：关注公众号“书圈”下载配套资源。

资源下载、样书申请

书圈

图书案例

清华计算机学堂

观看课程直播